THE ROAD TO CHARACTER 品格之路

[美] 戴维·布鲁克斯（David Brooks）◎著　胡小锐◎译

中信出版集团 | 北京

图书在版编目（CIP）数据

品格之路 /（美）布鲁克斯著；胡小锐译 . -- 北京：
中信出版社，2016.8（2024.9 重印）
书名原文：The Road to Character
ISBN 978–7–5086–6214–5

I. ①品… II. ①布… ②胡… III. ①认知心理学–
普及读物 IV. ①B842.1–49

中国版本图书馆 CIP 数据核字（2016）第 103361 号

品格之路

著 者：[美] 戴维 · 布鲁克斯
译 者：胡小锐
策划推广：中信出版社（China CITIC Press）
出版发行：中信出版集团股份有限公司
（北京市朝阳区东三环北路 27 号嘉铭中心 邮编 100020）
（CITIC Publishing Group）
承 印 者：北京通州皇家印刷厂

开 本：787mm × 1092mm 1/16 印 张：22 字 数：275 千字
版 次：2016 年 8 月第 1 版 印 次：2024 年 9 月第 12 次印刷
京权图字：01–2016–2627
书 号：ISBN 978–7–5086–6214–5
定 价：69.00 元

服务热线：010–84849555 服务传真：010–84849000
投稿邮箱：author@citicpub.com

献给我的父母

洛伊斯 · 布鲁克斯和迈克尔 · 布鲁克斯

THE ROAD TO CHARACTER

目录

第 10 章 “大我”时代的道德难题

难道我们要把自己当成“物”？

一些似乎很空泛的道理，由戴维·布鲁克斯讲来，便变得生动和深刻了。他的畅销书《社会动物》如此，他的新作《品格之路》亦如此。原因在于他擅长从令人意想不到的角度切入，深入剖析我们的日常生活。在《社会动物》一书中，他探索了爱、性格和成就的潜在逻辑关联；在《品格之路》一书中，他则重点探讨了培养高尚品格的路径。

这并不是一个讨巧的写作主题，很容易流于表面与口号。但布鲁克斯把这样的写作当作一次对人性发出的挑战——既挑战读者，也挑战自己。他设置了一个人生重要的追问：在“简历美德”与“悼词美德”之间，我们该如何跳好这一支平衡之舞？

“简历美德”与“悼词美德”是布鲁克斯的创新名词。他解释道：“简历美德”存在于外部世界，追求的是财富、荣誉和地位；而“悼词美德”存在于我们内心，追求的是友善、勇敢、诚实和同理心。在书中，布鲁克斯通过展现数位伟大的思想家和卓越的领导者的成长之路，试图向读者揭示，他们是如何感知自身的局限性，如何经历的内心挣扎，如何最终铸造出高尚品格的。这些伟大的思想家和卓越的领导者既包括罗斯福新政的幕后女英雄弗朗西丝 · 帕金斯，美国最杰出的总统之一德怀特 · 艾森豪威尔，第二次世界大战“胜利的组织者”乔治 · 马歇尔，也包括为终结种族歧视奔走一生的斗士菲利普 · 伦道夫与贝亚德 · 拉斯廷，用手中的笔让世界变得更美好的文学家塞缪尔 · 约翰逊，把人生搬至更广阔舞台之上的思想者奥古斯丁，以及一生都在执着寻爱的女小说家乔治 · 艾略特。

这种“简历美德”与“悼词美德”的说法，十分形象，又颇贴合当下的社会现实。简历，从前常常是薄薄一页，如今据说就连孩子幼升小，拿出的简历也抵得过半本书的厚度了。一份精美的简历，笼罩着“美德”的光辉，是一个人的引以为豪，一个人的人生关注，可换来名校的入学资格，可换来就业、晋升的机会。而布鲁克斯的“悼词美德”一说，像极了我们的那句老话——“盖棺论定”。在从前，这简简单单的四个字，自带一股凛冽的气势，往往让人正襟危坐，暗自掂量。害怕自己“盖棺”后被定下不好的“论”，常常是从前的人为人行事不可逾越的规矩，很多事情没有明文规定，但公道自在人心。人们在意这份公道。

但当下，随着简历越来越厚，“悼词美德”却变得越来越遥远了，在“一万年太久，只争朝夕”的现代人眼里，“悼词”既然不能被自己听见，也就可以忽略了。受数千年儒家文化的影响，谁都会说：品重于行，简历上印着的，不过技艺而已，“盖棺论定”的，才是一个人应该珍视与在意的。但每到填写简历时，擅长技能、所获奖项等栏目，空白处甚多，人们也总是填得不亦乐乎，常常觉得空白处还不够多。而到了品德描述一栏，绞尽脑汁，也只是写下泛泛如“善良”“尽责”“乐于助人”等词，单薄得很。

嘴上说重视，行动上未必真重视。这样的自相矛盾，这样的不能自圆其说，国人如此，读布鲁克斯的书，方知美国人亦如此。然而，细想起来，在简历上写下这一项项金光闪闪的技能、奖项、头衔，到底是为了什么？人们既袒露又包装自己，面向职场，亮出野心，像盖茨比对着黛西家的绿灯伸出渴望的双手一样，我们带着渴望向着什么伸出了双手？

答案可以有很多，但我想大抵脱不了“成功”二字。虽然这“成功”可以冠以“价值体现”“成就感”等优美词汇——当然，追求成功的人生不可谓不正当——但可惜的是，当下国人对成功的理解是相当狭隘的，在剥离了所有外在的东西之后，我相信，留下的只是显赫的地位和丰富的物质。我的这个理解，大抵是不错的，我有这个自信。

以这样“无情”的视角来看，“简历美德”和一张商品广告纸便相差不远了。“简历美德”的背后，无非是一种贩卖，贩卖的正是我们自己；它遵循的是实用主义逻辑，这是经济学奉行的逻辑——投入，产出，计算收益率。

这样的逻辑背后，人在哪里？

近日，与一位老友聊天。他说自己小时候喜欢打篮球，每次运动之后身体畅快淋漓，并把这种满足和快乐与父亲分享。父亲用充满期待的眼光看着他说：“打篮球是个很好的爱好，不过，现在会打篮球的人太多了，这样你就显不出来了，网球不错……”听完这句话，老友说他感觉身体里流动的能量一下子堵在了心口，愤怒却又无从发泄。

时至今日，老友也已两鬓有白，但这份无声的愤怒竟还未散去，反而郁结在胸。我能理解老友的心情，在老友父亲的价值体系和话语系统中，运动不是为了获得快乐，而是在简历上增加一项特长。但我想对老友说的是：你若是现在的娃儿，这点儿打击实在不算事儿。

在属于老友与我的年代，很多事情尚未发展到夸张、变形的程度。但当下，越来越多的父母把孩子看成是实现自身人生目标的“物”，一方面是中国式的育儿焦虑弥漫整个社会，另一方面是父母与孩子、老师与学生之间的冲突时有发生。这一切，源于关系的错位。

哲学家马丁·布伯说，关系分为两种——我与你，我与它。当我放下预期和目的，以我的全部本真与一个人或事物建立关系时，我就会与这个存在的全部本真相遇。这种没有任何预期和目的的关系，即“我与你”的关系。

运动的体验、满足和快乐，这些都彰显了一个生命的存在，而运动带来的功能价值，则是我们头脑里总结出来的“它”。“它”并非不能存在，但“它”是否已经过度膨胀，以致遮盖了“我与你”？

看不到孩子的存在，源于父母在潜意识中亦没有看到自己的存在。在他们视孩子为“物”之前，他们先把自己视为了“物”。他们写下满纸的“简历美德”，希冀在市场上把自己“卖”出一个好价格，却不懂得“知识就是力量，良知才是方向”。

钱理群曾批判，我们的教育正在培养“精致的利己主义者”。无独有偶，曾在耶鲁教了10年书的威廉·德雷谢维奇出了一本书，书名叫“优秀的绵羊”。这个被“赠予”常春藤名校高才生的雅号，并不比“精致的利己主义者”好听多少。

布鲁克斯在书中对西方的传统美德致以崇高的敬意，而中国的士人也向有传统的风骨与节操。风骨看不见、摸不着，却着实影响了中国数千年。它是一种理想的道德风范，以之要求自己，何事可为、何事不可为，便是节操的问题了。

历史上有关士人风骨与节操的故事很多，数千年的中国历史，充满了士人被打磨的事实。但这些打磨，,似乎无改于中国士人大体上的传统作风，传统士人大都循着“修身、齐家、治国、平天下”的道路艰难前行。“居庙堂之高，则忧其民；处江湖之远，则忧其君。”之所以忧国忧民，是因为以天下兴亡为己任。

这样的传统直至“五四”，再至后来的一段时间，都未曾断过。但现在的大学生，或因从未有过的激烈竞争，很多人根本不会花时间去管学习以外的事。除了拿经验值走人，他们中的一些人并不打算对任何事物做特别深入的了解。他们是实用主义、实利主义、虚无主义教育培育出来的习惯性成功者。

精致的利己主义者，要害在于没有信仰，没有超越一己私利的大关怀、大悲悯，没有责任感和承担意识，必然将个人私欲作为唯一的追求目标。在物化的关系中，生命的底色是恐惧，恐惧“简历美德”还不够厚重、不够炫目。但当下又有多少有着厚重、炫目简历的人，做出了“野蛮”的行为？所谓高学历的野蛮人，不说比比皆是，却也不少见。

一个人究竟要追求什么，要把自己塑造成怎样的人？这不仅是一个人的自我追问，也是一个时代的叩问。

伊曼纽尔·康德曾言：“人性这根曲木，决然制造不出任何笔直的东西。”在布鲁克斯看来，高尚品格的锻造之路，始于谦逊，始于人对自身缺点有深刻和理性的认识，正因为认识到人性存有天然的缺陷，才知道品格之路也是抗争之路——与自己天性中的局限性抗争。

但我想，首先我们得把自己当“人”，把自己的孩子当“人”，把身边的人当“人”，把人当“人”。物化的关系，孕育不出“悼词美德”的高尚，最终也难获幸福。正如布鲁克斯在文末所指出的：“幸福是我们在追求道德目标和培养高尚品格的过程中意外收获的副产品。不过，它也是一个必然结果。”

徐锦江

上海《解放日报》副总编辑

亚当一号和亚当二号

最近，我一直在思考“简历美德”与“悼词美德”之间到底有哪些不同。“简历美德”是你在简历中列出的那些美德，也就是你贡献给就业市场或者有助于你在外部世界功成名就的那些技能。而“悼词美德”则涉及更深层次的内容，是未来人们在你的葬礼上谈论的美德。无论你是否和蔼、勇敢、诚实或忠诚，无论你与人相处得是否融洽，“悼词美德”都存在于你的灵魂深处。

我们大多数人都会说“悼词美德”的重要性超过“简历美德”，但是我得承认，我在很长的时间里，对后者的关注度多过前者。我们的教育体系明显是以“简历美德”为导向的，而对“悼词美德”则有所疏忽。公共场合的对话（包括杂志上的自助贴士、非虚构类畅销书等）也同样如此。我们大多数人对于如何在职场取得成功往往有比较明确的策略，但是在说到品格培养时，却常常语焉不详。

在我思考这两种品格时，有一本书让我受益匪浅，这就是犹太拉比约瑟夫 · 索罗维奇（Rabbi

Joseph Soloveitchik）于1965年出版的《有信仰的孤独人》（*Lonely Man of Faith*）。索罗维奇指出，《创世记》中对上帝造人有两种不同的描述，分别代表我们天性中彼此对立的两个方面，他把这两个方面分别称作"亚当一号"和"亚当二号"。

如果用现代语言重新表述，我们可以说，亚当一号是我们天性中面向职场、有野心的一面；亚当一号是外在的、体现在简历上的天性；亚当一号倾向于建设、创造、生产、发现，追求显赫的地位和功成名就。

亚当二号是内在的天性。亚当二号希望拥有某些道德品质、冷静的思维、坚定的是非观。亚当二号不仅要求我们做好事，而且希望我们成为好人。亚当二号愿意付出亲密无间的爱，为服务他人不惜牺牲自我，在生活中顺从某些超然真理，有强大的号召力，并以创造和发挥自己的潜力为荣。

亚当一号的目标是征服世界，亚当二号则希望遵从感召、服务世界。亚当一号有创造性，因成就而沾沾自喜，亚当二号有时则会为了实现某个神圣的目标而放弃世俗的成功与地位。亚当一号关心事物的作用原理，而亚当二号希望了解事物存在的原因以及我们希望实现的终极目标。亚当一号富有冒险精神，亚当二号则希望落叶归根、享受家庭的温暖。亚当一号的座右铭是"成功"，亚当二号则把人生看成一场道德剧，以"仁慈、爱、赎罪"为座右铭。

索罗维奇认为，我们就生活在这两个亚当的矛盾之中。外在的气宇轩昂的亚当与内在的谦恭低调的亚当不可能水乳交融，因此我们必须不停地进行自我抗争。我们接受的感召指示我们既要同时拥有这两种人格，还必须掌握生活的艺术，在这两种天性的对抗中左右逢源。

我必须补充一点：这种对抗的难点在于，亚当一号与亚当二号遵从不同的生活逻辑。亚当一号（有创造、建设和发现的能力）遵从的是直言不讳的实用主义逻辑，这也是经济学所奉行的逻辑：有投入，就有产出；下了功夫，就必然有回报；不断练习，就会熟练掌握；追求私利和效用最大化；让全世界记住你。

亚当二号的逻辑则正好相反。亚当二号遵从的不是经济学的逻辑，而是道德逻辑：要收获，必先付出；要加强内心的精神世界，必先向外部世界做出某种妥协；要使自己渴盼的事情得以实现，必先战胜你的欲望；成功会导致最可怕的失败——骄傲；失败会带来最伟大的成功——谦虚、学习；要实现自我，必先忘记自我；要找回自我，必先失去自我。

要在亚当一号的职场取得成功，需要培养你的能力；要使亚当二号的道德核心得到发展，就必须与自己的缺点展开斗争。

精明的动物

我们生活在有利于亚当一号的文化之中，却忽略了对亚当二号的培育。我们的社会鼓励我们思考如何在职场上大获成功，然而，一旦谈到如何发展内在的精神世界，很多人就会期期艾艾地无言以对。取得成功与赢得声誉的竞争非常残酷，似乎能吞噬一切。消费者市场鼓励我们在生活中对实际效用斤斤计较，努力满足自己的欲望，而对日常决策中的道德风险置若罔闻。热闹、肤浅的沟通交流不绝于耳，人们很难听见来自灵魂深处的轻声细语。我们的文化教导我们要宣扬、推销自己，要掌握成功所需的技能，却几乎从不鼓励我们要谦虚低调、富有同情心、诚实地面对自我，而这些恰恰是品格培养所必需的。

如果你只是亚当一号，那么你已经变身为一只精明的动物，一只狡猾多端、有自卫本能、遵守游戏规则并善于把一切都变成游戏的生物。如果没有亚当二号的一面，你就会花费大量时间培养职业技能，但你无法清楚地知道生活的意义到底在哪里，因此你不知道应该在哪些方面奉献你的技能，也不知道哪一个职业发展方向最崇高或者最适合你。多年之后，你的灵魂深处仍然没有得到开发和组织。你整天忙忙碌碌，却发现生活的终极意义还未实现，你会为此焦躁不安。你在生活中会感到不可名状的无聊，你没有付出真爱，也没有一个为人生赋予应有价值的道德目标。由于内心没有合理的标准，你无法做出矢志不渝的承诺，也不会在遭到众多反对或一系列打击之后仍然坚定不移、不轻言放弃。你会发现自己对他人的意见言听计从，而从不考虑这些意见是否适合你。在评判他人时，你依据的不是他们的价值，而是根据他们的能力做出愚蠢的判断。对于品格的培养，你无计可施，因此你的内在世界和外在生活最终都会变成一团乱麻。

本书讨论的是亚当二号，旨在通过分享某些人培养优秀品格的成功经验，向读者指出，几百年来，人们已经开始锤炼自己的道德内核，培育一颗智慧心。坦白地说，我创作本书的目的也是为了拯救我自己的灵魂。

我天生有一种流于肤浅的倾向。如今，我是一名权威的专栏作家，我的工作就是自吹自擂、滔滔不绝地介绍自己的观点，不仅要表现得信心满满，还要装出一副非常聪明、优秀、权威的模样。为了避免在肤浅的沾沾自喜中虚度一生，我必须比大多数人更加刻苦。同时，我越发清醒地认识到，同很多当代人一样，我在生活中也抱有一种模模糊糊的道德志向——我希望自己成为一个品格高尚的人，也想为更远大的目标而奋斗。但是，由于缺少具体的道德标准，不清楚如何使内在生活更有意义，甚至不清楚如何培养品格，如何使思想有更深刻的内涵，因此，我的这些希望都是非常模糊的。

我发现，如果不有意识地加强对天性中亚当二号的关注，我们就会很容易滑向自我满足的平庸之地。你在评价自己时会过于宽容，纵容自己的欲望，只要没有明显伤害到他人，就不会有所收敛。你认为，只要周围的人喜欢你，就说明你是一个道德高尚的人。长此以往，你将会逐渐沉沦，并逊色于你最初对自己的期望。于是，在实际的自我与期望的自我之间就会出现一条耻辱的沟壑。你发现，你的亚当一号声音洪亮，亚当二号的声音却比较微弱；亚当一号的人生规划清晰明了，而亚当二号的未来模糊不清；亚当一号头脑清醒，而亚当二号恍若梦游。

我在创作本书时，并不敢奢求自己一定能沿着这条品格之路不断前进，但是我希望自己至少要了解这条道路通向哪里，以及其他人是如何走这条路的。

本书阅读导图

本书的结构并不复杂。在第 1 章，我将介绍一种古老的道德生态学，即“人性曲木说”传统。这既是一个文化传统，也是一个知识传统，它要求我们在面对自身的局限性时要谦虚低调。但是，这个传统同时还认为，我们每个人都可以对抗自身的缺点和罪责，而且在这种对抗过程中可以培养自己的品格。只要在与罪责和缺点的对抗中取得胜利，我们就有机会在这部道德大剧中扮演好自己的角色。我们可以设定比幸福更崇高的目标，我们也有机会充分利用每一天去培育美德，为服务全世界贡献力量。

接下来，我将结合现实生活来介绍这种品格培养的方法。我会采用写传记的形式，同时也是开展道德教育的形式，来实现这一目的。自普卢塔克（Plutarch）开始，德育家就尝试用树立道德模范的方法来传播某些道德标准。仅凭阅读布道书籍或者遵循抽象的规则，亚当二号的生活不可能变得丰富多彩。

榜样是最好的老师。只有拥有同情心，同我们崇拜或热爱的楷模（我们会自觉或不自觉地顶礼膜拜并模仿他们的生活方式）接触，我们才能最有效地提高我们的道德修养。

我一直没有真正地理解这个道理。直到有一天，因为觉得课堂上教授的知识很难帮助人们培养出高尚的品德，我特意写了一篇专栏文章来表达我的苦恼，方才豁然开朗。一位名叫戴夫 · 乔利的兽医给我发了封电子邮件，直击主题：

> 听课时，学生们会机械地记笔记，因此，培育高尚心灵的方法不可能以类似于上课的方式教授给学生……只有倾尽毕生精力，在内心世界不断发掘、弥合创伤，才能修炼出善心、智慧心……无论是教学、电子邮件还是推特网，都无法完成这个任务。一个人只有做好准备，下定决心去寻找，他才能在自己的内心深处找到它。
>
> 聪明人的做法是将挫败的苦果默默地咽下，以自己的人生经历树立起关爱、发掘与勤奋的榜样，说教在他们的付出中只占非常小的一部分。聪明人要传递的信息就是他们人生的翔实写照。
>
> 千万牢记这一点：一个人本身就是他要传递的信息。之后，经过几代人的努力，所传递的信息不断被完善。但是，随着时间的流逝，接收这些信息的人已经无法看清最初那位聪明人的身影了。人生远比我们以为的要复杂，即使当我们在痛苦、迷惑的黑夜里摸索时，因与果编织而成的巨大道德网络，也在不断地推动我们，改善我们的行为，让我们变得更好。

这些文字很好地诠释了本书的方法论。从第 2 章至第 10 章，本书介绍了各种各样的人，其中有白人，也有黑人，有男性，也有女性，有信教者，也有不信教者，有爱好文学的人，也有不爱好文学的人。他们都远谈不上完美，但是他们的生活方式已不多见于现世了。他们都清楚自己有哪些缺点，在内心世界发起了针对自身罪责的抗争，并因为表现出一定程度的自尊而变得与众不同。我们之所以会想起他们，最主要的原因不在于他们所取得的成就（有的人的确可能拥有非凡的成就），而在于他们的与众不同之处。我希望他们的榜样作用可以点燃我们心中的热火，引导我们跟随他们的脚步，努力做一个品格更高尚的人。

在最后一章，我还对这些主题进行了概括。首先，我会介绍在当下的文化环境中，要想做一个有品格的人会遇到哪些困难；其次，我会结合人生的一系列具体时间节点，解释 “曲木”式人生道路。如果读者对这些高度浓缩的内容不感兴趣，尽可直接跳至本书的结尾部分。

即使在今天，你偶尔也会碰到有非凡内聚力的人。这些人的生活不会支离破碎、杂乱无序，他们的内心世界已经形成了一个统一体。他们沉着稳重、坚定如山，不会因暴风雨而偏离方向，也不会因遭遇困境而崩溃。他们的思想观点前后一致，他们的热心肠值得信赖。他们的美德不是你在时尚的大学生身上看到的那些花季少年所拥有的美德，而是在那些已经有一点儿人生阅历、品尝过酸甜苦辣的成年人身上才会看到的美德。

有时，你甚至不会注意到这些人，因为他们尽管看上去和蔼可亲、心情愉快，但是他们都非常内敛。同那些希望自己对社会有益但不需要向社会证明自己的人一样，他们也具有不爱出风头的美德：谦虚、自制、缄默、节制、尊重、宽容和自律。

他们的品格焕发出高尚之光。面对严厉的质疑，他们温和地回应；遭遇不公平的对待时，他们沉默以对；在其他人试图羞辱他们时，他们能保持尊严；在其他人试图激怒他们时，他们能约束自己。而且，他们总能顺利完成自己的任务。他们为社会做出牺牲时，总是抱着谦虚的态度，仿佛他们刚刚从杂货店购物归来。他们不会认为自己的工作有多么了不起，不会考虑自己，似乎只会因帮助他人而感到高兴；虽然他们也不是完美无缺的人，但他们知道哪些事需要他们去做，而且真的这样做了。

如果你与他们交谈，你就会越发觉得他们古灵精怪。他们穿梭于各个社会阶层，但是他们好像并不自知。在认识他们一段时间之后，你会发现你从来没有听到他们说大话，也从来没有见到他们自以为是的样子。他们从来不会彰显他们的与众不同与杰出成就。

他们的生活并不是毫无矛盾的平静如水，而是充满了使他们成熟的斗争，他们为解决人生最根本的问题做出了贡献。亚历山大·索尔仁尼琴指出，“善恶的分界线不在于国家，不在于阶级，也不在于政党，而在于我们每个人的内心。”

这些人养成了坚强的内在品格，并达到了一定的深度。等到这种斗争结束时，在这些人心中，对成功的追求就会屈从于对灵魂升华的努力。在花费毕生精力寻求平衡后，亚当一号在亚当二号面前屈服了。我们要寻找的，正是这样一群人。

THE ROAD TO CHARACTER

第 1 章
人性的曲木

在我居住的城市，本地公共电台每到周日傍晚都会回顾一些昔日的经典节目。几年前的一个星期天，我一边开车回家，一边听着收音机里重播的《御前演出》（*Command Performance*）节目。这是“二战”期间一个面向军队的综艺节目，而我当天听到的那一期是在“对日战争胜利纪念日”（即1945年8月15日）的第二天首次播放的。

这一期节目的嘉宾有弗兰克·辛纳特拉、玛琳·黛德丽、加里·格兰特、贝蒂·戴维斯等人，他们都是当时显赫的名流，但是令人最难以忘怀的，是节目中表现出来的那种谦虚又不张扬的基调。同盟国刚刚取得了人类历史上最辉煌的一次军事胜利，却没有人为之欢呼雀跃，也没有人为他们搭建凯旋门。

在节目的一开头，主持人平·克劳斯贝就说：“我们似乎只能如此了。此时此刻，我们应该说些什么呢？在寻常的庆祝活动中，我们可以把帽子扔向天空。但在今天这种场合下，这个举动是不合适的。我想，我们唯一能做的就是感谢上帝，感谢这一切都结束了。”接着，女中音歌手莱斯·斯蒂文斯演唱了严肃版的《圣母颂》。随后，克劳斯贝用一句话概括了人们当时的心情，“在我们内心深处，一种谦恭的感觉激荡不已”。

节目自始至终都沉浸在这种情绪之中。演员布吉斯 · 梅迪斯朗诵了战地记者厄尼 · 派尔的一篇文章。派尔于几个月前遇难，但他对最终的胜利满怀憧憬，并在一篇文章中探讨了胜利的意义。“如果我们最终打赢了这场战争，取胜的原因绝不是造物主赋予了我们更优秀的品质，而是因为我们的士兵英勇善战，因为苏联、英国和中国人民的努力，因为长期以来的坚持，还因为上天馈赠给我们的各种物资。因此，我希望在庆祝胜利时，我们不仅要感到自豪，更要心怀感激。”

这期节目就是一面镜子，反映了当时大多数美国人的心态。当然，美国各地也有一些气氛热烈的庆祝活动。例如，旧金山的水手们占领了缆车，洗劫了酒品店；纽约市民则在时装区的大街上留下了 5 英寸[①]厚的彩色纸屑。不过，并不是所有人都感到欣喜若狂。在高兴之余，有的人开始了冷静的思考，心里产生了自我怀疑的情绪。

之所以如此，原因比较复杂。一方面，这次世界大战具有深远的历史意义，无数人为之付出了生命，与之相比，个人的力量显得如此渺小。另一方面，世界大战让全世界人民对人类的残忍程度第一次有了深刻的认识，以投放原子弹的方式结束太平洋战争，让人们意识到，人类研发的武器有可能使这种残忍性变成世界末日般的灾难。在那一周《时代》杂志的社论中，詹姆斯 · 艾吉（James Agee）指出：“胜利的消息传来之后，人们在欣喜若狂、心存感激之余，还感到了悲痛与怀疑。”

然而，《御前演出》节目的谦虚低调反映的绝不仅仅是一种情绪或者风格。

---

① 1 英寸 =2.54 厘米。——编者注

这期节目的嘉宾都亲身参与了这次世界大战，并取得了人类历史上最辉煌的胜利。但是，他们没有四处宣扬自己是多么伟大，也没有利用汽车保险杠标贴来纪念自己的丰功伟绩。他们的第一反应就是，提醒自己不可自以为是或自认为比别人高尚。所有人都警告自己，不可沾沾自喜或自我陶醉，凭着直觉，他们抵制住了人类极易过分自爱的本能倾向。

我到家时，那期节目还没结束，于是我把车停在门前的车道上，又听了一会儿。之后，我进了家门，打开电视，电视里正在播放一场橄榄球比赛。四分卫通过短传，将球传给了外接员。外接员刚刚向前推进了两码①，就被防守队员成功拦截。而且，电视镜头还捕捉到了这名防守队员自我庆祝的舞蹈动作。现在的职业运动员每当有出色的个人表现时，都会做出这类庆祝动作。

看着电视里这位防守球员的庆祝动作，我的脑海里突然闪过一个念头：在美国打赢第二次世界大战之际，却没有多少人为之欢呼雀跃。

这个反差使我浮想联翩。我想，这可能是某种文化转变的象征，标志着美国文化由“我不比其他人差，也不比其他人强”的谦虚特征向“看看我取得的成就，我真的出类拔萃”式的自我推销风格的转变。这个反差本身并没有多少意义，但它为我推开了一扇门，有助于我了解这个世界中形形色色的生活方式。

“小我”文化和“大我”文化

在收听那期《御前演出》节目之后的几年里，我对节目创作的时代以及当时的重要人物进行了一番研究。这项研究给我的第一个启示就是，我们绝不应

① 1码=0.9144米。——编者注

该抱有重回20世纪中叶的文化氛围的念头。在当时的文化中，种族主义、性别歧视、反犹太主义盛行。如果回到那个时期，我们现在享有的很多机会将不复存在。那个时期的文化也不像现在这样丰富多彩，饮食清淡无味，起居生活千篇一律。此外，那还是一种情感淡漠的文化。父亲通常极不善于向孩子表露自己的爱，丈夫也不愿意深入了解自己的妻子。从很多方面来看，现在的生活都优于那个时期。

但是，我也发现，在那个时期，人们大多十分谦虚，有数百年历史的道德生态学鼓励人们不断怀疑自己的欲望，进一步了解自身的弱点，更加坚定地与性格上的缺陷做斗争，并把弱点转化为力量。与之相比，谦虚的态度在当今社会已经较为少见，道德生态学的影响力也日渐式微。我想，秉承这种传统的人，可能不会赞同我们迫不及待、大张旗鼓地分享每一个想法、感受和成就的做法。

在《御前演出》节目播出的那个时期，通俗文化似乎比现在更加含蓄。T恤衫上不会印有这样那样的字句，打字机键盘上没有感叹号，人们不会用各种颜色的丝带为身染疾病的人祈福，汽车没有个性化车牌，保险杠上也不会贴有个人宣言或道德宣言式的标贴。人们不会在汽车后窗玻璃上贴上小标签，炫耀自己的大学背景或者去过的度假胜地。在他们眼中，这些都是自吹自擂、自高自大、过分自信的行为表现，会遭到社会的强烈抵制。

演员格利高里 · 派克、加里 · 库柏等人，以及电影《天罗地网》（*Dragnet*）中乔 · 弗雷迪这个角色，在处事上所表现出来的谦虚的风格，体现了当时社会规范的某些特点。富兰克林 · 罗斯福的助手哈里 · 霍普金斯在第二次世界大战中失去了一个儿子，在军方高层希望把他的另外几个儿子护送到安全地带时，霍普金斯却拒绝了这项提议。他轻描淡写地指出，不能因为他的一个儿子“在太平洋战争中遭遇不幸”，就给他的其他孩子特殊的对待。在那时，他的这种做法非常普通，并不引人注目。

德怀特·艾森豪威尔的内阁成员一共有23人，其中只有农业部部长一人在离任后出版了自己的回忆录，而且这部回忆录言辞谨慎，令读者昏昏欲睡。而里根政府在任期结束之前，30名内阁成员中就有12人出版了回忆录，而且大多在回忆录中自吹自擂。

在那个年代长大成人的乔治·布什竞选美国总统时，反复强调童年生活对他的影响，对于他自己的情况却三缄其口。如果演讲撰稿人在为他准备的发言稿中使用了“我”这个词，他就会毫不犹豫地把它删掉。幕僚们一再建议他：你是在竞选总统，你必须谈论自己的优点。在他们的反复劝说之下，布什接受了他们的建议。但是第二天，他的母亲就给他打来了电话，“乔治，你又在谈论你自己了”。于是，布什的演讲中就再也没有“我”这个字眼了，也没有任何的自我推销。

我在随后几年里收集的一些资料表明，我们的文化在一个非常宽泛的层面发生了变化。早先的文化崇尚谦恭之道，鼓励人们行事低调，而后来的文化则可以被称为“大我”文化，鼓励人们以自我为中心。

这样的资料并不少见。例如，1948~1954年，几名心理学家对一万多名青少年进行了调查，询问他们是否认为自己非常重要。当时，有12%的人给出了肯定的回答。而在2003年进行的同样内容的调查中，认为自己十分重要的人的比例远远超出12%，达到80%（男性）和77%（女性）。

心理学家设计了一个自恋程度测试，让人们对照“我希望成为人们关注的中心”“如果我能得到这个机会，就说明我非常厉害，我肯定会炫耀一番”“人们应该为我著书立传”等叙述语句，判断其是否与自己的行为相符。在过去的20年中，自恋程度测试的中值上升了30%，有93%的年轻人的测试得分高于

20 年前的分数中值。其中增幅最大的是认同“我与众不同”,“我欣赏自己的容貌”等语句的人数。

除了自恋程度明显上升之外，人们对名声的渴望程度也显著增强了。过去，在大多数人的人生志向排序中，名声都排在靠后的位置上。1976 年，有一项调查要求人们列出自己的人生目标，结果，在全部 16 项目标中，名声排在第 15 位。而到了 2007 年，有 51%的年轻人声称，显赫的名声是他们最想追求的个人目标之一。在一项研究中，研究人员请女中学生列出她们希望能与之共进晚餐的对象。结果詹妮弗 · 洛佩兹排在首位，耶稣排在次席，帕丽斯 · 希尔顿位列第三。接着，研究人员让这些女中学生从给定选项中挑选她们最想要从事的工作。这一次，选择担任名人（如贾斯汀 · 比伯）助手的人比希望成为哈佛大学校长的人几乎多出一倍。（不过，公正地说，哈佛大学校长本人肯定也更愿意当比伯的助手。）

徜徉在通俗文化之中，我发现“你很特别”,“相信你自己”,“要真诚地面对自己”之类的建议不绝于耳。皮克斯、迪士尼等公司出品的电影不断地告诉孩子们，他们非常了不起。大学毕业演讲中也充斥着类似的陈词滥调：“让激情引领你不断前进”,“要敢于挑战极限”,“规划自己的人生旅程”,“你如此杰出，应该敢于承担大任”。所有这些，都是培养自信的信条。

2009 年，艾伦 · 德詹尼丝在一次毕业演讲中说：“我建议你们真诚地面对自己。做到这一点，一切问题都会迎刃而解。”名厨马里奥 · 巴塔利建议毕业生“始终不渝地坚持自己的真理”。安娜 · 昆德兰在一次演讲中敦促台下的听众要敢于“遵从你的品格、才智和兴趣爱好，还要认真倾听来自你灵魂深处的空灵的声音，把周围世界散播的含糊怯懦的信息抛在脑后”。

伊丽莎白 · 吉尔伯特在超级畅销书《一辈子做女孩》(*Eat*, *Pray*, *Love*)(我可能是唯一一个把这本书从头读到尾的男性读者）中写道，上帝通过“发自我内心的我的声音表明了他的存在……上帝存在于你的身体之中，就是与你毫无二致的你自己”。

在对人们教育后代的方式进行了一番反思之后，我发现人们在品行道德方面的这种变化是有迹可循的。比如，早期的女童子军手册反复宣扬自我牺牲与谦虚低调的道德观，同时还告诫她们，迫切希望他人想到自己的强烈欲望是幸福生活的主要障碍。

美国弗吉尼亚大学宗教学、文化学与社会学教授詹姆斯·戴维森·亨特指出，到1980年，子女教育的基本特点就已经大不相同了。《你的重要性无可替代：少女童子军与资深女童子军手册》告诫女孩子们要更加关注自己：“如何进一步了解自己呢？你有哪些感受？资深童子军计划的每一项活动安排都有助于你更好地了解自己。在思考时，把你自己放在中心位置上，深入了解你自己感受事物、思考问题和为人处事的方式。”

甚至在神职人员的布道中也能看到这种转变。乔尔·奥斯汀是当今世界上最受欢迎的牧师之一，他在得克萨斯州休斯敦市出版的《成为更好的你》（*Become a Better You*）一书中指出：“上帝创造你，不是让你成为一个平庸的人，而是希望你能超凡脱俗，成为这一代人不可磨灭的记忆……从现在开始，（你必须坚信）‘命运之神已经选中了我，我必将脱颖而出，取得成功’。”

品格养成之路

在我写作本书的几年时间里，我不时回想起《御前演出》的那期节目，节目中嘉宾们每一句话所透射出的那种谦恭的品格令我难以忘怀。

谦虚低调的人温和亲切，令人放心，而自我宣扬的人则心理脆弱，令人紧张。怀有谦恭之心，则无须证明自己异于常人，而以自我为中心则会使人目光短浅，过于关注自我，争强好胜，渴望表现自己。谦恭之心会赋予人们愉快的心情，引导他们相互欣赏、建立友谊、心怀感激。坎特伯雷大主教迈克尔·拉姆齐（Michael Ramsey）说："以感激之心浇灌的土壤，不会滋生出骄傲的野草。"

从知性方面看，这种谦恭品格同样有令人赞叹的地方。心理学家丹尼尔·卡尼曼（Daniel Kahneman）指出，我们"对自己的无知视而不见，而且几乎达到了无以复加的程度"。怀有谦恭之心，我们就会知道，有很多东西我们并不了解，还有很多东西我们自以为有所了解，其实却是一种曲解或者误解。

谦虚使人聪慧的原因就在于此。蒙田曾经说过："我们可以凭借别人的知识成为学者，但是想要成为智者，就只能依靠我们自己的智慧。"这是因为智慧不是一堆简单的信息，而是一种道德品质，既可以帮助我们了解哪些东西超出了我们的理解范围，还可以在我们懵懂无知、疑惑不解和视野受限时，帮助我们找到解决办法。

我们的天性中有心存偏见、过于自信的倾向，而智者则能在一定程度上克服这种缺点。从完整意义上看，智慧是以远距离视角对自我做出的准确认识，并在人生历程中不断发展——从青春期时的近距离自我观察，逐渐演变为更广阔的全景式观察。不仅你的优点、缺点，你的亲朋好友、各种依存关系，乃至你在社会中扮演的角色都将一览无余。

从道德层面看，谦虚的人也有引人注目的特点。在加强自我修养方面，每个时代都有它特有的做法，都会采用一些独特的方法来培养品格高尚、有深刻思想内涵的人。在那期《御前演出》节目播出的那个时期，人们把洋洋自得、骄傲自大等缺点视若洪水猛兽，他们小心翼翼地检视自己的行为，唯恐沾染上这些坏毛病。

时至今日，我们很多人都把人生看成一次遨游世界、攀爬成功阶梯的旅程。为了不虚度一生，在设定人生目标时，我们所考虑的常常是如何才能在外部世界中有所作为。比如，我们的工作能影响这个世界，我们创建的公司能取得成功，或者我们能为这个社会做出某些贡献。

谦虚的人会把他们的人生比作旅程，除此以外，他们还会使用另一个与内心活动关系更紧密的东西——自我对抗，来形容他们的人生。他们倾向于认为我们每个人都有对比鲜明的两面：一方面，我们才华横溢，另一方面，我们的缺点也极为明显。也就是说，我们每个人都有某些天赋，同时也有某些缺点。如果我们在那些诱惑面前习惯性地不加抵抗，不与自身的缺点展开斗争，我们自身的某些重要品质就会逐渐丧失，我们的品格就无法达到我们期望的标准，甚至遭遇惨败。

对这些人而言，在外部世界取得成功固然重要，但在内心世界与自己的缺点展开斗争才是人生的核心内容。1943 年，深受人们欢迎的牧师哈里 · 埃默森 · 福斯迪克在《做一个真实的人》(*On Being a Real Person*）一书中指出：“有价值的人生始于与我们自身的对抗。”

谦虚的人会殚精竭虑地发扬自身的优点，战胜自身的缺点，弥补自身的不足。我们总是以自我为中心，这是我们经常面临的一个基本问题。2005 年，戴维 · 福斯特 · 华莱士（David Foster Wallace）在凯尼恩学院毕业典礼上所做的著名演讲完美地描述了这个困境：

> 我所有的亲身经历都告诉我，我是宇宙的绝对中心，是现存的最真实、最个性鲜明、最重要的人。以自我为中心是人类的一种天然的基本倾向，我们并没有因为这种行为不利于社交活动而经常反思。不过，所有人基本上都

是这样做的。这是我们与生俱来的特点：你所接触的世界都在“你”的前后左右，或者“你”的电视上、显示屏上。其他人的思维和感受都得通过这样那样的方式与你交流，而你自己的所思所感才是最直接、最紧要、最真实的。

这种以自我为中心的天性会把我们引向若干不合适的方向。首先，它会激发出我们自私自利、损人利己的欲望；它会让我们产生骄傲的情绪，自认为高人一等；它会让我们对自己的不完美之处视而不见，或者找出辩解的理由，同时夸大我们的优点。在人生历程中，我们大多数人总是喜欢跟他人做比较，认为自己比他人棋高一着：优点更突出，判断更准确，品位更高。我们总是在寻求他人的认同，认为自己已经构建了某种身份，一旦受到任何冷落或者冒犯，我们就会十分反感，心情也变得异常糟糕。

人性中的任性成分会让我们把低层次的爱好置于比高层次爱好更高的位置上。我们都有各种各样的爱好，希望得到自己向往的东西，比如友谊、家庭、受欢迎、地位、金钱等。而且，这些爱好在层次与重要性上彼此不同。我认为，它们在我们心目中的先后次序应该大同小异。我们都知道，人们对父母子女的爱应当高于金钱，人们对追求真理的热爱应该高于受欢迎程度。即便在相对主义与多元主义盛行的今天，各种道德品质在我们所有人心目中的排序也大致相仿，至少在大多数时间里差别不大。

但是，我们对这些爱好的排序其实并不合理。如果你在餐桌上闲聊时将某个人私下里告诉你的事情和盘托出，这就说明在你的心目中，你对受欢迎程度的热爱高于友谊。出席会议时，如果你夸夸其谈，而不愿意静心倾听，这就说明你对学习与友谊的重视程度不足，而更关注释放自己的激情。我们在日常生活中大都是这样做的。

对自己的本性持谦恭态度的人都是道德现实主义者。伊曼纽尔·康德（Immanuel Kant）有一句名言："人性这根曲木，决然制造不出任何笔直的东西。"道德现实主义者知道人都是由"曲木"制造而成的，信奉人性"曲木"说的人对自身的缺点有深刻的认识，认为品格是在与自身的缺点做斗争的过程中培养而成的。托马斯·默顿认为："灵魂就像运动员一样，也需要能与之匹敌的对手，通过对手的磨炼、牵引与推动，才能充分发挥潜能。"

从这些人的话语中，我们可以看到他们内心深处的那些斗争。他们在与自私自利以及冷酷无情做斗争时，哪怕只取得了小小的胜利，也会欣喜若狂。如果他们因为偷懒或疲惫而缺席了某个慈善活动，或者没有静静地倾听某人诉说烦心事，他们就会感到无比沮丧。在他们的心目中，人生可能更像一次道德探险活动。正如英国作家亨利·费尔利（Henry Fairlie）指出的那样："只有承认人性有犯错的倾向，而且过失不可能完全避免，我们的人生才不会漫无目的，我们才不会虚度一生。"

我有一位朋友，他在每天晚上睡觉之前都会回顾自己当天犯了哪些错误。他最主要的过失是冷酷无情，这个过失又衍生出其他过失。他每天都要应付很多人，非常忙碌。在人们向他寻求意见或者诉说不幸遭遇时，他有时会心不在焉；有时他关注的不是对方的话，而是如何给对方留下一个好印象。例如，在某次会议上，他考虑更多的可能不是别人到底在说什么，而是如何引起他们的注意，比如，他可能会口是心非地对他人进行阿谀奉承。

每天晚上，他都会分门别类地整理这些过失，分析经常发生的主要过失以及可能由此衍生的其他错误。然后，他会思考对策，以便在第二天有所改进。到了第二天，他在待人接物时会力求改变。比如，更耐心地倾听别人的话；把关心置于威望之上，更看重高层次的东西。所有人都有不断提高道德修养的义务，我的这位朋友每天都会尽最大努力，力求在这个无比重要的领域取得哪怕一点点的进步。

对人生抱有这种态度的人，不会认为人的品格是天生的或者是自然而然形成的。品格需要我们付出努力，有技巧地加以培养。只有持之以恒，我们才能实现自己的愿望，成为品格高尚的人。只有牢固地树立起道德核心，我们才有可能在外部世界建立不朽功业。如果不具有某种内在的操守，我们最终必将丑闻缠身，甚至众叛亲离。从根本上看，亚当二号是亚当一号的基础之所在。

在上文中，我用到了“斗争”这个词，但是，我们不能把这种与内在缺点之间进行的道德斗争，视为与战争或者拳击比赛相类似的搏斗，后者充斥着武力、暴力和侵略性。道德现实主义者有时也会立场坚定，例如，他们在与邪恶做斗争时永不退缩，他们还会严格自律，防止自己的欲望膨胀。不过，品格的养成并不是一味地讲求严酷的磨炼。我们还可以通过关爱，轻松愉快地培养自己的品格。如果我们同品格高尚的人建立深厚的友谊，就可以从他们身上取长补短，学习他们的优秀品质。如果我们深深地爱上了某人，我们就会甘愿为其付出，以期引起对方的注意。欣赏伟大的艺术作品会使我们的情感更丰富，致力于某项优秀的事业，会使我们激情四射、精力充沛。

此外，与自身缺点的斗争绝不可能是孤军作战，我们无法单凭自己的努力就实现自我掌控这个目标。个人的意愿、理性、同情心与品格，并不足以长期压制自私、骄傲、贪婪与自欺的缺点，所有人都需要向外界求助，得到包括家人、朋友、先人、规则、传统、制度、典范以及上帝（对信仰宗教的人而言）的帮助。我们需要有人为我们指出错误，提供正确的建议，不断地鼓舞、支持、激励、配合并启发我们。

从这个角度看，人生也具有一定的公平性。在世界各个角落，英雄与笨蛋都同时存在。无论你是在华尔街供职，还是在为贫苦百姓派送药品的慈善事业奔波，收入高或低，这些都不重要，重要的是你是否愿意同自己展开道德斗争，投身于这场斗争是否令你心情愉快或者富有同情心。费尔利写道："如果我们知道自己会犯错误，知道我们每个人都身处战争之中，我们就有可能像战士那样，带着勇气、激情甚至快意投入这场战争。"亚当一号通过打败他人获得成功，而亚当二号则通过打败自身的缺点来培养高尚的品格。

从谦虚之谷到睿智之峰

本书所谈及的人都有自己独特的人生之路，他们每个人有着各自不同的品格养成之道，但是，其中很多人都表现出了欲扬先抑的规律性：他们必先触及谦虚低调的谷底，然后才能到达高风亮节的巅峰。

品格之路在道德层面常常包含危机阶段、对抗阶段与恢复阶段。在面临严峻考验时，他们对自己的本性突然有了更清醒的认识，以往，无时无刻不在的自我欺骗与自我掌控的幻觉都被扫荡一空。因为爱丽丝是一个很小的孩子，所以她才能进入仙境，同样，如果这些人希望改变自己并登上更高的高度，他们在认识自我时就必须先把自己放在一个很低的位置上。克尔恺郭尔说："甘愿下地狱，才能拯救心上人。"

不过，他们的人生历程很快就峰回路转了。在谦虚低调的谷底，他们学会了心平气和。只有心平气和，才能看清周围的世界；只有心平气和，才能理解周围的人，接受他们的付出。

一旦做到了心平气和，就意味着他们敞开了心扉，善也随之而来。他们发现，一些他们未曾想到的人也向他们伸出了援助之手；其他人对他们的理解与关心达到了他们之前不敢想象的程度；人们为他们付出的爱甚至让他们感到受之有愧。他们无须苦苦挣扎，因为一双双热情的手正在把他们拉出困境。

因此，在进入谦虚的谷底之后，他们很快就可以回到欢乐与责任的高地。他们再一次投身工作之中，结交新朋友，培养新喜好。他们发现，从严峻的考验开始以来，他们已历经千山万水，在身后留下了长长的足迹。他们不仅仅是得以恢复，而是彻底地脱胎换骨。这样的发现令他们大为震惊。于是，他们找到了自己的使命，一如既往地遵从某种责任，义无反顾地追求某种乐趣。从此，他们的生活有了目标。

这条品格之路的每一个阶段都会在人们的灵魂上留下印记。在体验过程中，人们的本性得到了重塑和锤炼。品格高尚的人，有的顾盼神飞，有的心平气和，但他们都有一定的自尊心。自尊不同于自信或自负。自尊的基础不是智商，也不是帮助你考入名牌大学的身体或智力上的各种天赋。自尊不是相互攀比，在某个方面优于他人不会为你赢得自尊。只有你自己取得进步，面临考验时值得他人信赖，遇到诱惑时不为所动，你才是一个有自尊心的人。自尊的来源不是你在外部世界取得的成功，而是你在内心世界取得的胜利。只有内心经受住诱惑、敢于面对自身的缺点、抱着“即便情况更加糟糕，我也能忍受和克服”的态度，你才能赢得自尊。

上文讨论的这种转变有可能是轰轰烈烈的改变，也有可能是徐徐图之、润物细无声的演变。终其一生，所有人都会在某些时候面临重大的考验，发生某种转变，或顺利成长，或黯然败退。在日常生活中，人们也会不断发现自身的小毛病，或向他人伸出援助之手，或努力改正某些错误。品格就是在戏剧性变化与日常琐事的交替作用下逐渐养成的。

那期《御前演出》节目所展现的不仅仅是某种美学原则或者风格。我越深入研究，就越坚定地认为那是一个道德标准迥异于当下的时期。我对人性及人生的意义有了新的认识，对如何培养高尚的品格、发掘人生的深层次意义也有了新的理解。我不知道在那个时期到底有多少人可以坚守这种道德标准，但是我知道有人的确做到了。对于他们，我怀有崇高的敬意。

我一直认为，我们已在不经意间把这种道德传统抛在脑后了。几十年来，我们的言谈举止以及组织生活的方式都已经发生了变化。我们没有在道德上沦丧，但是对道德标准的表述含混不清；我们并不比历史上其他时期的人更自私、更腐败，但是我们对品格之路的了解不及从前。“曲木”式道德传统（其基础是察觉并勇敢地面对自身的过失）是代代相传的宝贵遗产，使人们更清楚地了解如何培养“悼词美德”，如何培养人性中的亚当二号。如果抛弃这份遗产，现代文化必将流于肤浅，在道德领域更是如此。

在现代社会，关于人生的主要谬论是，人们以为亚当一号获得的成就可以让他们产生深刻的满足感。事实上亚当一号的欲望是永远无法满足的，只有亚当二号才可能体验到深刻的满足感。亚当一号以幸福为人生目标，而亚当二号知道仅有幸福是不够的，道德层面的愉悦才是愉悦的极致。在下文中，我将列举若干现实生活中的案例，向大家介绍这样的人生。我们无法回到过去，也不应当有这样的想法，但是我们可以重拾这种道德传统，重新学习这些品格语汇，并在我们自己的人生历程中加以应用。

在塑造自己的亚当二号时，我们不可能照本宣科地采用他人的诀窍，也没有现成的“七步计划”可供参考。但是，我们可以深入研究杰出人物的人生，了解他们在人生历程中表现出来的睿智。我希望你能从下文中总结出几条对你来说非常重要的经验教训，即便它们可能与我的版本有所不同。我还希望通过以下9个章节的内容，使我们的人生都会发生一些积极的变化，哪怕只是微小的变化。

THE ROAD
TO CHARACTER

第 2 章

坚定信念——罗斯福新政的幕后女英雄

如今的下曼哈顿区华盛顿广场公园，被纽约大学、昂贵的公寓和高端商场所包围。但是，早在1911年，这座公园周围的建筑并不多，北边是上流社会的豪宅，东边和南边是几家工厂，在工厂上班的年轻人大多是犹太移民和意大利移民。身处上流社会的戈登·诺里夫人就住在那片豪宅区，在她的先辈中，有两位是《独立宣言》的签署者。

3月25日，在诺里夫人家中，她刚刚与一些朋友坐下来喝茶，就听到房子外面传来一阵喧闹声。31岁的弗朗西丝·帕金斯是来宾之一，她出身于一个古老的中产阶层家庭，其家族历史有可能追溯至美国革命时期。帕金斯曾经在曼荷莲学院就读，当时在纽约消费者联盟工作，正在为取缔雇用童工制度而四处游说。帕金斯说话时的神态与马克斯兄弟电影中的玛格丽特·杜蒙以及瑟斯顿·豪威尔三世夫人颇为相似，一口与其出身相吻合的上流社会腔调——拖得长长的a，被省去的r，再加上圆唇元音，于是“tomato”在她的嘴里就变成了“tomaahhhto”。

突然，一位男管家冲了进来，说广场附近着火了。女士们就都跑了出去，帕金斯也提着裙摆，迅速往前跑。这场大火是美国历史上有名的三角内衣工厂火灾事件。帕金斯看到大楼的 8、9、10 层火光四射，几十名工人挤在打开的窗户旁边。当她跑到楼下的人行道上时，那里已经聚集了一群惊慌失措的围观者。

有人看到一捆捆的东西从窗户那儿掉下来。他们以为那些东西都是布匹，并猜测工厂老板正在挽救最贵重的物资。随着掉落的东西越来越多，他们才发现这些“东西”根本不是布匹，而是从楼上跳下来的人。后来，帕金斯回忆说：“当我们跑到那里的时候，人们刚刚开始往下跳。在那之前，他们一直站在窗户旁边，没有放弃等待求援。但是随着火势越来越大，浓烟弥漫，后面的人开始不断往前挤。”

“于是，他们开始往下跳，窗户那里太拥挤了，他们决定跳下去，结果都摔在人行道上。所有跳楼的人都摔死了，那个情景真是太可怕了！”

消防人员拉起了救护网，但是由于楼层太高，在跳楼者体重的作用下，救护网要么从消防人员的手中掉落，要么被跳楼者一穿而过。一位妇女在跳楼前朝着楼下的围观人群倒空了钱包，然后纵身跳下。

帕金斯和她周围的人冲着楼上的人尖声喊道：“不要跳！救援人员就要来了。”事实上，根本没有救援人员。火焰炙烤着工人们的后背，结果，有 47 人跳了下来。一位年轻妇女在跳楼之前，一面拼命做着手势，一面说着什么，但是楼下的人们根本听不清。一位年轻男士体贴地把一位年轻女士扶到窗台上，然后像芭蕾舞男演员一样，把她托起来送到窗外，在碰不到大楼的位置松了手。接着，他又以同样的方式帮助第二个和第三个妇女。当第四个女士站上窗台，这名女士拥抱了他，两人深情一吻。随后，他把她抱起来，送出窗户，松开了手。最后，这名男子自己也跳了下来。在下落的过程中，他的裤子被风鼓起，人们注意到他穿着一双款式新颖的棕黄色皮鞋。一位记者这样写道："在人们用白布盖住他的脸之前，我看到了他。他是一个真正的男子汉，他已经尽了自己的最大努力。"

火灾是在当天下午4点40分发生的，起因是8楼的某个人将烟头或者火柴扔进了一大堆棉布边角料中，迅速点燃了这堆棉布。

工厂经理塞缪尔·伯恩斯坦在得知火情之后，提起附近几只装满水的桶，倾倒在火堆上，但已于事无补。棉布边角料一旦着火，比纸张引发的火势还要凶猛，而且单单是在8楼，就堆积了大约一吨棉布。

伯恩斯坦还在继续向越烧越猛的火堆上泼水，但此时，大火已经蔓延到悬挂在木质工作台上方的棉布样品了。伯恩斯坦命令工人们从附近的楼梯井拉来一条消防水龙带，打开阀门后却发现根本没有水压。记录那场火灾的历史学家戴维·冯·德莱尔指出，在火灾刚发生的前三分钟时间里，伯恩斯坦做出了一个致命的决定。当时他有两个选择：救火或者疏散大楼里的500名工人。结果，他选择了与迅速蔓延的大火展开徒劳无益的对抗。如果他选择疏散所有人员，当天可能就不会有人丧生了。

等到伯恩斯坦终于把注意力从那道火墙上移开时，眼前的场景却让他更加吃惊。很多在8楼工作的女工竟然还在慢条斯理地走进更衣间拿外套等个人物品，还有的人正在找计时卡，准备打卡下班。

最后，在10楼的两名工厂老板也获悉了火情，此时大火已经遍及整个8楼，正迅速向10楼蔓延。老板艾萨克·哈里斯的身边围着一群工人，他认为如果从大火中穿行下楼，可能无异于自杀。因此，他大吼了一声："姑娘们，我们去楼顶！赶紧去楼顶！"另外一名老板麦克斯·布兰克已经被彻底吓傻了。他满脸惊恐，一只手抱着他的小女儿，另一只手牵着大女儿，一动不动地站在那里。一名正在撤离的员工看到这个情景，扔下了手里抱着的公司订货簿，来救老板的命。

8 楼的工人大多成功地撤离了，但是 9 楼的工人们直到火势快蔓延过来时才得到警报。他们像惊慌的鱼群一样，慌里慌张地寻找出口。电梯有两部，但是速度太慢，而且拥挤不堪。大楼里没有安装自动喷水灭火系统，只有一个防火梯，但是它已经摇摇欲坠，而且被封堵上了。平时，为了防止盗窃现象发生，工人们在回家之前是要接受搜身检查的。经过精心设计，一些门被锁上了，工人们要出去的话，只能从唯一的出口离开。在被大火包围之后，工人们面对越来越猛的大火与浓烟，他们必须抑制住内心的恐惧，并根据非常有限的信息，孤注一掷地做出生死攸关的决定。

艾达 · 尼尔森、凯蒂 · 维纳与范妮 · 兰斯纳是好朋友，在听到有人惊叫“着火了”的时候，她们正在更衣室里。尼尔森拿定主意之后，朝楼梯井跑去；维纳来到电梯前，看到电梯轿厢正在往下运行，于是她朝着轿厢顶跳了下去；而兰斯纳既没有走楼梯，也没有上电梯，最终未能生还。

为了逃生，大家已经顾不上谦让了。玛丽 · 布切利后来在回忆这件事时谈到了自己的逃生行为：“我不停地用手推、用脚踢，别人也在推我、踢我。不论遇到谁，我都会把她推倒。”她说的是她的工友们，“我一心想着逃命……在那种情况下，周围一片混乱，要知道，你根本看不清……在混乱之中，你不可能一边逃命，一边还能看清楚。”

约瑟夫 · 布伦曼是工厂中为数不多的男性之一。一大群女性在电梯前推推搡搡，但是她们大多身材瘦小、体弱无力，他很快就把她们推到一边，挤上了电梯，最终得以脱险。

消防车很快就到了现场，但是消防梯够不到 8 楼，消防龙头喷出的水也只能勉强达到这个高度，给大楼外立面洒上一些水。

“酷刑”的考验

可怕的三角内衣工厂火灾使整个城市陷入了悲痛。人们不仅对工厂老板们的所作所为感到无比愤怒，同时也觉得自己难辞其咎。1909年，一个名叫罗斯·施奈德曼的俄罗斯年轻移民，曾率领三角内衣等工厂的女工们举行过一次罢工，他们诉求的问题正是导致这次火灾的原因。这座城市一贯对穷人的生活漠不关心，对于示威者遭受工厂保安袭扰一事，人们同样选择袖手旁观。人们以自我为中心、只顾自己逃生、漠视他人痛苦的行为，使所有人都感到深深的不安，在火灾之后，大家便纷纷开始发泄自己的怒气。弗朗西丝·帕金斯回忆说：“所有人都感到很不安。这种情形难以形容，就好像我们所有人都做错了。这种情绪是不应该的，因为我们都很难过，大家似乎都认为‘是我的错！是我的错！’”

在举行了大型纪念游行之后，全市所有有头有脸的人物又举行了一次庞大的集会。帕金斯作为消费者联盟的代表，在台上见证了罗斯·施奈德曼是如何调动听众们的情绪的。施奈德曼说：“如果我站在这里和大家讨论亲密的友情，那就是一种背叛，是对那些火灾受害者的背叛。你们是公众当中品行端正的人，但是在考验面前，你们并不合格！”

“以前，宗教裁判所有拷问台、拇指夹，还有利用铁齿施以酷刑的各种器械。我们知道，现在也有与之对应的东西：我们的需求就是铁齿，工厂里那些功能强大、运转速度极快的机械就是拇指夹，一旦着火就会夺走我们生命的危险建筑就是拷问台……”

“市民们，我们现在正在考验你！你可以通过慈善捐赠的方式，为那些失去家人的悲痛的父母与兄弟姐妹捐献几美元。但是，每次工人们从工厂的唯一出口走出来，抗议工作环境让他们无法忍受时，我们却总是听任执法暴力机构对其实施严酷的镇压……现场的各位市民，我无法跟你们谈笑风生。我们已经流了太多的血！”

这次大火及其余波对弗朗西丝·帕金斯产生了深远的影响。在此之前，她虽然也在为维护工人的权利和穷人的利益四处奔走，但她走的一直是一种传统的人生轨迹，追求的目标很可能是一桩传统的婚姻，以及热衷于慈善之举的上流生活。火灾之后，曾经的职业变成了帕金斯的一种使命，道德层面的愤怒驱使她走上了另一条不同的道路。自身欲望与自尊的重要性有所下降，而事业本身则变成她人生的一个中心点。上流社会的进步人士在为穷人提供帮助时总是表现得温文尔雅，竭力保持一种超然的姿态，这些都让她难以忍受。帕金斯一改往昔的柔弱之态，变得坚强起来，她毅然投身于各种政治活动。如果可以阻止三角内衣工厂女工们的悲剧重演，她甘愿去冒道德品质染上污点的风险；只要能带来积极的效果，她愿意做出妥协，与那些腐败的官员们打交道。从此以后，帕金斯把自己的余生都奉献给了这项事业。

人生使命的召唤

如今，人们在毕业典礼演讲中经常告诉毕业生们要充分发挥自己的热情，相信自己的感觉，思考并找到自己的人生目标。这些陈词滥调背后的意思是，在思考如何走好自己的人生道路时，最重要的是遵从自己的内心。按照这种思维逻辑，在你风华正茂、刚刚踏入成年生活时，你需要坐下来，静静地进行自我发掘，确定哪些东西对你来说具有重要的价值，哪些东西是你亟须解决的当务之急，哪些东西最能激发你的热情。你还要思考若干问题：我的人生目标是什么？我希望自己的人生有哪些收获？哪些东西对我来说具有实际价值而不是仅能取悦我身边的人？

根据这种思维逻辑，我们可以像制订商业计划那样规划人生。首先，对自己的天赋与激情进行一番盘点。其次，设定目标，制定出一些衡量标准，规划如何逐步实现这些目标。再次，制定实现目标的策略，鉴别哪些事情有助于你实现目标、哪些事情看似紧急，但实际上会分散你的注意力。如果你一开始设定的目标切实可行，而且在执行策略时做到了灵活有度，那么你将拥有一个目标明确的人生。威廉·欧内斯特·亨利诗作《不可征服》（*Invictus*）中有一句诗经常被人们引用，即“我是自己命运的主宰，我是自己灵魂的舵手”，它描述的就是这种人生。

在当今这个讲求个人自主的时代，人们往往就是这样规划自己的生活的。这种生活方式始于自我、终于自我，以自我研究开始，以自我实现结束。这样的人生取决于一系列个人选择。但是，弗朗西丝·帕金斯用另一种在过去更为常见的方法，确定了自己的人生目标。在应用这种方法时，你需要思考的不是“我希望自己的人生有哪些收获”这个问题，而是一系列不同的问题：生活希望从我这里得到什么？我周围的环境对我发出了什么样的号召？

按照这种方法，我们不会规划自己的人生，相反，我们会受到人生的感召。具有重要意义的真谛不在我们的内心，而在我们身外的世界。这种人生观不以独立的自我为起点，而始于你所处的具体环境，以及对世界与自我的认识。世界在你出生之前就早已存在，在你过世之后仍将长期存在；在你短暂的生命周期中，命运、历史、机会、自然进化，或者是上帝，将你抛送至某个具体的位置，让你面对具体的难题与需求。你需要完成的工作是厘清若干问题：要让这个环境变完整，还需要增加些什么？哪些东西需要修补？哪些任务亟待我们去完成？小说家弗雷德里克·比克纳曾经说过：“何时何地我的聪明才智既可以满足这个世界的根本需要，又能让我发自内心地感到愉悦呢？”

1946年，维克多·弗兰克尔在《活出生命的意义》(*Man's Search for Meaning*)这部名著中描述了人生对他的使命召唤。弗兰克尔是维也纳的一名犹太裔精神病医生，1942年，纳粹将他逮捕并圈禁在一个犹太人居住区，后来他又被关进了若干个集中营。他的妻子、母亲与兄弟都死在了集中营。在集中营的大多数时间里，弗兰克尔都在修铁路。这与他自己的人生规划大不相同，也与他的激情和梦想格格不入。但是，生活把这桩苦差事强加给了他。他明白，他的人生发展前景取决于他的内心根据所处环境做出的决定。

他在书中写道：“重要的不是我们对生活的期望，而是生活对我们的期望。我们不能一味地追问生活的意义到底是什么，而应该停下来好好想一想，该如何回答生活每时每刻给我们提出的问题。”弗兰克尔认为，命运赋予了他一个道德层面的任务和一个知识层面的任务。

他需要完成的道德层面的任务是正确地面对磨难，并从中获益。他无法控制所受磨难的痛苦程度，也无法控制是否以及何时被关进毒气室或被弃尸路边，但在内心深处对这些折磨做出什么反应，是他可以控制的。纳粹分子不断凌辱集中营里的囚犯，试图摧毁他们的人性。有的囚犯屈服了，或甘于堕落，或沉湎于过去的幸福回忆，但是，还有一些囚犯则展开斗争，坚定地维持自己的操守。弗兰克尔认识到：“人们可以在这些经历中取得胜利，在内心世界取得大捷。”人们可以通过一些不起眼的行为坚定地捍卫自己的尊严，这些行为未必能改变他们在外部世界中的生活或者最终的命运，但是它们可以强化人们的精神世界。人们可以通过“内心的坚持”，严密地掌控自己的精神状态，有条不紊地捍卫自己的操守。

弗兰克尔说："忍受折磨已经成为一种我们甘之如饴的任务。"在认识到命运赋予自己的任务之后，弗兰克尔很快就理解了人生的意义与最终目标，也清楚地知道战争给他带来了实现人生目标的机遇。有了这些，活下去就变得简单多了。尼采说过："如果一个人知道自己为什么而活，他就可以忍受任何一种生活。"

弗兰克尔的另一项任务是把他所处的环境变成可以奉献给社会的智慧。监狱生活为他从事学术活动提供了一个良机，他可以研究人们在极端恐怖的环境中的变化。他曾向狱友们分享了他的研究结果。如果能活着出狱，他还想把这些知识分享给集中营外面的人。

在精神比较好的时候，他会和狱友们聊天，告诉他们要认真对待自己的人生，努力捍卫内心的坚持。他还告诉狱友们不要泄气，多想想自己的心中所爱，要保护、分享、加深对不在他们身边的妻子儿女及亲朋好友的爱，尽管纳粹分子阴谋破坏这些爱，尽管他们所爱的人被关进了其他集中营，甚至可能已经不在人世了。即使身处污秽不堪、死神随时会降临的环境之中，人们仍然有可能保持昂扬向上的精神，"站在狭小的牢房中，我呼唤上帝，无处不在的上帝回应了我"。弗兰克尔认为，人们还可以通过对所爱之人的狂热激情来理解"天使睇视那无限的荣耀，竟至于浑然忘我"这句话的完整含义。

他告诉那些有自杀念头的狱友，生活仍然对他们抱有期望，希望他们未来能有所作为。晚上熄灯之后，他对狱友们说，朋友、妻子、可能活着也可能已经死去的某个人，还有上帝，正在满怀希望地看着他们。弗兰克尔说道："（人生的）终极意义就是履行自己的责任，正确解决遇到的问题，认真完成人生不断赋予每个人的任务。"

很少有人会身处如此恐怖的极端环境之中，但是，我们所有人都会拥有不完全是通过主观努力而获得的天赋、能力、才智和特点。同时，外部环境还会对我们所有人发出某种感召，让我们采取某种行动，面对贫穷、折磨、成家立业的需要，或者争取机会传递某种信息。环境为我们提供了舞台，使我们的天赋有了用武之地。

辨明使命的能力取决于双眼和双耳的健康状况，以及你是否可以敏感地理解环境赋予你的任务。《密西拿》[①]告诉世人："你没有必须完成这项工作的义务，同样，你也没有拒绝做这项工作的自由。"

使命不同于工作

同帕金斯一样，弗兰克尔也有自己的使命。使命不同于职业。人们在选择职业时，看重的往往是就业机会和发展空间，以及职业在经济与心理上有可能给他们带来的益处。如果当前的工作或者职业不合适，那么我们可以重新选择。

使命是无法选择的，使命是一种感召。在使命面前，人们通常觉得自己别无选择，如果拒不接受，他们的人生就会面目全非。

有的人会受到愤怒的感召。弗朗西丝 · 帕金斯在目睹了三角内衣工厂火灾之后，因这种破坏社会道德体系的事件竟然会不断发生而感到愤怒。有的人会受到某种行为的感召。有一位妇女，在她拿起吉他的那一刻，就知道自己应该成为一名吉他手。有的人会受到《圣经》词句或文学作品的感召。1896 年夏天的一个上午，音乐学者、风琴演奏家阿尔贝特 · 施韦泽在《圣经》中看到"凡想要保全生命的，必丧掉生命；凡丧掉生命的，必救活生命"这句话

① 《密西拿》(*the Mishnah*) 是解读犹太律法的权威性文集，保留着其口述传统，是《塔木德》的第一部分。——译者注

时，立刻觉得受到了感召，他放弃了自己成功的事业，改行学医，最后成为一名丛林医生。

受到使命召唤的人不会投身于民权运动、创作伟大的小说或者经营一家非营利性机构，因为这些活动或多或少需要进行一些成本效益分析。献身使命的原因不是效用，而是出于更深刻、更高层次的考虑，困难越大，人们的决心越坚定。施韦泽说："打算行善的人绝不可指望有人为他清除前进道路上的障碍，相反，如果有人设置更多的障碍，他反而应该冷静地接受。只有在面对障碍时越来越强大的人，才能获得成功。"

我有必要告诉大家，使命感与当代的社会主流逻辑格格不入。使命不会要求我们努力满足自己的欲望，尽管那是现代经济学家对我们的期望。使命也不会要求我们去追求幸福，如果我们所说的"幸福"指的是心情舒畅、愉快的体验或者成功逃避奋斗与痛苦等。有使命感的人存在的意义就是，完成命运赋予他们的任务。他们会根据这些任务塑造自己，例如，亚历山大 · 索尔仁尼琴就把自己变成了与苏联独裁者做斗争的工具。他说："我就是一把被施了魔法的利剑，我自己不需要制订任何计划，也不需要做出任何安排。我只需要猛劈、猛砍，扫除那些污秽力量就可以了。一想到这些，我就感到更幸福、更有安全感了。在我发起攻击时，上帝啊，请不要让我断裂，也不要让我从你的手中脱落！"

肩负使命的人通常不会闷闷不乐，他们为完成使命而参与的活动会给他们带来快乐。在现代人眼中，多萝西 · L · 塞耶斯（Dorothy L. Sayers）是一位著名的侦探小说家，但在她的那个时代，她还是一位受人尊敬的学者和神学家。塞耶斯认为，为社会服务与安心工作是不同的。她说，致力于服务社会的人在工作上都不会取得很好的成绩——无论他们从事的是小说创作还是烤面包的工作，因为他们没有专心致志地思考该如何完成这些工作。但是，如果你安心地工作（尽可能高质量地完成每一项任务），你的工作水平就会不断提高，你会从中获得很大的满足感，最终，你对社会的贡献必然也很大。在那些有使命感的人身上，我们经常能看到全神贯注的神情、认真呈现出的优美舞姿，或者竭力经营好某个组织的迫切愿望。当自身价值通过他们的行为得以完美体现的时候，他们感受到了极大的快乐，这种美妙的体验将艰难险阻带来的所有疲倦感都一扫而空。

促使弗朗西丝 · 帕金斯树立人生目标的原因有很多，三角内衣工厂火灾是其中最重要的原因之一。火灾在让她感到恐惧和义愤填膺的同时，还让她坚定了自己的决心。这不仅仅是因为有很多人失去了生命（毕竟，逝者已矣），还因为“这次火灾象征着公共秩序不断受到的侵犯”。人作为一种生物，其尊严应当受到尊重，这是人的一项基本权利。但是，人们受到的虐待正在肆意践踏这项权利，正是这种失去尊严的感受帮助她找到了自己的使命。

严格而谦逊的女校教育

1880 年 4 月 10 日，弗朗西丝出生于波士顿的比肯希尔。17 世纪中叶，她的先祖跟随新教徒大迁徙的浪潮来到了马萨诸塞州，之后又在缅因州定居下来。她的先辈詹姆斯 · 奥蒂斯是一名英雄，在轰轰烈烈的美国独立革命中立下了显赫战功。她的长辈，奥利佛 · 奥蒂斯 · 霍华德是美国内战时期的一名将军，后来在华盛顿特区创建了曾一度只招收黑人学生的霍华德大学。弗朗西丝 15 岁那年，霍华德访问了她的家乡。由于他在战争中失去了一条胳膊，弗朗西丝成为他的抄写员。

几百年以来，帕金斯一家大多生活在缅因州的波特兰市东边，毗邻达玛里斯科塔河，以务农和制砖为业。弗朗西丝的母亲出身于人口众多的比恩家族，从小接受的就是美国北方的传统教育：节俭、认真，甚至过于诚实。到了晚上，弗朗西丝的父亲弗雷德·帕金斯会和朋友们一起，阅读希腊诗歌，朗诵希腊戏剧。在七八岁的时候，弗朗西丝就在父亲的教导下开始学习希腊语语法了。她的母亲身材丰满，意志坚定，在艺术方面颇有修为。弗朗西丝10岁时，母亲带她去买帽子。当时流行的是装饰有羽毛和丝带、窄窄高高的帽子，但是，她的母亲苏珊·比恩·帕金斯挑选了一顶样式简单的低顶三角帽，戴在弗朗西丝的头上。苏珊随后说的一番话表明她教育孩子的方式与现在大不相同。我们总是告诉孩子们他们非常棒，但是在那个时代，为人父母者更有可能让孩子们去勇敢面对自己的不足与缺点。他们在面对不足与缺点时表现出来的那种诚实和坦率，在我们现代人看来可能是非常过分的举动。

母亲告诉弗朗西丝："宝贝，这顶帽子适合你，你就应该戴这样的帽子。你的脸大，颧骨比额头还宽。太阳穴上方窄，颧骨宽，下巴又很窄。因此，你在选帽子时，一定要选跟你的颧骨宽度差不多的帽子。你绝对不能戴窄帽子，否则会很难看。"

当下，美国北方诸州的文化尽管受到了全球文化的冲击，却仍然保留着它一贯硬朗的鲜明特色。过去，美国北方人一般沉默寡言，独立自主，讲求人人平等。他们在处理情感问题时往往过于粗暴，有时甚至到了冷漠无情的地步，但有时这种粗暴中也包含了一种狂热的爱和温柔。他们对自身的不道德因素有清醒的认识，他们压抑自己的欲望，改正错误，以此来膜拜爱护他们的上帝。他们勤勤恳恳地工作，从来没有任何怨言。

一天傍晚，年轻的帕金斯穿着一套新的晚礼服来到楼下。父亲看过之后，说她穿上这套衣服后有点儿像贵妇人了。帕金斯后来回忆说："即使我真的把自己打扮得很漂亮（请注意，我是说假如），我父亲也绝不会夸赞我，因为说那样的话是不适宜的。"

除了奉行政治自由主义以外，美国北方人的身上还有一些其他特点，包括大家心目中抱持的社会保守主义。他们在个人生活方面遵循传统、严于律己，同时对社会与政府也给予信任。他们认为，个人应当在集体中履行维护"良好秩序"的义务。即使在18世纪中叶，新英格兰地区的各州、市殖民政府所征收的税赋也是宾夕法尼亚、弗吉尼亚等州殖民政府的两倍。他们还在教育体系中安排了大量有关宗教信仰的内容。350年以来，新英格兰地区的学校质量一直在美国名列前茅，他们在教育上取得的某些成就，在美国至今遥遥领先。

帕金斯的父母想方设法地让她上学，但她的学习成绩向来不好。她在语言文字方面有天赋，凭借一张巧嘴就顺利地从中学毕业了。随后，她来到曼荷莲学院（美国一所知名的文理学院），成为一名1902级的学生。同当时的大多数学院一样，这所学院的规章制度与现在大不相同。如今，学生们在宿舍里的生活基本不会受到监管，他们有按照自己认为合适的方式安排个人生活的自由。而在当时，为了向学生们灌输服从管理、谦虚谨慎、尊重他人等品质，学校制定了各种各样的规章制度，其中有很多在现在看来荒谬至极。帕金斯在曼荷莲学院就读时，学校为培养学生们的遵从意识而制定的规则有：有二年级学生在场时，一年级学生应保持安静以示尊重。在校园中遇到二年级学生时，一年级学生应鞠躬以示尊重。在学年中期考试之前，一年级学生不得穿长裙，不得将头发高盘在头顶。帕金斯经受住了这些苛刻规定的考验以及这种等级划分带来的羞辱，还成为所在班级的一个社交明星，在四年级时当选为年级学生会主席。

现在，老师们往往会发掘学生们身上的特长，并加以培养。而在100年前，老师们在学生身上寻找的却往往是他们在道德品质方面的缺点，并帮助他们改正这些缺点。拉丁语老师埃斯特·范戴曼认为帕金斯对自己要求不严，学习懈怠。为了帮助帕金斯克服这个缺点，范戴曼强迫帕金斯花大量时间，准确地背诵拉丁语动词时态。她就像部队教官利用强行军来训练部队一样，把背诵拉丁语语法变成了一项对学生的严峻考验。尽管帕金斯经常因为忍受不了挫折与乏味而痛哭失声，她后来却对这种做法表示赞赏，“我平生第一次意识到了品格的重要性”。

帕金斯对历史与文学很感兴趣，但是她的化学成绩十分糟糕。尽管如此，她的化学老师内莉·戈德思韦特仍再三劝说她主修化学专业。戈德思韦特认为，如果帕金斯选择成绩最差的学科作为自己的主修专业，她就会变得更加顽强，在以后的生活中，无论遇到什么困难，她都可以从容应对。戈德思韦特敦促帕金斯，即使选择最难的学科意味着她只能取得平庸的成绩，她也一定要坚持这个选择。帕金斯接受了这个挑战，戈德思韦特也成了她的导师。几年后，帕金斯在学校的校友季刊上写道：“大学生们应该关注自然科学的课程，因为这些课程可以锻炼、完善你们的人文精神。通过这些课程，你们还可以学会如何处理各种实际问题。”

有些学校必然会在学生们的人生道路上留下永恒的印记，曼荷莲学院就是其中之一。与现代大学不同的是，曼荷莲学院并不是单纯地从亚当一号的认知层面进行自我定位的。它的目标不仅是要教会学生们如何思考，帮助学生们就自己的假设提出疑问，还要在更宽广的层面上成功地发挥一所大学应有的作用：帮助青少年成长为成年人。曼荷莲学院反复强调自我控制的重要性，帮助学生们不断发现和培养新的爱好。为了激发学生们内心的道德激情，曼荷莲学院告诉她们，每个人都身处一张由善与恶织成的网中，人生就是与这些强大的力量之间进行的一场漫长而痛苦的斗争。它还告诫学生们：尽管风平浪静的生活可能不需要拼搏，但真正有益的人生之路是在困境中不断奋斗；只有经常遭受折磨，不断检验道德勇气，经常受到反对和嘲笑的人生，才是最有价值的人生；坚持奋斗的人必定要比追求愉悦的人幸福。

曼荷莲学院教导学生们，在这场斗争中，能成为英雄的不是那些追求荣誉、自我标榜的人，而是那些克制自己、接受感召并承担艰难使命的人。学院竭力杜绝学生们滋生理想主义思想倾向，对她们一时的同情心爆发以及做出牺牲之后产生的自满情绪提出批评，鼓励她们做到持之以恒。学院反复强调，服务社会并不是某种出于善念的行为，而是因为被赋予生命所必须付出的回报。

学院还教给学生们具体的方法，引导她们走上持续服务社会的英雄道路。几十年来，曼荷莲培养了几百名女学生，在伊朗西北部、南非的纳塔尔和印度西部的马哈拉施特拉邦从事传教和服务工作。学院创建人玛丽 · 莱昂鼓励学生们“做没人做过的事，走没人走过的路”。

1901 年，曼荷莲迎来了新的校长玛丽 · 伍利。她是布朗大学的第一批女毕业生之一，也是一名《圣经》研究学者。她在《时尚芭莎》杂志上发表了一篇题为“女性大学教育的价值”的文章，道出了该校在道德领域的远大抱负。伍利说：“教育的主要目标是培养品格，有洞察力的人必然能做到泰然自若。”现在，“泰然自若”这个词多指社交场合的风度。但在当时，它指的是心态稳定、平衡等更深层次的品质。“不具备这些品质，就说明你不太善于保护自己。即使你有积极的动力、远大的志向和真才实学，也难以实现自己的人生目标。”

曼荷莲学院的主要教学内容是神学理论、耶路撒冷及雅典的经典著作。学生们需要从宗教信仰中汲取关爱与同情等伦理道德，还要从古希腊人与古罗马人身上学习那种无论遇到任何困难都英勇无畏、永不退缩的品质。伍利在《时尚芭莎》上发表的那篇文章中引用了希腊斯多葛学派哲学家埃皮克提图的一句话："一个人只有生活在伟大真理与永恒法则的光辉之下，同时受到远大理想的指引，在受到社会冷遇和忽视时才能保持耐心，在受到人们的交口称赞时才不会飘飘然和忘乎所以。"后来，帕金斯与伍利成为好朋友，她们的友谊一直持续到伍利去世。

帕金斯上大学期间正赶上社会福音运动的高潮期。包括沃尔特·劳申布施在内的运动领导者，受到城市化与工业化的影响，拒绝接受在众多上流社会教堂中盛行的那种针对个人开展的私密性宗教活动。劳申布施认为，仅仅消除个人心中的罪孽是不够的，因为除了这种罪孽，还存在超个人的罪孽，即滋生压迫与苦难的邪恶制度与社会结构。社会福音运动的领导者号召信徒们通过投身于社会变革来检验和净化自己。他们提出，真正的基督徒不应独自祷告、忏悔，而应该甘于牺牲，在实际生活中团结那些生活贫困的人，还要参加大规模的运动，为修复上帝留在地球上的国度贡献力量。

作为学生会主席，帕金斯帮助年级确定了座右铭——"要坚定信念"。这句话选自《哥林多前书》(*I Corinthians*)，在最后一次祷告会上，帕金斯向全年级同学朗读了完整的句子："教友们，你们的努力上帝不会视而不见，因此你们要坚定信念，不可动摇，积极投身到为上帝服务的工作之中。"

出于性别和身份地位的原因，帕金斯在上大学之前已经接受过谦虚低调做人的教育。上大学之后，曼荷莲学院选择了她和其他女生，教育她们做一名英雄。不过，曼荷莲所采取的教育方式出乎我们现代人的意料，它没有告诉帕金斯她很优秀、有成为英雄的潜质，而是迫使她面对自己的缺点，竭力贬低她，让她自己奋发向上，摆脱困境。初到曼荷莲学院的时候，帕金斯还是一个能说会道、惹人喜爱、身材娇小的女孩，但在毕业之时，她已经满怀投身于社会服务的热情，而且明显与入学时不同了。来曼荷莲学院参加弗朗西丝·帕金斯毕业典礼的母亲惊愕地说："我都无法认出我的女儿了。真让我难以置信，她简直就是另外一个人。"

孤独却不妥协的英雄人生

帕金斯知道，她所憧憬的是一种永不妥协的英雄人生。不过，在毕业之后，为了在人生舞台上找到一个具体角色，她颇费了一番周折。她没有从事社会福利工作方面的经验，所有的福利机构都不愿意雇用她。她曾经在伊利诺伊州莱克福里斯特市的一家高级女子学校任教，结果发现这份工作无法激发她的热情。之后，她到了芝加哥，与赫尔馆（Hull House）建立了工作联系。

赫尔馆是一个睦邻组织，创建人之一的简·亚当斯是美国当时著名的社会改革家。赫尔馆的宗旨是为女性提供一系列新职业去服务社会，比如，在贫富人口之间建立联系，重构被工业化的喧嚣破坏殆尽的社区意识。在伦敦的汤恩比馆（Toynbee Hall）中，一些有钱的男大学生不仅彼此之间举行联谊会，还与贫穷的学生一起举行类似的社交活动。赫尔馆就是仿效汤恩比馆成立的组织。

在赫尔馆中，有钱的女性与那些贫穷的女性和女工们待在一起，为后者提供指导和帮助，并实施一些能改善后者生活的项目。赫尔馆提供就业培训、儿童保健、银行储蓄服务、英语教育，甚至还提供艺术培训。

现在的人在讨论精神生活时，如果遇到难以回答的问题，可能就会用社区服务做借口。不久前，我遇到了一所著名私立高中的负责人。在谈到这所学校如何教导学生培养品格时，她答非所问地告诉我，该校学生花费了大量时间参加社区服务活动。也就是说，尽管我问的是有关内心世界的问题，她回答的却是外部世界发生的事情。她似乎认为，如果你特意花费时间来辅导贫困家庭的孩子，你就会成为一个品格高尚的人。

现实情况正是如此，由于道德语汇上的不足，众多有远大道德追求、迫切希望帮助他人的人，往往把道德问题转换成资源分配问题。例如，如何才能为最多的人提供服务？怎样做才能充分发挥自己的作用？我怎么利用自己美好的人生去帮助那些运气不如我的人？一旦道德问题被转换成这类问题时，情况就会变得更糟。

不过，赫尔馆的氛围大不相同。这里的组织者掌握了一些特别的方法，一方面帮助那些为贫困者提供服务的人培养品格，另一方面也让那些贫困者有所收获。与众多同时代的人一样，亚当斯甘愿把自己的毕生精力奉献给“为需要的人提供服务”这项事业，但对同情心这种品质很不以为然。她认为同情心往往只会让人们对贫困者产生某种情怀，但并不会带来任何实际效果。她还认为，有钱人因为参与社区服务活动而以善人自居，是情感上的利己主义污点，对此她也无法接受。纳撒尼尔·霍桑说过：“仁慈是骄傲的孪生兄弟。”对于那些在服务对象面前摆出高人一等姿态的人，亚当斯是无法容忍的。

与所有成功的援助机构一样，亚当斯也希望她的员工热爱自己的工作，乐于提供服务。与此同时，她还希望他们能控制好自己的情绪，坚决摒弃一切自认为高人一等的心态。赫尔馆建议社会服务工作者把自己摆在比较低的位置上。在调查每个服务对象的真实需求时收起个人的同情心，以科学的方法耐心细致地展开调查。社会服务工作者要像现代社会的管理咨询师那样，制订可选方案，友好地提供建议，绝不能把自己的观点凌驾于服务对象的决定之上。赫尔馆的宗旨是让贫困者自行决定人生道路，而不是变成他人的附庸。

亚当斯通过观察发现，很多人在刚毕业时精力旺盛、意气风发，但到了30

岁时就变得暮气沉沉、玩世不恭，当年的抱负也已烟消云散。即使在今天，这种现象也俯拾即是。亚当斯在她的回忆录《在赫尔馆的二十年》中写道，学校教导学生们要把社会利益置于自身利益之上，但是毕业之后发现，他们需要照顾好自己，要稳定下来过好婚姻生活，或许还要经营好自己的事业。尽管年轻女性想要匡扶正义、救苦救难，却被告知要压抑这种想法。亚当斯说："在女孩们的人生中，某个应有的重要内容被剥夺了。她们因受到重重限制而郁郁寡欢，她们的长辈却不了解这种状况。这样的悲剧应归咎于我们所有人。"在亚当斯眼中，赫尔馆不仅是一个为穷困者提供帮助的场所，更是富有者完成高尚使命的一个平台。亚当斯说："行为的最终结果取决于行动者的想法。"

帕金斯尽量腾出时间参加赫尔馆的活动，刚开始通常是在周末，之后她待在赫尔馆的时间不断增加。在她最后离开赫尔馆的时候，她对数据收集的重要性有了更加科学的认识，学会了如何了解贫困生活的概貌，同时她也变得更加勇敢了。之后，她来到费城，加入了她的校友创建的一个社会服务机构。一些冒牌的职业介绍所有时会利用毒品或者武力，诱骗或胁迫移民妇女进入寄宿公寓卖淫。帕金斯只身前往这种职业介绍所，通过直接面对皮条客，揭露了其中三家的真面目。1909 年，积累了一定的工作经验的帕金斯来到纽约，加入了弗洛伦丝 · 凯利领导的美国消费者联盟。在帕金斯的心目中，凯利就是一个英雄，不断鼓舞她前进。帕金斯对凯利有过这样的评价："她脾气暴躁，意志坚定，毫无温柔可言。无论是在生活上还是在工作中，她都像一名传教士，不怕牺牲，勇于付出。她感情丰富，笃信宗教，不过在情感表达上经常不依常规。"在消费者联盟工作期间，帕金斯四处奔走，游说人们取缔雇用童工等罪恶行径。

在纽约的那段时间里，帕金斯还在格林尼治村结交了一群放荡不羁的朋友，包括杰克 · 里德（后来参加了俄国革命）、辛克莱 · 刘易斯（曾经半开玩笑地向帕金斯求婚）和罗伯特·摩西（当时是反主流文化分子，在成为纽约市的一名高级工程师之后却以盛气凌人闻名）。

内敛的“半个面包女孩”

通过在曼荷莲学院、赫尔馆得到的锤炼，帕金斯的内心越来越坚定，同时，她追求理想和事业的热情也越来越高涨。在目睹三角内衣工厂火灾的那一刻，这两个方面更促使她发生了显著的蜕变。

美国驻联合国大使萨曼莎·鲍尔敏锐地发现，有的人投身于某项事业是一种“孤注一掷”的行为。也就是说，他们是在用自己的名声和身份进行博弈。他们希望通过积极参与这项事业来了解自己，验证他们的感情、身份与自豪感。火灾之后，帕金斯并没有进行这种“博弈”活动，而是来到奥尔巴尼市，试图说服州议会通过安全生产法。她把纽约上层社会的偏见抛在脑后，还摈弃了进步主义政治的温文尔雅。只要能取得进展，她甚至愿意做出更大的妥协。她的导师阿尔·史密斯是纽约政界的一颗新星，他告诉帕金斯，那些彬彬有礼的进步人士很快就会对所有事业失去兴趣，要想取得实际效果，必须与那些肮脏的议员和粗鄙的政客合作，讲求实际，放弃个人的纯洁性。帕金斯发现，在一个堕落的社会里推行善举，经常是那些“有污点”的人才能为她提供帮助。到了奥尔巴尼后，她开始与坦慕尼协会这个政治机器开展密切的合作。

帕金斯在奥尔巴尼还学会了如何和年长的男子打交道。一天，她正在州议会大厦等电梯，举止粗鲁的小个子参议员休·弗劳利从电梯里走了出来，与她进行了一番推心置腹的交谈。他一面详细地介绍了一些幕后谈判的细节，一面又抱怨自己被迫参与了一些可耻的活动。他自哀自怜地说：“你知道，每个人都是有母亲的，同样，所有的事情也都是有根源的。”

帕金斯把这件事收进了她的那个“男性心理”文件夹，对她而言这是一堂效果显著的政治课。“从这件事上我发现，男性在看待政治生活中的女性时，会把她们与母亲的身份联系起来。99%的男性都了解并且尊重他们的母亲，从生命伊始他们就会本能地抱有这种态度。因此，我可以充分利用这一点来实现我的目的。我在穿着打扮、言谈举止等方面都要加以注意，争取让他们在看到我时会不自觉地想到自己的母亲。”

帕金斯那年33岁，容貌年轻，但绝算不上漂亮。在那之前，她的衣着都是当时流行的式样，但在那件事之后，她开始注意自己的着装，竭力把自己打扮成一个母亲的形象。她穿着灰黑色长裙，系着白色蝴蝶结，戴着珍珠项链和黑色三角帽，举手投足间俨然一位贵妇模样。新闻界注意到了她的这一变化，又因为她可以影响大约60名州议员，便开始称她为“帕金斯妈妈”。虽然她很不喜欢这个称呼，但这个办法确实有效。为了赢得身边年长男性的信任，她竭力弱化自己的女性特质和身份特征。在女性无须压抑自己的现代社会，这种策略不大可能获得成功，在20世纪20年代却行之有效。

帕金斯所做的工作有很多，例如，她竭力游说通过议案将周工作时间限制在54小时以内。为了赢得操纵政党活动的大佬们的支持，她努力与他们建立良好的关系。这些大佬绞尽脑汁，利用各种手段蒙骗她，但她仍然得到了一些普通议员的支持。一位名叫蒂姆·沙利文的“大个子”议员私下里告诉她：“我小时候家里很穷，我姐姐小小年纪就必须去工作。听了你的话，我为那些辛苦工作的贫困女孩感到难过。我希望能帮她们一个忙，同时也能帮你一个忙。”

在每周54小时工作制的议案进入最终投票环节时，那些议员将罐头生产这个情况最恶劣但政治影响最大的行业剥离了出去。在此之前，支持这项议案的积极分子活动了几个月的时间，主张不能将任何行业剥离出去。他们强调，所有行业，特别是罐头制造业，都必须涵盖在内。在这个关键时刻，议会里两派僵持的局面把帕金斯推到了风口浪尖。是接受这个不尽如人意的议案，还是断然拒绝，她必须立刻做出决定。她在消费者联盟的同事们强烈建议她不要接受，但她觉得有半块面包总比没有好，于是她告诉那些议员，她愿意支持这项议案。她说："这是我的使命所在。我愿意承担所有责任，即使因此走上断头台也绝不会后悔。"众多进步分子勃然大怒，但她那个注重实效的导师弗洛伦丝 · 凯利，则完全支持她的这个决定。从此以后，无论是在公开场合还是在个人生活中，人们都把帕金斯称为"半个面包女孩"，意指她愿意接受周围环境的赠予而且不在意数量的多少。

就在这段时间，她结识了保罗 · 威尔逊。威尔逊是一个出生于富裕家庭的进步分子，相貌英俊，担任纽约市改革派市长约翰 · 珀罗伊 · 米切尔的助手。他爱上了帕金斯，并慢慢地俘获了她的芳心。帕金斯在给威尔逊的信中说："在你来到我身边之前，我与世隔绝，在阴冷的孤寂中瑟瑟发抖……你以雷霆之势闯入了我的心房，我再也不会让你离我而去。"

他们的恋情给人一种很奇怪的感觉。帕金斯写给威尔逊的情书非常浪漫，激情四射，表达了诚挚的爱。但是，在和朋友、同事相处时，她沉默寡言，而且几十年之后，她竭力否认自己曾经坠入爱河。1913 年 9 月 26 日，他们在下曼哈顿的格雷斯教堂举行了婚礼。他们没有邀请朋友出席，甚至没有告知他们要结婚的消息。虽然他们通知了各自的家人，但是通知的时间非常晚，以至于他们都来不及出席婚礼。帕金斯可能是独自一人在韦弗利广场的公寓里穿上新娘装的，甚至还是步行前往教堂的。婚礼的见证人是当时正好在场的两个人。婚礼之后，他们没有安排午宴，就连茶点也没有。

后来，在谈到为什么决定结婚时，她冷静的话语不带有任何感情，仿佛说的是看牙医的事。几十年之后，帕金斯说："那时候，我还有一种新英格兰人的自豪感，并不急于结婚。说实话，我有点儿勉强。我已经不是一个少女了，而是一个成年女性。我不想结婚，我更喜欢一个人生活。"但是，身边的人总是问她什么时候结婚，于是她决定改变这种状况。她想："我很了解保罗 · 威尔逊，我喜欢他，我喜欢与他和他的朋友待在一起。或许，我可以和他结婚，从此以后就不用再考虑这个问题了。"

婚后生活的头几年，他们相对来说还是比较幸福的。他们住在华盛顿广场的一套有品位的联排住宅里，与三角内衣工厂火灾发生时帕金斯喝茶的地方相距不远。威尔逊在市长办公室上班，帕金斯则继续从事社会服务工作。他们的家变成了当时政治活动积极分子们的一个聚集地。

但是不久之后，情况就开始变得糟糕起来。约翰 · 米切尔在竞选中失败了，而威尔逊与一位上流社会女士的婚外情也让帕金斯感到无比愤怒。帕金斯觉得婚姻生活让她感到压抑，便向威尔逊提出分居。她在给威尔逊的信中说："我犯了一些十分糟糕的错误。现在，我已经大不同于以前了，工作效率低下，精神生活也变得非常苍白。"

后来，她怀孕了，并且生下了一个男孩，但是这个孩子很快就夭折了，帕金斯的内心无比悲痛。此后，帕金斯担任了妇产中心协会的执行秘书。妇产中心协会是一个志愿者组织，其宗旨是降低产妇与婴儿的死亡率。帕金斯还有一个女儿，以普利茅斯殖民地第二任总督夫人的名字给她取名为苏珊娜。

帕金斯希望再生一个孩子，但 1918 年，威尔逊表现出了精神不正常的迹象。他不能忍受任何压力，似乎患上了躁狂抑郁症。帕金斯说："他的情况总是起伏不定，有时情绪低落，有时又激动无比。"从 1918 年开始，他们彼此融洽相处的时间就已经非常少了。威尔逊在一次躁狂症发作期间投资了一个淘金计划，结果赔光了他的所有积蓄。有时，帕金斯甚至害怕与他独处，因为威尔逊的身体要强壮得多，而且发怒时常常会对她施以暴力。在随后的几十年时间里，他大多是在收容所里度过的。即使回到家里，他也无法承担任何家庭责任。他请了一名护士（被委婉地称作秘书）来照料他的生活。帕金斯的传记作家乔治·马丁写道："他逐渐变成了一个微不足道的人。和他说话时，帕金斯总是一副高高在上的姿态，不再把他摆在对等的位置上。"

新英格兰人沉默寡言的特征在帕金斯身上得到了体现。她把那次家庭财产损失称作"这一事件"，同时她知道，她得找份工作来维持全家人的生活。她认为这些"事件都没有那么重要。我不会过分计较，更不会精神崩溃"。她小心翼翼地把自己的个人生活保护起来，尽量不引起公众的注意。她的这种心态，在一定程度上似乎受到了美国北方人教育子女方式的影响，但她的内敛也与她的人生观及信仰有关。她觉得个人情感十分复杂，不宜到处宣扬。如果她生活在现代社会，习惯于宣扬个人生活的文化肯定会让她茫然无措。

社会批评家罗切尔·古尔斯坦（Rochelle Gurstein）称，人生哲学有两种倾向——沉默党和暴露党，两者之间一直缠斗不休。沉默党认为，人类内心世界的情感比较柔弱，一旦暴露于大庭广众之下，必然会受到腐蚀，甚至丧失人性。而暴露党则认为，任何秘而不宣的东西都是不可靠的，将一切公之于众，并展开热烈讨论，人生才会更加精彩。帕金斯显然是一名沉默党人，她和其他沉默党人都认为，个人感觉中所有复杂、微妙、矛盾、荒谬和神秘的内容，一旦被四处宣扬并用简单的词句加以归纳，就会流于平庸。对点头之交或者根本不认识的人过于亲密，将会有害无益。在信任和亲密的氛围中，珍贵的情感很容易暴露出来，然后遭到践踏。因此，私密的东西就应该秘而不宣。在为穷困弱小者提供服务和保护方面，帕金斯是充分信任政府的，但是，如果政府践踏个人的隐私权，她就会感到无比厌恶。

奉行这种人生哲学是要付出代价的。帕金斯不善于反省自我，不善于经营亲密关系，而且她奉行的个人生活也不那么幸福。如果她的丈夫不是精神病院的长期病号，很难想象她的生活会是什么样。不过，我们可以想象，她服务社会的使命显然占用了常人用于经营私密关系的精力与才智。她就是为这一使命而生的，她既不擅长爱与被爱，也不会装出一副小鸟依人的样子。就连她对女儿的照料也像是一种道德改良运动，最终还起到了反作用。弗朗西丝·帕金斯严于自律，对她的女儿也抱有同样的期望。

但是，她的女儿苏珊娜继承了父亲的狂躁脾气。苏珊娜 16 岁那年，帕金斯开始为罗斯福政府工作，因此她搬到了华盛顿，从此以后，她们共同生活的时间就非常少了。苏珊娜的一生遭遇了好几次严重的抑郁症，她的丈夫明目张胆地搞婚外恋。20 世纪 40 年代，苏珊娜就已经有点儿嬉皮士的行事风格了，而嬉皮士这个词还要过 20 年才会粉墨登场。她参加了各种各样的反主流文化团体，迷恋罗马尼亚雕塑家康斯坦丁·布朗库西，还故意做出一些令上流社会目瞪口呆和让她的母亲尴尬不堪的事情。有一次，帕金斯邀请苏珊娜出席上流社会的一个活动，并告诉她衣着要得体。结果，苏珊娜穿了一件艳丽惹眼的绿色长裙，头发乱糟糟地在头顶堆成一团，头发上、脖子周围还装饰有鲜艳夺目的花。

帕金斯承认："我逐渐相信自己是导致丈夫和女儿精神崩溃的祸根。尽管我知道这是一种病态心理，但我还是感到害怕，心情也轻松不起来。"苏珊娜一直没有工作能力，只能靠帕金斯来生活。帕金斯 77 岁时把她在纽约的那套房租管制公寓转让给苏珊娜，才解决了女儿无家可归的问题。此外，帕金斯不得不找了一份工作，赚钱帮女儿偿付账单。

每一种美德都可能有与之相依相随的缺点，而与内敛这种美德相伴的则可能是冷漠疏远这个缺点。由于帕金斯不愿意把自己柔弱的一面展露给亲近的人，因此，虽然她一心扑在社会服务的使命上，但在私底下，她还是不可避免地感到孤独。

男性世界中的女斗士

纽约州州长阿尔·史密斯是赢得帕金斯爱戴的第一个政界人物，也是她最爱戴的人。他诚实可靠，平易近人，而且十分健谈。帕金斯在政府工作期间崭露头角的第一个机会就是史密斯给她的。史密斯安排她到负责管理整个“帝国州”[①]工作环境的工业委员会工作，这份工作在给了她8 000美元的不菲年薪的同时，也让她置身于大罢工与劳资纠纷之中。她不仅是男性世界中为数不多的一名女性，而且她所在的还是男性世界中最具男性特色的地方。她经常前往工厂区，处理激烈的劳资纠纷，在精力旺盛的工人组织者与意志坚定的企业管理人员之间斡旋。她在回忆往事时，并没有用勇敢或者义无反顾这类词语来自吹自擂。对她来说，这只不过是一份需要完成的工作。在介绍自己的人生历程时，她经常使用“一个人”这个词。虽然有时她也会说“我这样做……”，但她更常用的表达是“一个人这样做……”。

我们现代人可能会认为这个表达有点儿夸张、生硬，但是帕金斯这样说的目的其实就是避免使用第一人称代词。她想告诉大家，在那种情况下，任何有教养的人都肯定会和她一样义不容辞地去做同样的事。

① 在美国建国初期，纽约州的经济及工业发展迅速，因此赢得“帝国州”（The Empire State）的别称。——译者注

20 世纪早期，帕金斯在奥尔巴尼工作期间与富兰克林 · 德拉诺 · 罗斯福共事过。她对罗斯福的印象并不是很好，觉得他比较肤浅，还有点儿自大。罗斯福说话时习惯头向后仰，当选总统后，这个动作却成为他自信、乐观豁达的标志。不过，当时的罗斯福还很年轻，帕金斯认为他的这个动作给人一种目空一切的感觉。

罗斯福患上脊髓灰质炎后，从帕金斯的生活中消失了。等他重新出现时，帕金斯觉得他变了。罗斯福闭口不提自己生病的事，但是帕金斯觉得，这次生病让罗斯福“改变了他之前略显傲慢的态度”。

一天，重新参加政界活动不久的罗斯福准备发表演讲。坐在台上的帕金斯看着罗斯福吃力地走上演讲台，放在演讲台上的双手抖个不停。帕金斯意识到这个动作十分糟糕，当他从台上走下来时，她必须安排人去遮挡住罗斯福抖动的双手。在罗斯福结束演讲之际，帕金斯示意站在她身后的一名妇女，与她一起快步走向罗斯福。她们表面上是向罗斯福表示祝贺，实际上是要用裙子遮挡住他的双手。在之后的多年时间里，这个做法成了一种惯例。

帕金斯对罗斯福在接受帮助时表现出来的感激与谦虚的态度大加赞赏。她说：“一些杰出的牧师曾经说过，谦虚是最大的美德。现在，我开始明白他们的意思了。如果你无法理解这个道理，上帝就会让你受辱，帮你理解这个道理。只有这样，人们才会成为真正伟大的人。富兰克林 · 罗斯福就是在不断完成使命的过程中逐渐向谦虚低调、品行端正的品格靠拢，最终成为一个伟大的人。”

罗斯福当选纽约州州长之后，邀请帕金斯担任工业委员会主任。帕金斯不知道自己是否有能力管理好一个机构，因此她对是否接受这一任命心存疑虑。她在给罗斯福的一个便笺中写道：“我认为我擅长的可能是政府的司法与立法工作，而不是行政管理。”在罗斯福发出这个邀请的当天，帕金斯恳请罗斯福再用一天的时间重新考虑，同时听一听其他人的建议。她说："如果有任何人认为你对我的这项任命欠妥，或者会让政府领导人难办，我们就当它没有发生……我不会告诉任何人，你也不用左右为难。"

罗斯福回复道："应该说，你的这种态度非常好，但我是不会改变主意的。"任命一位女性担任这样一个重要的职位，对罗斯福来说是乐见其成的，而且帕金斯的确是社会服务的一个榜样。传记作家乔治·马丁说："作为一名行政官员，她的表现相当不错，堪称优秀；作为一名法官或立法者，她也十分杰出。她具有法官的气质，在所有场合下都能敏锐地关注公平性。她乐于接受新思想，同时，她始终牢记法律的道德目标是维护人类的安康。"

罗斯福当选总统之后，邀请帕金斯出任劳工部部长。这一次，她还是没有欣然接受。由于在总统过渡期间关于她可能获得部长提名的谣言不断出现，帕金斯给罗斯福写了一封信，称她希望那些谣传都不是真的。她写道："你曾经说过，报纸上80%的关于内阁职位的预测都不正确。我写这封信的目的是要告诉你，我真心希望报纸上关于我的传言就属于那80%的不正确预测。你令人愉快的来信让我兴奋不已，但是，出于对你本人以及美国利益的考虑，我认为你应该从某个工人组织之中直接遴选合适的人员担任此职，以切实履行将劳工纳入总统委员会这一原则。"她还简要地谈及她在家庭生活方面所面临的问题，并提出这些问题可能也是一个不利因素。罗斯福用一张小纸条回复了帕金斯，上面简要地写明了他的意见："你的建议我已考虑，不予同意。"

祖母曾经告诉帕金斯，如果有人为你打开了一扇门，你就应该走进去。因此，帕金斯回复罗斯福，她同意出任劳工部部长，但要满足她的几个要求：同意她进入内阁，罗斯福必须承诺通过一系列社会保险政策，包括大规模失业救济、大型公益工作计划、最低工资标准法、老年保险社会保障计划、废除雇用童工制度等。罗斯福回答说："我敢肯定，你会就这些问题不停地在我耳边唠叨。"帕金斯没有否认。

在罗斯福的整个总统任期内，只有两个人始终担任他的高级助手，帕金斯便是其中之一。她是捍卫罗斯福新政的一个永不疲倦的斗士，在建立社会保障制度的过程中发挥了重要作用，同时她还是推动民间资源保护队、联邦工程署、公共工程局等多项新政的重要力量。她说服政府通过《公平劳动标准法案》，为美国制定了第一部最低工资标准法和第一部加班法，她还建议联邦立法机构就童工与失业保险等问题制定相关法律。"二战"期间，她抵制征召妇女入伍，因为她认为安排妇女接手男性应征入伍前负责的工作，从长远来看对女性更有利。

帕金斯非常善于领会富兰克林 · 罗斯福的意图。帕金斯在罗斯福去世之后写作的传记《我眼中的罗斯福》(*The Roosevelt I Knew*)，是迄今为止对罗斯福性格特点把握得最敏锐的著作之一。帕金斯在这本书中指出："(罗斯福做出的所有决策都体现了一个特点，那就是) 他认为人类的所有判断都不应成为定论，只要在今天看来是一个正确的决策，就可以勇敢地实行，即使效果不佳，明天仍然可以做出修改。"罗斯福不是一位设计师，而是即兴表演家。他走出一步，然后调整，再走出下一步，然后再调整。如此不已，重大的变化就会逐渐浮出水面。

帕金斯接着写道："(随着这种心路历程不断发展，) 与其说罗斯福是一名工程师，还不如说他是一个工具，如果用以色列先知的标准来看，他就是上帝的工具。今天的预言家们对他太不了解了，我们只能通过心理学来解释他的这种思想。"

对于这样一位经常改变主意、听到不同意见就调整方向的人，帕金斯想出了一个妥善的应对之策。每次去见罗斯福总统之前，她都会准备一个一页纸的备忘录，粗略地列出他可能采纳的方案。通常，他们会讨论这份备忘录，然后罗斯福提出他的倾向性意见。接着，帕金斯就会要求他确认："你是否授权我执行这个方案？是否确定？"

他们会再稍加讨论，然后帕金斯第二次请罗斯福确认自己的决定："你确定你要选第一个方案吗？你会选择第二个或者第三个方案吗？你是否清楚这个方案将关系到我们下一步的行动，还会让我们站到某些人的对立面？"帕金斯这样做的目的是让这个决定深深地印在罗斯福的脑海中。之后，她还会第三次询问罗斯福是否清楚地记得这个决定，是否了解他将要面临的反对意见："就这样吗？你有没有改变主意？"

在帕金斯遇到麻烦时，罗斯福并不总是挺身而出去支持她。作为一名十分老练的政客，罗斯福不可能总是为下属考虑。内阁中支持帕金斯的成员不是很多，原因之一就是她在开会时总是表现出某种倾向性。此外，帕金斯也不受媒体欢迎。由于十分重视个人隐私，而且在涉及其丈夫的问题时总是讳莫如深，因此她与记者们的交往不是很融洽。她总是对记者们保持着高度的警惕性，记者们对她的态度也不是很友好。

几年之后，在工作的重压下，帕金斯感到筋疲力尽，她的声望也每况愈下。她两次向罗斯福递交辞职信，但都被拒绝了。罗斯福诚恳地说："弗朗西丝，你不能辞职，现在这个时候你可不能撂挑子。我找不到合适的人选，而且换成任何其他人，我都不习惯。现在你肯定不能走！你什么都不要说了，接着干！你一定能胜任这份工作。"

1939 年，帕金斯遭到了弹劾，事情的起因是旧金山的一次大罢工。这次罢工的领导人是一名叫作哈利 · 布里奇斯的澳大利亚籍码头工人，反对他的人说他是共产主义者，并要求美国政府以从事颠覆活动的罪名将他驱逐出境。苏联解体之后，一些公开的文件表明他们的怀疑是正确的。布里奇斯的确是苏联共产党的特工，代号是罗西。

但是，当时的人并不清楚这个情况，因此由劳工部负责启动的驱逐听证程序一拖再拖。1937 年，对布里奇斯不利的新证据浮出了水面，劳工部便于 1938 年启动了驱逐听证程序。但是，这一程序受到法庭判决的阻挠，并最终上诉至最高法院。在一再受阻的情况下，反对布里奇斯的人（包括一些商业团体与竞争联盟的领导人）被彻底激怒了。

帕金斯首当其冲遭到了这些反对者的猛烈攻击：劳工部部长为什么要袒护一名颠覆分子？一位国会议员指控她本人就是俄罗斯籍犹太人，并且是一名共产党员。1939 年 1 月，新泽西州的J · 帕内尔 · 托马斯对她提出了弹劾，媒体的报道铺天盖地地袭来。此时，富兰克林 · 罗斯福本来可以帮她辩解，但由于他担心自己的名声可能会受到牵连，因此没有向帕金斯伸出援手。帕金斯在国会的盟友也大多保持沉默，妇女俱乐部联合会同样拒绝为她辩护。大多数人都认为她是一名共产主义者，没有人愿意因为帮助她而惹火上身。此时，只有坦慕尼协会的那些政客们还坚定地站在她的身边。

帕金斯没有退缩。她的祖母经常告诉她：“（在遭受社会灾难的打击时，）所有人都应该若无其事地沉着应对。”后来，帕金斯也谈到过那段经历，从她略显别扭的措辞中不难看出某些问题。她说：“当然，如果那时候我掉一滴眼泪，或者稍稍失去信心，我就会崩溃。我们新英格兰人就是这样，一旦流泪或者失去信心，就会崩溃。正直诚实的品质，以及在个人遭遇困境或者受到某种影响时保持头脑清醒、做出决定并采取行动的能力，是帮助我在上帝的指引下独立自主地完成善举的核心驱动力。一旦崩溃，这种驱动力就会烟消云散。”

换句话说，帕金斯清楚自己身上存在某种脆弱性。如果她不咬牙坚持，她就会彻底崩溃。帕金斯经常去马里兰州凯登斯维尔的万圣修道院，每次都会在那里待两三天时间，每天参加5次祷告会。在修道院里，她的饮食非常简单，每天要做的事就是照料花园里的植物。大部分时间里，她都会保持沉默。修女来她的房间拖地时，有时需要在她的身边绕着拖，因为她正跪在地上祈祷。她的这个习惯保持了许多年。甚至在遭遇弹劾危机期间，帕金斯只要有空就会造访修道院。她在给朋友的一封信里写道："我发现保持沉默是世间最美好的事情之一。它能使人清心寡欲，免受无聊的世界、新的评论、隽语箴言以及棘手挑战的影响……我真的感觉自己受益匪浅。"

帕金斯还认真思考了一个她一度认为无关紧要的问题：送鞋给贫困者这一行为的初衷到底是什么，是为了帮助这个贫困者，还是因为受到了上帝的感召？帕金斯认为答案应该是后者。贫困者在接受帮助时很少会表示感谢，如果你希望在情感上立刻得到回报，那么你很快就会心灰意冷。但是，如果你是因为上帝的感召才做这件事的，你就永远不会泄气。心怀使命感的人，并不需要很多的积极刺激，也不需要每个月或者每年都有所回报。受到感召的人之所以从事某项工作，并不是因为这项工作可能会产生的成果，而是因为这项工作本身就是一个善举。

1939年2月8日，帕金斯终于站在了指控她的人面前，出席众议院司法委员会对弹劾她的条款的表决会议。帕金斯做了一个很长的发言，详细列举了政府部门针对布里奇斯采取的行政程序、理由以及采取进一步行动所面临的法律限制条件。对手们向她提出了各种问题，有的表示怀疑，有的则是赤裸裸的无情打击，不一而足。在遇到恶意指控时，帕金斯总是要求对手重复他们提出的问题，因为她认为没有人能无耻到再次污蔑毁谤她的程度。虽然她看上去形容憔悴、疲惫不堪，但她的表现给司法委员会留下了深刻的印象。

当年 3 月，司法委员会最终宣布针对帕金斯的弹劾条款证据不足。司法委员会宣布她是清白的，但给出的调查报告含糊其辞，语焉不详，而媒体也几乎没有任何报道，帕金斯的名声沾上了永久的污点。由于无法辞职，她在政府部门又待了 6 年时间，主要从事幕后工作。面对所有这些，她做到了坚忍克己，既没有在公开场合失去分寸，也没有自哀自怜。在政府的工作任期结束之后，有人邀请她写回忆录，为自己的遭遇进行辩解，但她婉言拒绝了。

"二战"期间，帕金斯出任美国政府的纷争调解专家。她敦请罗斯福采取措施，向欧洲犹太人施以援手。她发现，联邦政府的某些行为已经开始侵犯个人隐私权和公民自由权，这引起了她的警觉。

1945 年，罗斯福去世。尽管杜鲁门总统邀请她到民事服务委员会就职，但帕金斯最终还是决定从内阁脱身。帕金斯拒绝写回忆录，却出版了一本关于罗斯福的传记。这本书大获成功，不过其中涉及她本人的部分非常少。

直到晚年，帕金斯才真正享受到了一些个人乐趣。1957 年，一位年轻的劳动经济学家邀请她到康奈尔大学讲课，报酬是每年一万美元。早在几十年前，帕金斯担任纽约州工业委员会主任时的薪酬就已经有这么多了。不过，她真的需要这笔钱来支付女儿的心理保健费用。

刚到伊萨卡市的时候，帕金斯住的是公寓旅馆。后来，她应邀搬进了特柳赖德会馆（Telluride House）的一间不大的屋子。特柳赖德会馆类似于大学联谊会组织，服务对象是康奈尔大学最有天赋的学生。收到这样的邀请，帕金斯非常高兴，她告诉朋友："我觉得自己就像新婚之夜的新娘一样！"在那段时间里，她经常与那里的男生一起喝波旁威士忌酒，对他们无时无刻不在播放的音乐她竟然也没有觉得难以忍受。她经常出席会馆的周一例会，尽管她很少在会上发言。她还买了很多本《智慧书》（*The Art of Worldly Wisdom*）——这是 17

世纪西班牙耶稣会牧师巴尔塔沙 · 葛拉西安写的一部劝诫之作，教导人们在权力的殿堂中遨游时如何保持正直之心——送给这些男孩子们。她成为年轻教师艾伦 · 布鲁姆（Allan D. Bloom）的好朋友，布鲁姆后来因为写作了《美国精神的封闭》（*The Closing of the American Mind*）一书而声名显赫。有的男生一直不明白，这样一位身材瘦小、彬彬有礼而且和蔼可亲的老太太，为什么能完成如此重要的历史任务呢？

帕金斯不喜欢乘坐飞机，她宁愿独自一人乘坐公共汽车。有时，想要邀请她出席一个葬礼或者发表演讲，需要通过四五个人才能联系上她。她尽可能地销毁与她有关的文字资料，以免将来有人利用这些文字资料为她著书立说。她出门时总是把遗嘱放在手袋中，万一遭遇不幸，“不会引起任何麻烦”。1965 年 5 月 14 日，85 岁的她在医院去世，无人陪伴。特柳赖德会馆的几名男生做了她的护柩人，其中包括后来在里根政府与布什政府任职的保罗 · 沃尔福威茨。牧师朗读了《哥林多前书》中的“要坚定信念”这段文字，60 年前，帕金斯在曼荷莲学院毕业典礼上朗读的也是这一段文字。

帕金斯一生遭遇了无数的困难，包括患有精神病的丈夫与女儿，只身一人在男人的世界中闯荡时的独立无援，几十年的政坛倾轧，以及媒体的负面报道。然而，从大学年刊的照片上看，她是一个娇小可爱，甚至有点儿羞怯的女孩。从她敏感脆弱的表情我们很难预见到，这样一位女性竟然能在这么多的困难面前做到岿然不倒。

不过，帕金斯在与这些困难做斗争的过程中取得的成就，也同样让人难以想象。她改正了人生早期的拖拉懒惰、巧舌如簧等缺点，锤炼出了钢铁般的意志，为全身心投入人生使命奠定了基础。在为事业四处奔走时，她不惜把自己摆在很低的位置上。她勇敢地迎接每一个新的挑战，做到了她的座右铭所说的坚定不动摇。正如基尔斯廷 · 唐尼在帕金斯传记的标题中所说的那样，帕金斯就是“新政的幕后女英雄”。

一方面，帕金斯是当今人们所熟悉的自由主义活动家，热情洋溢，激情四射；但是另一方面，她的激进中还掺杂了一些传统主义、犹豫不决和清教徒式的敏感性。她在政治与经济领域大胆泼辣，但是在道德方面又趋于保守。她在生活细节方面特别自律，以免染上自我放纵、自命不凡的毛病。此外，她还对自我标榜一直保持敬而远之的态度，直到她生命的终结。她端正的品行与内敛不张扬的特点保护了她的个人生活，同时也使她与公众的关系变得很糟糕，却对她接受感召、履行使命大有裨益。

与其说帕金斯选择了这样的人生道路，不如说这是她欣然接受使命召唤的结果。欣然接受使命召唤的人不会走上自我实现的道路，而是心甘情愿地放弃最珍贵的东西，通过忘却自我、淹没自我来确立目标，并借助这个目标来规划自己的人生方向、实现自己的价值。完成这样的使命，几乎总是需要人们付出毕生的时光，投身历史的进程之中，通过完成历史使命为生命之短暂做出补偿。1952 年，雷茵霍尔德 · 尼布尔（Reinhold Niebuhr）有过这样一段论述：

> 一切有追求价值的目标，仅用一生的时光是无法实现的，因此我们必须用希望来拯救自己。所有的真善美在某个历史瞬间都不可能让人们完全理解其意义，因此我们必须用信念来拯救自己。无论我们的品德如何高尚，不借助外力，我们终将一事无成，因此我们必须用爱来拯救自己。判断某种行为是否高尚，我们与朋友或者敌人的标准都会有所不同，因此我们必须用爱的终极形式——包容，来拯救自己。

THE ROAD TO CHARACTER

第 3 章

自我控制——从暴脾气的火药桶到杰出的美国总统

1862年，艾达·斯托弗·艾森豪威尔（Ida Stover Eisenhower）出生在弗吉尼亚州谢南多厄河谷的一个有11个孩子的家庭。从某种意义上讲，她的童年生活就是由一连串的灾难构成的。在她很小的时候，联邦士兵闯入了她的家乡，追捕她两个十多岁的哥哥。这些士兵威胁要烧毁谷仓，并在城里和周围的乡村大肆掠夺。艾达快5岁时，她的母亲去世了。11岁那年，父亲也辞别了人世。

亲友们从四处赶来，分别收养了他们兄弟姐妹。把艾达养大成人的是一个大家庭。在这个家庭中，艾达需要在厨房打下手，做各种各样的糕点和肉食。此外，她还要完成缝补衣袜的工作。不过，她没有因此伤心，也不觉得自己可怜。从一开始，她就充满了朝气和活力，面对困难毫不退缩。她是一个孤儿，需要没日没夜地干活。但是在人们的记忆中，她就是一个假小子，精瘦结实，一点儿也不害羞，经常跟别人借马骑，有一次还从马上掉了下来，摔断了鼻梁骨。

当时，女孩们读完了八年级通常就不再上学了，但艾达与众不同。在十三四岁时，她仅用了 6 个月，就背熟了 1 365 节《圣经》经文。读完八年级之后，她劲头十足，希望从亚当一号与亚当二号两个方面来提高自己。有一天，收养她的那家人外出了，留她一个人在家。她收拾好自己的物品，溜出了门，步行来到弗吉尼亚州的斯汤顿市。她在那里住了下来，找了份工作，还成了当地高中的一名学生。那一年，她 15 岁。

毕业之后，艾达当了两年老师。21 岁时，艾达继承了一笔 1 000 美元的遗产。她用其中的 600 美元（相当于今天的 10 000 多美元）购买了一架乌木钢琴（这架钢琴是她一生当中最珍贵的财产），剩余的钱则用于求学。她搭乘一辆西进的门诺大篷车（尽管她并不是门诺派教徒），来到了堪萨斯州莱康普顿的莱恩大学，与她的哥哥住在一起。虽然莱恩大学的名头响当当，但是在艾达入学那年学校只招收了 14 名新生，并且安排他们挤在一栋住宅楼的门厅里上课。

艾达学习的是音乐专业。根据学校员工们的回忆，艾达并不是最聪明的学生，但是她勤奋好学、刻苦钻研，成绩十分优秀。同学们认为她爱交朋友、乐观豁达，并推选这位快乐的女生在毕业典礼上致辞。在莱恩大学上学期间，她结识了戴维 · 艾森豪威尔。戴维表情阴郁、固执己见，与她的性格正好是两个极端。但令人费解的是，他们两人竟然相爱了，而且携手走完了一生。尽管艾达有大量指责戴维的理由，但是在他们孩子的记忆中，两人之间从来没有发生过激烈的争执。

他们把婚礼地点定在一个兄弟会教堂，兄弟会是基督教的一个小的正统流派，信奉衣着朴素、节制、和平等。在经历了少女时代的胆大妄为之后，艾达潜心过起了严谨但不苛刻的生活。兄弟会的女性在穿着宗教服装时要戴软帽，然而有一天，艾达和她的一位朋友决定以后再也不戴这种软帽了。结果，她们在做礼拜时遭到排斥，被迫坐在后排。但最终她们还是取得了胜利，虽然没戴软帽，也被大家再次接受了。艾达是一个忠诚的信徒，但在实际生活中她兴趣广泛，还富有同情心。

戴维与一位名叫弥尔顿·古德的人合伙，在堪萨斯州阿比林市附近开了一家商店。后来，商店经营失败，戴维告诉家人古德把商店的钱席卷一空，并携款逃走了。事实上，这是戴维为了挽回颜面而撒的一个谎，而他的家人似乎都信以为真。戴维·艾森豪威尔性格孤僻、不易相处，这次生意失败的原因可能是他放弃了这笔生意，或是与他的生意伙伴发生了争吵。之后，戴维只身前往得克萨斯，把两个儿子留给艾达，一个尚在襁褓之中，另一个还未出生。历史学家简·爱德华·史密斯认为："戴维放弃那家商店并抛下怀孕妻子的决定令人难以理解，因为他既没有工作，又没有一技之长。"

最终，戴维在一个铁路工地上找了一份体力活。艾达也来到了得克萨斯，在铁路边的一个窝棚里搭建起他们的家。就是在这个窝棚里，德怀特出生了。艾达28岁那年，他们的人生跌至谷底，除了24.15美元现金和留在堪萨斯的那架钢琴之外，他们一无所有，而且戴维根本没有养家糊口的能力。

这时候，艾森豪威尔家族向他们伸出了援手，给戴维在阿比林的一家乳品厂找到了一份工作。戴维一家搬回了堪萨斯，再次过起了中产阶级的生活。艾达生育了5个儿子，他们后来都取得了令人瞩目的成就，而且极为尊敬自己的母亲。德怀特评价母亲称艾达是他"认识的人中最令人敬佩的一个"。在晚年的回忆录《在悠闲时刻讲给朋友们听的故事》(*At Ease*)中，德怀特向人们表露了他对母亲的崇拜之情，尽管在语言上有所保留。"即使对于一位短暂造访的陌生人而言，除了从不动摇的宗教信念和严格自律的个人行为以外，她的平静、她发自内心的笑容、她一视同仁的温柔，以及一如既往的宽容，也是那么令人难以忘怀。而对于有幸在她的呵护下长大的几个儿子而言，这些记忆就更加难以磨灭了。”

艾森豪威尔一家从来不喝酒、打牌或者跳舞。尽管艾达待人热情，德怀特的父亲戴维却沉默寡言、严肃刻板，因此家庭成员之间通常不会很明显地表达彼此的关爱之心。不过，艾达对孩子的教育非常尽心，督促他们阅读并悉心辅导。德怀特对阅读充满了热情，通过阅读历史书，他了解了马拉松战役和萨拉米战役，还认识了伯里克利、塞米斯托克利斯等英雄人物。此外，对他产生深远影响的还有艾达那充满活力、诙谐风趣的人格魅力，以及她娓娓道来的人生格言：“上帝负责发牌，我们负责打牌”，“要么葬身浪底，要么激流勇进”，“要么幸存下来，要么一命呜呼”。每天，在全家祷告、诵读《圣经》时，兄弟五人轮流完成朗读任务，如果朗读时结结巴巴，就会被剥夺朗读资格。尽管德怀特后来并不信教，但是他对圣经中的内容非常熟悉，可以轻松地背诵。虽然艾达本人是一个虔诚的信徒，但她坚定地认为宗教观是个人选择问题，不能强加给他人。

在德怀特 · 艾森豪威尔竞选美国总统期间，阿比林被描绘成诺曼 · 罗克韦尔笔下的田园式乡村。实际上，剥去覆盖在表面的厚厚一层体面与礼仪，就会发现阿比林正面临着一个非常残酷的现实。阿比林已经由新兴都市演变成《圣经》地带[①]中的一个城市，从举止轻浮的妓女转变成一本正经的女学究，而且中间没有任何过渡阶段。在严格的清教主义影响下，维多利亚时代的道德观得到了进一步加强。一位历史学家称，奥古斯丁主义来到了美国。

据德怀特后来估算，母亲艾达照顾 5 个儿子的那栋房子的面积大约为 833

① 《圣经》地带（Bible Belt），指美国南部新教教义极具影响力的地区。——译者注

平方英尺[①]。在艾达的教育中，节俭是必不可少的，自律也是每天必讲的内容。在现代医学问世之前，利用锋利工具干重体力活时，一旦出事，造成灾难性后果的可能性就会很大。有一年，由于蝗虫泛滥，谷物生长遭到了破坏。十几岁的德怀特腿部受伤感染，不时陷入昏迷，但由于不愿看到自己的足球生涯就此终结，他拒绝接受医生的截肢建议。他让他的一个兄弟守在门口，防止医生趁他睡着时为他实施截肢手术。还有一次，德怀特在照料3岁的弟弟厄尔时，不小心将一把打开的小折刀落在了窗台上。厄尔爬上椅子去抓小刀，结果小刀脱手，插进了他的一只眼睛，导致这只眼睛失明。这件事让德怀特终生负疚。

常见的儿童夭折问题在历史上对文化与信仰的影响作用非常显著，值得我们进一步研究。儿童夭折通常会让人们发现，痛苦离我们并不遥远，生命非常脆弱，有些困难无法克服。在艾达失去了儿子保罗之后，她的宗教信仰发生了改变。她后来皈依的那个流派倾向于以更有人性、更具同情心的方式来表达自己的信仰，是宗教流派“耶和华见证人”的前身。后来，德怀特·艾森豪威尔的第一个儿子杜德·德怀特（家里人称呼他“艾基”）也过早地离开了人世，这件事给他之后的人生蒙上了一层阴影。几十年之后，艾森豪威尔在书中写道：“这是我人生中最失望、最痛苦的时刻，我永远也无法忘怀。1920年圣诞节后的那个漫长、不幸的日子恍若昨日，每当我回想起那一天，甚至在我写到这里的时候，那种失去孩子的痛苦就会袭上心头，让我揪心不已。”

这种脆弱性与冷酷无情要求我们在这一生当中必须做到一定程度的自律。如果一次疏忽就可能导致一场灾难，社会又没有有效的灾难防御体系，死亡、干旱、疾病或背叛也随时有可能气势汹汹地朝我们袭来，那么品格与自律就是

① 1平方英尺≈0.093平方米。——编者注

我们应对这一切必须具备的首要条件。所谓人生，就是在困难重重的险滩上，利用自制、内敛、节制、自我谨慎架设起社会风气之桥，把各种危险降至最低。在这种社会文化中，对于债务、婚外生育等可能导致人生面临更多危险的任何事物，人们都会深恶痛绝，而对于有可能增强适应能力的那些活动，他们则兴致盎然，而且乐此不疲。

艾达·艾森豪威尔的几个孩子都非常珍惜受教育的机会，但是与现在相比，当时社会对教育的重视程度要低得多。在 1897 年与德怀特一起上一年级的 200 个孩子中，最终只有 1/3 的人与德怀特一起从中学毕业。由于没有学位也有可能找到体面的工作，因此人们都不太看重学习成绩。对于保持长期稳定的生活与获得成功等人生目标而言，更重要的是稳定的习惯和工作能力，以及察觉并克服懒惰、放任自流等坏习惯的能力。在那样的社会环境中，严谨的职业道德的确比聪明能干更重要。

艾森豪威尔 10 岁那年的万圣节，他的哥哥们得到允许，可以出门玩“不招待就捣蛋”的游戏。然而在那个年代，万圣节去邻居家索要小礼物的活动比现在要危险。德怀特想跟哥哥们一起玩，但父母说他还小，不能参加这样的游戏。他一再请求，父母也没有答应他。看着哥哥们都离开了家，他的怒火一下子爆发出来。他一面号啕大哭，一面冲进前院，对着一棵苹果树拳打脚踢，把一双手打得皮开肉绽、血肉模糊。

父亲一把揪住他，用一根胡桃树枝条狠狠打了他一顿，然后命令他上床睡觉。大概一个小时之后，德怀特还躺在床上哭泣，母亲走了过来，她没有说话，只是坐在德怀特床边的椅子上，安静地晃动着身体。最后，她引用了《圣经》上的一句话：“治服己心的，强如取城。”

她一面给他的伤口上药、包扎，一面告诫他要对心中的怒气与仇恨保持警觉。她告诉德怀特，仇恨是没有任何意义的，只会给自己造成伤害。她说，跟所有兄弟相比，他最需要学习如何控制情绪。

76 岁那年，艾森豪威尔在书中写道："那次交谈是我一生中最珍贵的记忆之一，我经常会想起母亲的那番话。当时，愤怒的我觉得她好像一口气说了好几个小时。但是，现在看来，整个过程大概也就 15~20 分钟吧。不过，她至少让我意识到自己错了，然后我就安然入睡了。"

治服己心这个观念在艾森豪威尔童年时期的社会道德体系中占有非常重要的地位。这个观念的理论基础是，人的本性从深层次看具有两面性，一方面腐朽堕落，另一方面又得到了上帝的眷顾。我们的人性一方面会诱使我们犯下自私、欺骗与自我欺骗等罪，但是另一方面又会促使我们追求超然与美德。人生的精髓就是品格，即一系列铭记于心并严于自律的习惯，以及持之以恒、一心行善的意念。治服己心这个观念认为，亚当二号的培养是亚当一号发展壮大的必要基础。

"罪"的观念必不可少

今天，"罪"这个词已经不像以前那样具有令人胆战心惊的影响力了，而是经常被用在谈论口腹之欲的场合。在日常对话中，人们一般不会具体地谈及某一种罪。我们甚至很少谈及人类犯下的罪恶，即使偶尔涉及，也大多是针对社会结构方面的问题，诸如不公平、压迫、种族歧视等现象，而不会触及深层次的人性问题。

出于这样或那样的原因，我们已经抛弃了罪这个观念。首先，我们背弃了人性邪恶观。在 18 世纪乃至 19 世纪，很多人真心信奉古老清教徒祷文"然而我是有罪的”对自我的阴暗评价：“永恒的父，你的善万世永存，而我却是那么卑鄙无耻、愚昧无知”。这种评价太阴暗了，现代人根本无法接受。

其次，人们在很多场合都会使用“罪”这个词来讨伐享乐行为，包括性与娱乐给人们带来的那种健康的愉悦感。罪已经变成为毫无乐趣可言、吹毛求疵的生活进行辩解的托词。它还被用来压抑肉体的愉悦感，并通过夸大手淫的危害性来恫吓年轻人。

再次，“罪”一词还遭到了一些人的滥用。一些自以为是的人在冷冰冰地指责他人时，经常会使用这个词。H · L · 门肯曾经说过，这种人只要听说某个地方的某个人心情愉快，就会认为这个人有不道德的行为，并准备对其施以惩戒。一些青睐专制粗暴的家长式作风的人也经常使用这个词。他们认为，必须防止孩子走上腐化堕落的道路。还有一些痴迷于磨难的人也经常使用这个词，这些人认为，只有毫不留情的自我伤害才能帮助自己培养善念和高尚的品行。

实际上，“罪”与“使命”“灵魂”一样，是我们不可或缺的一个词，必须反复加以强调，并且要不断赋予它新的含义。在后面的章节中，将出现很多诸如此类的词。

罪是我们思想中必不可少的组成部分，第一个原因在于它的存在可以提醒我们注意道德问题在人生中的重要性。我们试图化繁为简，将一切事物变成确凿无疑的脑化学变化，将行为变成大数据能捕捉到的集体本能，以“错误”“过失”或者“缺点”等与道德之间没有关联性的词语来替代罪。但是，无论我们怎么努力，人生最重要的部分仍然是个人责任问题以及在道德层面如何选择的问题：是做一个勇敢、诚实、有同情心、忠诚的人，还是做一个怯懦、不诚实、冷酷无情、不忠诚的人？现代文化试图以过失或感觉迟钝来替代罪，或者彻底摒弃“美德”“品格”“邪恶”“缺德”等词语，这并不意味着道德在人生中的重要程度有所降低，而是我们的语言过于肤浅，导致人生不可或缺的道德精髓变得晦涩难懂。同时，这还说明我们在考虑和讨论这些选择时头脑并不清楚，因此在日常生活中，我们对道德风险的认识越来越不足。

罪是我们思想中必不可少的组成部分，第二个原因在于罪是共有的普遍现象，而过失不过是单独的个别现象。每个人都会犯各种各样的错误，所有人也都无法摆脱自私、轻率等罪的影响。罪被深深地烙在人性之中，而且代代相传。我们所有人都是罪人，意识到这一点，我们才会对其他罪人怀有强烈的同情心。需要提醒大家注意的是，罪是共有的普遍现象，摆脱这个困境也需要所有人的共同努力。我们以社区和家庭为单位，携手与罪做斗争。在其他人与他们的罪做斗争时，我们施以援手，并通过这种方式与我们自己的罪做斗争。

罪是我们思想中必不可少的组成部分，第三个原因在于它从根本上讲是正确的。说一个人有罪，并不是指这个人品行堕落，而是说这个人与我们所有人一样，在人性上有某种缺陷。我们的行为经常与我们的内心所想不一致；我们心中会存有某种不该有的念头；我们都不希望自己冷酷无情，但有时候我们确实是铁石心肠；没有人希望欺骗自己，但我们总在强词夺理，为自己的行为辩解；我们都不希望给别人带来痛苦，但我们经常会不假思索地出口伤人，然后暗自后悔；我们都不想因袖手旁观而犯下不作为之罪，但所有人都会像诗人玛格丽特·威尔金森（Marguerite Wilkinson）说的那样，因为“没有尽力做到尽善尽美”而沦为罪人。

我们的灵魂确实有这样或那样的“污点”。驱动我们创建新公司的豪情壮志有可能把我们变成追求物欲、盘剥他人之人；促使人类生儿育女的欲望有可能导致为人所不齿的通奸行为；引导人们大胆创新的自信心有可能把人们引向自我崇拜、自高自大的歧途。

罪不是恶魔，而是一种反常的倾向性：我们因为急功近利而本末倒置，这往往会把事情弄得一团糟。如果罪反复发生，就会演变成对某种低级趣味的痴迷。

换言之，罪的危险性在于它的自我生长能力。如果星期一你在道德上做出了一个小小的让步，那么到了星期二，你很有可能再次做出某种妥协，而且让步的幅度要大于星期一。如果某个人对自己撒谎，很快他就无法区分自己是在说假话还是在说真话。一旦受到自哀自怜的侵扰，人们就会把自己摆在受害者的位置上，这种义愤心理会像愤怒、贪婪一样，迅速吞没周围的一切。

人们不大可能一下子就滑进罪的深渊，而是要先穿过一扇扇门。例如，他们心中有怒气却没有加以控制，他们迷上了饮酒或者吸毒却没有采取措施，他们在同情心方面表现不当却没有引起警觉。堕落会导致进一步的堕落，罪本身就是罪施加给我们的惩罚。

罪是我们思想中必不可少的组成部分，第四个原因在于如果没有罪，品格培养的办法就会土崩瓦解。从远古时代开始，人们就因为在外部世界做出的伟大创举而建立了自己的荣耀，与此同时，通过与内心的罪做斗争，他们还成功地培养了高尚的品格。人们之所以稳重可靠、心态平和，有自尊的资本，是因为人们击败了内心的恶魔，或者说，至少他们与这些恶魔进行了斗争。摒弃罪这个概念，我们就无法了解这些品格高尚的人到底在与什么做斗争。

与罪斗争的人知道，生活中的每一天都充斥着道德问题。我认识一位公司老板，每每有人来他公司求职时，他都会向求职者提出一个要求：“请描述一个说真话却遭到伤害的亲身经历”。他的真实意图是了解这些求职者对各种喜好在优先程度上的排序是否合适，以及他们是否能将对真理的追求置于职业之上。

在堪萨斯州阿比林这样的地方，如果在罪的深渊中越陷越深而没有受到任何质疑，就可能在现实世界导致灾难性的后果。懒惰会造成农场歉收，暴食、酗酒会破坏家庭，淫欲会让年轻女孩堕落，虚荣会带来过度消费、债台高筑乃至破产等后果。

在阿比林以及与之类似的地方，人们不仅对罪有清醒的认识，而且对罪的类型以及相应的防范措施也非常了解。有些罪好像凶残的野兽，如生气和淫欲，在与这些罪做斗争时，人们必须养成自我控制的习惯。有些罪好像一个个污点，例如嘲笑与不尊重，我们只能用宽恕、道歉、悔恨、补偿、免罪，才能彻底将其清除。还有一些罪，例如盗窃，就像债务一样，我们必须偿清对社会的亏欠才能予以消除。至于通奸、贿赂与背叛等，与其说这些罪是刑事犯罪，不如说它们是叛国行为，因为它们会破坏社会秩序。只有通过重新构建社会关系与相互信任，社会才能逐渐恢复和谐的氛围。自大、骄傲等罪的根源在于对社会地位与优越性的不当追求，唯一的应对之道是把自己摆在低于常人的位置上。

换言之，早期的人们继承了大量的道德语汇和一整套道德工具。所有这些都是先辈们历时数百年、一代一代传承下来的有实际意义的遗产。就像学习使用某种语言一样，人们也可以把这些遗产应用到他们正在亲身经历的道德斗争之中。

关注习惯和爱的力量

艾达 · 艾森豪威尔风趣、热情，但是她坚决抵制各种堕落行为。她禁止在家里进行跳舞、打牌、饮酒等活动，原因在于她认为罪有很强的危害性。既然自我控制的作用很容易消退，那么避免诱惑发生而不是在诱惑到来之后加以抵制，其防范效果肯定要好得多。

在孩子们长大成人的过程中，她为他们奉献了无尽的爱，给了他们无穷的温暖。孩子们惹麻烦时，她的容忍程度高于现代社会的父母们，但是她也明确要求孩子们必须从一点一滴做起，不断培养自我控制的习惯。

如今，如果我们说某个人很压抑，这往往是在批评这个人紧张拘谨，或是没有真正地了解自己的情绪。这是因为我们生活在一种鼓励自我表现的文化之中，我们往往信任内心深处的那些冲动，而不信任外部世界中努力压抑这些冲动的力量。但是，在早期的道德环境中，人们不信任的往往是自我内心的那些冲动，他们认为那些冲动可以通过习惯加以限制。

1877 年，心理学家威廉 · 詹姆斯写了一篇题为“习惯”的短文。他在文中指出，如果希望过上体面的生活，就需要把你的神经系统变成你的盟友而非敌人；还需要认真培养某些习惯，使之成为一种自然而然的本能。詹姆斯说，在培养某个习惯（例如饮食结构的调整或者不说假话）的起始阶段，你就要“尽可能地意志坚定、态度坚决”，要把新习惯的培养看成人生中的大事。如果新习惯尚未在你的生活中根深蒂固，你就“决不能容忍例外发生”。自我控制方面的一次疏忽，就会让你的努力功亏一篑。接下来，你必须抓住一切时机来锤炼这个新习惯，每天不计回报地做一些自律练习，以人为的规定作为自己的行动指南。“这种苦修就像给仓库买保险。在购买保险时，保险费不会给购买者带来任何即时的好处，甚至有可能永远也不会产生任何收益。但是，如果真的发生了火灾，那么他支付的这笔费用就会帮助他摆脱困境。”

尽管方式有所不同，但威廉 · 詹姆斯与艾达 · 艾森豪威尔反复强调的其实是同一个意思，即长期保持好的行为习惯。耶鲁大学法学教授安东尼 · T · 克龙曼说过，所谓品格，就是“由各种性情（包括习惯性情感与欲望）构成的稳定整体”。总的来说，他的观点与亚里士多德大同小异。行为得当，终将成为高尚的人；改变自己的行为，终将改变自己的思想。

艾达始终认为，就餐时遵守餐桌礼仪，做礼拜时着节日盛装，守安息日、写信时使用正式用语以示尊重，拒绝大鱼大肉、杜绝铺张浪费，等等，都是从小处践行自我控制的行为，具有非常重要的意义。如果你是一名军人，就应该保持军装整洁、把皮鞋擦亮。如果你是一位家庭主妇，就应该把家收拾得井井有条。这些外在的自我控制行为，虽然不是惊天动地的大动作，却需要经常践行。

当时的社会文化也认为，体力劳动是品格培养的熔炉。阿比林市的所有人，无论是企业主还是农民，每天都会从事体力劳动，包括给车轴上润滑油、铲煤、从煤灰中筛出没烧尽的煤块等。艾森豪威尔小时候住的地方没有活水源，因此孩子们的家务活从清晨就开始了。他们5点起床，从井里打水，生火做早饭。每天他们都很忙碌：为在乳品厂工作的父亲送去热腾腾的午饭，喂鸡，每年要装多达500夸脱[①]的水果罐头，在洗衣日煮烫衣物，种植玉米来换取零花钱，家里铺装水管时完成挖掘工作，城里通电时自行完成自家的室内布线工作，等等。德怀特童年时期的成长环境与当下的很多孩子截然不同。现在的孩子基本不需要从事德怀特当年必须完成的体力劳动，但是，那时候的孩子在干完家务活之后，可以去树林里游玩，也可以去城里逛逛，而现在的孩子则没有这种自由。德怀特被分派了大量的工作，与此同时，他也享有去城里游玩的自由。

德怀特的父亲戴维·艾森豪威尔严格地克制自己，过着淡然无味、毫无乐趣的生活。他是一个固执僵化、没有激情、循规蹈矩的人，他谨小慎微、力求做到品行端正的态度令人印象深刻。破产之后，他生怕背上债务，担心自己的品行沾上哪怕是小小的污点。在他出任自家公司的经理时，他要求员工每个月

① 1夸脱≈0.946升（美制湿量）。——编者注

都必须把工资的10%存起来。员工们要么把这10%的工资存进银行，要么投资股市，还必须向他报告。他每个月都会把员工们的报告记录下来，如果他对某个员工的报告感到不满意，就会解雇他。

他似乎从来都没有放松过，也绝不会带孩子们打猎，或者跟他们一起玩。他的儿子埃德加后来回忆说："他是一个不懂得变通的人，有一套严格的规则。在他眼中，生活是一件非常严肃的事。他也确实是那样生活的，还会进行适当的反思。"

艾达则与他不同，她的嘴角总是挂着微笑。在适当的场合，她经常违反自己的道德观，干一些上不了台面的事，甚至小酌一杯。品格的培养，绝不可能单凭自我控制、习惯、工作与自我否定。对于这个道理，艾达似乎知之甚详，而她的丈夫却完全无法理解。这是因为理性与意志的力量太薄弱了，不可能每一次都击败欲望。个体即便非常强大，也无法做到自给自足。要打败罪，你还需要外界的帮助。

艾达对孩子们品格的培养也有柔情的一面。爱是我们天性所遵从的法则，在艾达心目中，爱还是培养品格的一个工具。这种柔性品格培养策略的核心理念是，我们不可能每次都成功地抵制住欲望，但是我们可以关注更高层次的爱，从而改变我们的欲望，并对欲望进行重新排序。关注对孩子的爱，关注对祖国的爱，关注对贫困者和受压迫者的爱，关注对家乡或母校的爱。为这样的爱而做出某些牺牲，是非常美好的行为。为你所爱的人做出贡献，会让你心情舒畅。由于你迫切希望看到你所爱的事物蓬勃发展，因此，即使为之付出很多，你也会很高兴。

只要坚持这样做，你的行为很快就会大为改观。一心一意爱自己孩子的父母，愿意做孩子的司机，日复一日地接送他们上学和放学，会熬夜照看生病的孩子，在孩子遇到危险时，愿意放弃一切去拯救他们。有爱的人愿意做出牺牲，愿意把生活看成一种奉献，受到罪的诱惑的可能性也会小一些。

艾达的例子说明，严格而不失友善，自律而不忘付出爱心，在了解罪的同时付之以宽恕、慈爱、仁慈，是完全有可能做到的。几十年后，德怀特 · 艾森豪威尔在做总统就职宣誓时，艾达让他把《圣经》翻到“历代志下”第 7 章第 14 节：“这称为我名下的子民，若是自卑、祷告，寻求我的面，转离他们的恶行，我必从天上垂听，赦免他们的罪，医治他们的地。”与罪斗争的最强大利器是在生活中保持心情愉快、充满爱心，是你对待工作的方式，无论这份工作能否为你赢得声望。曾经有人说过，上帝青睐的是副词，是你为人处事的方式。

学会控制自己的情绪

有的人本身不信教，却坚信宗教信仰有益于社会。德怀特似乎就是这样一个人，没有证据表明他对上帝的恩典有明确的认同感或者有赎罪的宗教观念。但是，他不仅继承了母亲爱唠叨的天性，还接受了她认为天性需要不断被压制、被征服的观点。不过，他的这些信念都没有披上宗教的外衣。

德怀特天生就桀骜不驯。在阿比林市市民的记忆中，童年的德怀特参与了一连串的群殴事件。在西点军校上学期间，他不服从管理，有逆反心理，经常干坏事，还养成了赌博、吸烟、目中无人等缺点。毕业时，他的纪律得分在全部 164 人中排在第 125 位。有一次，由于在舞会上的行为过于放肆，他受到了降级处罚，从中士降为列兵。从军期间，他的手下甚至学会了观察和预测他何时会暴跳如雷。例如，如果他露出某种表情，就表明他马上要爆粗口。由于艾森豪威尔的坏脾气随时都会爆发，因此“二战”期间，一位记者给他起了个绰号："暴脾气的火药桶先生"。他的助手布莱斯 · 哈洛回忆说："他就像一个贝西默炼钢炉。"他的战时医生霍华德 · 斯耐德注意到，在艾森豪威尔发脾气之前，"他两侧太阳穴上的动脉弯弯曲曲，就像蚯蚓一样凸出来"。他的传记作家埃文 · 托马斯在书中写道："德怀特的怒火让他的手下心惊胆战。"艾森豪威尔的预约登记秘书汤姆 · 斯蒂芬斯发现，他心情不好时经常会穿褐色衣服。因此，这位秘书经常透过办公室窗户观察艾森豪威尔，然后向其他人发出警报："注意，总统穿的是褐色衣服！"

与大多数人相比，德怀特在性格上的两面性更为明显。他常常使用部队里咒骂的词语，但他从来不会在女性面前骂人。如果有人说淫秽的话语，他会掉头就走。在西点军校时，他因为习惯性地在走廊吸烟而遭到训斥。"二战"接近尾声时，他每天要吸 4 包烟。但是，有一天他突然戒烟了。他说："我直接给自己下达了一个戒烟的命令。"1957 年，他在国情咨文中说："自由已经被定义成践行自律的机会。"

他内心承受的痛苦有时甚至会达到令人头皮发麻的地步。"二战"快结束时，他一身病痛。到了夜晚，他要么双眼盯着天花板，忍受失眠与焦虑症的煎熬，要么一边喝酒、吸烟，一边又因为咽喉感染、肌肉痉挛、血压骤升而痛苦不堪。但是，他的自我控制能力也非常强大。他的面部表情非常丰富，生来就不善于掩饰自己的情感。然而，他每天都会伪装出一副信心满满、十分放松的样子，还会表现出农家孩子爱唠叨的天性。逐渐地，人们开始认为他有一种阳光、孩子气的脾性。埃文 · 托马斯在书中写道，德怀特曾经告诉孙子戴维："（我的微笑）并不是出于某种阳光、乐观的心理，而是因为曾经被西点军校的拳击教练击倒在地。那位教练说：'被击倒之后，如果你不能面带微笑地爬起来，你就永远无法打败你的对手。'"德怀特认为，要统领军队、打赢战争，他必须表现出可以轻松解决一切问题的自信心。他说：

> 我下定决心，在公开场合一定要注意自己的言行举止，要让人们知道我心情愉快并且坚信会取得胜利。至于悲观情绪和灰心丧气，如果我真的有这些感受，我也会在孤枕独眠时把它们留给我自己。为了把这种信念转变成确定的结果，我采用的策略是通过对全体将士身体的关心，使这种信念在全军范围内尽可能地流传开来。我努力面带微笑去接见从将军到列兵的每一个人，拍拍他们的肩膀，认真听取他们反映的问题。

他想出了一些发泄真实情绪的办法，例如，他会在日记里把冒犯他的人记下来。在感到仇恨汹涌而来时，他不会让自己失去理智。他在日记里写道："不能在怒气面前俯首称臣。如果生气的话，就没有办法冷静思考了。"他有时还会采用另一种发泄情绪的方法，即把冒犯者的姓名写在纸上，然后扔进废纸篓中。艾森豪威尔的感情非常丰富，但他不会真实地表露出来，而是像他母亲那样，用一系列人为的限制手段，把这些感情掩盖起来。

做一个服从组织安排的人

1911 年 6 月 8 日，艾达送德怀特离开阿比林，前往西点军校。她仍然是一位热情的反战主义者，坚定地反对士兵的使命，但是她告诉自己的儿子："这是你自己的选择。"她回到家后把自己关在卧室里，透过门缝，其他几个孩子听到她在房间里抽泣。后来，弟弟弥尔顿告诉德怀特，这是他第一次听到母亲哭泣。

1915 年，德怀特从西点军校毕业，随后在"一战"的阴影下开始了他早期的军旅生涯。他在学校里学习的是作战技术，因此他从不认为作战行动的目的是终结战争。在军旅生涯的早期，他没有走出过美国的国门，所接受的任务都是训练部队、指导橄榄球队和完成后勤保障工作。他四处游说，希望自己可以上战场。1918 年 10 月,28 岁的他终于接到了将于 11 月 18 日去法国作战的命令。但是战争在 11 月 11 日就结束了。对于艾森豪威尔来说，这是一次沉重的打击。他在给一名同僚的信中抱怨道："我想，我们的余生都得不停地解释我们为什么没有参战了。"接着，他一反常态，立下了一个没有任何限制条件的誓言："我以上帝的名义发誓，从此以后我要大出风头，弥补这次的遗憾。"

他的这个誓言没有立即得以实现。1918 年，在接到部署通知之前，他被提拔为中校。自此以后，直到 1938 年，他才再次迎来晋升的机会。有大量军官在战争中得到提拔，但在 20 世纪 20 年代，军队的规模不断缩小，是美国社会的一个边缘化职业，因此军官获得晋升的机会很少。他在军队的发展停滞不前，他的几个兄弟却在军队之外的职业舞台上高歌猛进。在德怀特 40 多岁时，他是艾森豪威尔家族的男子里成就最不起眼的一个，没有人认为他会有一个远大的前程。

在两次世界大战的间隔期，德怀特是一名步兵军官、橄榄球教练和参谋，并断断续续地在步兵坦克学校、指挥与参谋学校以及军事学院学习。他偶尔会因为所在机构的官僚主义作风而大发雷霆，他认为这种作风扼杀了他的发展机遇，剥夺了他施展才华的空间。但总的来说，他的情绪控制得很好，没有做出什么过激的行为。一直遵从艾达行为准则的他，轻松地接受了军队的行为准则，把自己变成了一个典型的服从组织安排的人。为了集体的利益，他把自己的欲望摆在了较低的位置上。

他在一部回忆录中写道，30 多岁时，他已经掌握了"军队生活的基本原则——士兵的正确位置就是上级命令他驻守的位置"。对于上级分配给他的非常普通的任务，他说："我发现，私下里发发脾气，然后冷静下来完成手头的工作，这是最好的应对之策。"

作为一名参谋（这绝不是一个令人向往的职位），艾森豪威尔通过学习掌握了做好团队与组织等相关工作的程序，还洞悉了在组织内健康发展的秘密。他说："每到一个新的基地，我首先会了解这支部队中谁最强、谁最能干，然后我会抛弃自己的想法，在能力范围内推行他认为正确的做法。"后来，他在回忆录《在悠闲时刻讲给朋友们听的故事》中写道："自始至终你都要想方设法与那些知识比你渊博、能力比你强、眼光比你精准的人建立密切的联系，并尽可能地向他们学习。"他对计划的准备工作及随后的调整都抱有极大的热情。他经常说"计划并不重要，但是计划制订工作重于一切"，或是 "我们可以重视计划的制订，但绝不要盲目地相信计划"。

同时，他对自己也有了深入的了解。他经常随身携带一首诗歌：

取一只水桶，装满水，
把手放进水中，直到水浸没手腕。
把手拿出来，桶中的水少多少，
就意味着人们对你的思念有多少……

这个有趣的例子告诉我们：
做事要尽自己最大的努力，
你可以感到自豪，但要记住，
地球离开谁都照样转！

人生是一所完美的学校

1922年，德怀特·艾森豪威尔受命来到巴拿马，到第20步兵旅就职。在巴拿马度过的两年时光，帮助德怀特完成了两件大事：第一，在第一个儿子艾基夭折后，他可以换一个生活环境。第二，他结识了福克斯·康纳将军。历史学家简·爱德华·史密斯说："福克斯·康纳天性低调，沉着冷静，言辞温和，注重礼仪，温文尔雅。作为一名将军，他还喜欢阅读，有渊博的历史知识，对军事人才有敏锐的鉴赏力。"康纳的言行举止中绝没有任何矫揉造作的成分。从康纳身上，德怀特学到了一条人生箴言："对工作一定要认真对待，但绝不要自视甚高。"

福克斯·康纳是谦恭型领导者的完美代表。艾森豪威尔说："在所有令我无比崇敬的领导者身上，我都看到了谦虚低调的品质。我本人也有一个信念：在亲自挑选的下属犯错误时，每个领导者都应该放下身段，公开承担责任；在他们取得胜利时，则应公开授予荣誉。"艾森豪威尔评价说："（康纳）是一名脚踏实地、注重实际的军官，无论是与地方权贵在一起，还是在军队同僚面前，他都能挥洒自如。他不摆架子，我从未见过像他这样开诚布公的人……多年来，他一直深受我的爱戴。我对他的这份感情，是包括我的亲友在内的任何人都无法相提并论的。"

康纳还激发了德怀特对经典著作、军事战略和世界事务的热爱。艾森豪威尔称，他在康纳手下服役的那段经历就像"在攻读军事学与人文学科的研究生，在一位深谙人性的导师的耳提面命之下，取得了丰硕的成果……这是我人生历程中最有意义、最受益匪浅的（一段时光）"。一次，德怀特儿时的玩伴爱德华·"斯韦德"·黑兹利特来到了巴拿马。他发现艾森豪威尔"把营房装有百叶窗的2楼走廊改装成了一个简陋的书房，里面摆放着图板和书籍。闲暇时，他就会来到这里，重新推演历史上的经典战例”。

与此同时，德怀特还在兴致勃勃地驯服一匹名叫“布莱基”的马。他在回忆录中写道：

> 我们常常因为一个后进的孩子已经没有进步的希望，一只笨拙的动物已经没有任何价值，一片贫瘠的土地已经没有任何用处而将其放弃。通过与布莱基相处，以及早些时候在柯特营与那些所谓的能力不足的新兵们相处，我明白这是一个被过度使用的借口。尽管那个遭遇困境的孩子有可能长成为一名优秀人才，那只动物有可能在经过训练后有所改观，那片土地有可能再次变成沃土，但我们还是选择了放弃。在很大程度上，这是因为我们不愿意耗费时间与精力去证明我们的观点是错误的。

根据康纳将军的安排，艾森豪威尔到堪萨斯州利文沃斯堡的指挥与参谋学校学习。毕业时，他的成绩在全班245名军官中排在第一位。同布莱基一样，他也不会被淘汰。

1933年，作为史上最年轻的学员之一，艾森豪威尔从军事学院毕业之后，受命担任道格拉斯·麦克阿瑟将军的私人助理。在随后几年里，艾森豪威尔跟着麦克阿瑟在菲律宾工作，他们的任务是帮助这个国家取得独立。道格拉斯·麦克阿瑟是一个非常做作的人。虽然德怀特对麦克阿瑟心怀尊敬，对于他的矫揉造作却无法接受。他认为“（麦克阿瑟）是高高在上的贵族，而我只不过是一介平民”。

艾森豪威尔在麦克阿瑟手下服役期间，他的脾气遇到了最大的挑战。他们狭小的办公室彼此相邻，中间只隔了一扇板条门。艾森豪威尔回忆说：“他叫我去他办公室时，只需抬高嗓门喊一声。他坚决果断，风度翩翩，还有一个让我一直惊讶的习惯——在回忆往事或者讲述一件事时，只要提到他自己，他都会使用第三人称。”

德怀特希望不再做参谋工作，并且多次提出申请。但是麦克阿瑟每次都拒绝了他，他认为德怀特只不过是一名小小的陆军中校，能完成的最重要的任务就是他现在在菲律宾做的这份工作，其他任何工作都不能与之相提并论。

德怀特非常失望，但他在麦克阿瑟身边又继续待了6年，默默无闻地干着落在他肩头的越来越多的计划工作。德怀特在麦克阿瑟面前仍然毕恭毕敬，但是，麦克阿瑟把自己置于体制之上的做法让他感到十分厌恶。在麦克阿瑟做出了一次令德怀特耿耿于怀的极端自我主义行为之后，艾森豪威尔终于在自己的日记里爆发了：

> 8年来，我兢兢业业地为他工作。他公开发表的每一句话都是我写的，我还帮助他保守秘密，防止他闹笑话，把自己的兴趣埋在心底，去干他感兴趣的事。结果，他竟然莫名其妙地对我大发雷霆，这简直太不可思议了。他想要的是高坐在王座之上，接受身边一帮专家的阿谀奉承，而在他的脚底下，一大群奴隶正在人们看不见的地牢中，为他赶制出他需要公之于众、代表他的杰出思想成果的东西。他就是一个傻瓜，更糟糕的是，他恶心至极。

艾森豪威尔在工作中既忠心耿耿，又谨小慎微。他总是设身处地想上级之所想，按时、高效地完成本职工作。因此，他所服务的对象（包括麦克阿瑟）最后都会提拔他。在第二次世界大战期间，艾森豪威尔的人生遭遇了重大的挑战，但是他善于压抑内心情感的能力帮助他顺利渡过了难关。他一生的挚友乔治·史密斯·巴顿面对战争会感到一种罗曼蒂克式的激动，而在艾森豪威尔的眼中，战争只不过是让他煎熬的一个艰巨任务罢了。他知道，他更应该关注战争中那些寡淡无味的东西，而不是一心想着英雄壮举带来的美妙感觉和激动之情，因为前者才是取得胜利的关键。尽管有的人可能让你难以忍受，却必须与之建立同盟。建造足够多的登陆艇，是成功完成两栖突击的必备条件，但是，后勤保障同样必不可少。

艾森豪威尔是一名深谙指挥之道的战时指挥官。为了让国际盟友团结协作，他在遭受挫折后忍气吞声；为了促成几支貌合神离的军队并肩作战，他用雷霆手段对民族偏见加以阻止，尽管他本人同样认同这些观点。他将胜利归功于他的下属，并在一封报文中心甘情愿地将失败归咎于自身。报文的内容是一份备忘录，如果诺曼底登陆失败，他就准备将其公之于众。他这样写道："我们的登陆行动失败了，我已经下令撤退。我是在充分考虑所收集情报的基础之上，做出在此时、此地发起进攻的决定的。所有部队，包括空军和海军，都非常英勇，不怕牺牲。如果这次行动有任何过失或者错误，由我个人承担全部责任。"登陆成功之后，这封没有发出的报文成为世界历史上最著名的报文之一。

艾森豪威尔的这种自我约束、自我调节的生活方式也有其不足之处。他不是一个有远见，也不是一个有创造性的思想家。在指挥打仗时，他算不上一个伟大的战略家。作为总统，他对当时正在萌芽的重大历史潮流（从民权运动到麦卡锡主义的威胁）毫无察觉。对于这些抽象的事情，他从来都不擅长。在有人对乔治·C·马歇尔将军的爱国主义大加攻讦时，德怀特·艾森豪威尔没有为他辩护。这件不光彩的事后来让他无比遗憾，也深感羞愧。由于这些人为的自我限制行为，他在应该热情洋溢时却有可能过于冷静，在应该彬彬有礼地展现浪漫的一面时，却有可能不留情面地强调实际效果。在战争快结束时，艾森豪威尔处理他与凯·萨默斯比之间关系的方式尤其令人反感。萨默斯比一直为艾森豪威尔工作，有传言说她对艾森豪威尔还产生了爱慕之心。即使在艾森豪威尔的人生面临最大困境之际，她也没有离开。但是，艾森豪威尔甚至没有向她道别就抛弃了她。一天，萨默斯比发现自己的名字被从艾森豪威尔的出行名单上划掉了。后来，她收到德怀特在陆军官方信笺上写的一张冷冰冰的便条："以这种方式结束一段对我来说异常珍贵的感情，我相信你能理解我本人是多么痛苦。但出于某些原因，我不得不做出这样的决定……我希望你能经常给我写信，无论何时，我都希望知道你过得怎么样。"他已经非常善于压抑自己的情感了，在那一刻，他更是没有表露出一丝同情心，也没有一点儿余情未了的痕迹。

艾森豪威尔也知道自己的这些缺点。有一次，在提到他心目中的英雄乔治·华盛顿时，他说："我经常奢望上帝能赐予我像他那样对大事的把握能力、意志力，以及真正伟大的思想与精神。"

不过，对有些人来说，人生就是一所完美的学校，从中可以学到生活中需要的东西。艾森豪威尔从不招摇，但成年的他有两个得益于家庭教育并经过他自己多年刻意培养而成的引人注目的特点。他的第一个特点是，他建立了第二个自我。现在，我们往往生活在本真之中，认为"真实的自我"才是最自然、最纯粹的。也就是说，我们每个人都有一种真诚的生活方式，而且我们在生活中都应该忠于内心中那个真实的自我，而不应屈从于外界的压力。虚伪的生活方式会在内在本真与外界行为之间划出一条鸿沟，是一种欺骗、狡诈、弄虚作假的行为。

而艾森豪威尔遵从的是另外一种人生哲学。他认为，由于构建自我的原材料良莠不齐，因此讲求谋略是人的天性。这个天性需要压制成型、精雕细琢，而且往往需要加以限制，而不是四处炫耀。人的性格特点是后天培养的产物，真实的自我并非最初的天性，而是在天性的基础上经后天构建而成的结果。

艾森豪威尔在待人处事上并不坦诚，而是竭力隐藏自己内心的想法。他把这些想法记录在自己的日记里，包括一些严厉的指责。在提到参议员威廉·诺兰时，他这样写道："就他而言，'你到底有多蠢'这个问题似乎没有固定答案。"但是在公开场合，他则披上和蔼可亲、乐观豁达的外衣，表现出农家孩子般的亲和力。作为总统，如果有利于他履行自己的职责，他甚至不惜装疯卖傻。为了掩盖自己的真实意图，他宁愿装出一副窘迫无语的样子。小时候，他学会了压抑自己的怒气，成年之后，他又学会了掩饰自己的野心与能力。他对古代历史知之甚详，特别崇拜古雅典领导者塞米斯托克利斯的领导艺术，却从不表露这一点。他不愿意表现得比常人聪明，也不愿意让别人觉得他比普通的美国人更优秀，而是努力营造出一副头脑简单、知识贫乏但是受人喜爱的形象。作为总统，他经常指导关于秘密事务的具体部署，并就下一步如何进行做出明确具体的指示。然而为了掩饰自己的意图，他会在新闻发布会上拼命糟蹋英语这门语言，或者装出一副这个问题对他而言过于高深的样子："这个问题太复杂了，像我这样不够聪明的人完全无法理解"。他不在乎人们是否会认为他非常愚蠢。（因此，我们知道他不是一个地道的纽约人。）

德怀特简单纯朴的形象其实是他的一种策略。他去世之后，曾担任副总统的理查德·尼克松回忆说："（德怀特的）复杂与狡猾程度远远超出大多数人的想象。我这里说的'复杂'与'狡猾'不带有任何贬义。在考虑问题时，他从不会不知变通地一条道走到黑，而是从两个、三个，甚至四个角度认真思考……他头脑敏捷，思路清晰。"艾森豪威尔高超的扑克牌技艺也备受称道。埃文·托马斯说："德怀特喜欢遮遮掩掩的内心特点被他爽朗的笑声遮盖得严严实实。他令人尊敬，但偶尔又令人费解，他表面上和蔼可亲，内心却常常气冲斗牛。"

有一次，在新闻发布会即将召开时，新闻秘书吉姆·哈格蒂对艾森豪威尔说，台湾海峡的局势越来越微妙了。德怀特笑着告诉他："别担心，吉姆。如果有人问我这个问题，我会含糊其辞地回答，让他们摸不着头脑。"果然，记者约瑟夫·哈施提出了这个问题。艾森豪威尔和蔼地回答道：

关于战争，我有两点认识：战争中最有可能变化的因素是人性的日常表现，而唯一不变的因素则是人性。此外，每一场战争的发生及其进程都会让你大吃一惊……因此，我认为你只需耐心等待，说不定哪一天某位总统就需要做出这个头疼的决定。

托马斯在传记中写道："（新闻发布会结束之后，）艾森豪威尔自己开玩笑说，他给记者们出了个难题，他们得考虑怎么向他们的读者解释他这番话的意思。"

德怀特的双重天性让人们很难真正了解他。约翰·艾森豪威尔告诉传记作者埃文·托马斯："如果你想了解我的父亲，我不会妒忌。因为我也搞不明白他到底是一个什么样的人。"艾森豪威尔去世后，有人问他的遗孀玛米是否真正了解她的丈夫。玛米回答说："我想可能谁都无法了解他吧。"不过，艾森豪威尔正是借助自我压抑的做法，很好地控制住了自己本能的欲望，完成了上级与历史赋予他的使命。他看似纯粹简单、开诚布公，但是他的这种纯粹富有高度的艺术性。

中庸之道的真谛

德怀特·艾森豪威尔的第二个特点是中庸。随着他步入成年期，这一特点也日臻成熟。

人们通常对中庸的含义有所误解，我有必要先进行一些澄清工作。中庸并不是简单地在相互对立的两极之间找到中间点作为自己立场的机会主义，不是对一切都无动于衷的那种泰然自若，也不是没有情感冲突或竞争性思想的温和性格。

恰恰相反，中庸的基础是清楚地认识到矛盾不可避免。如果你认为整个世界一团和气，你就没有必要保持中庸了。如果你认为你的所有个性都能和谐相处，你就无须犹豫不决，大可径直去争取自我实现和成长的机会。如果你认为所有的道德价值观都指向相同的方向，只要心无旁骛地沿着一条道路前进，所有的政治目标就能同时实现，那么你也无须坚持中庸，你需要做的就是尽快找到通往真理之路，然后义无反顾地走下去。

世间万物不可能都做到和谐相处，这是中庸之道的理论基础。政治有可能是彼此对立的合法利益之间的竞争，哲学有可能是相互斗争、半真半假的陈词之间的矛盾，个性有可能是有价值但是彼此不相容的优点火并的战场。哈里·克劳（Harry Clor）在他的杰作《论中庸》（*On Moderation*）中写道："导致灵魂存在根本性不同的根源在于，我们对中庸的需要程度不同。"例如，激情为艾森豪威尔提供动力，而自我控制则对他实施监督。对他来说，这两种特点既不是全然无益，也不一定会发挥积极作用。出于正义感的怒火有时会驱使他维护正义，有时又会导致他闭目塞听。他的自我控制能力可以帮助他履行职责，但有时也会让他麻木不仁。

坚持中庸之道的人拥有无数彼此对立的能力，他们既有随时爆发雷霆之怒的可能性，又有追求稳定秩序的强烈愿望；在工作中能做到有理性的自律，玩乐时又能纵情狂欢；有坚定的信念，但有时又会陷入忐忑不安的疑虑之中；既体现了亚当一号，又兼顾了亚当二号。总之，他们能左右逢源，进退自如。

坚持中庸之道的人可以带着这些分歧与对立倾向，踏上自己的人生旅程。但是，要想生活中不出乱子，他们必须找到一系列平衡点，处理好众多的对立关系。中庸者追求的目标永远都是，针对当时的具体情况做出一系列的临时性安排，帮助自己在安全的愿望与冒险的渴求之间取得平衡，处理好自由与约束之间的关系。中庸者知道，针对这些冲突并不存在一成不变的终极解决办法。在涉及重要事务时，他们绝不会只遵循一个原则，也不会只考虑某一种观点。调控管理就像在暴风雨中驾驭船只：船向右舷倾斜时，你需要把船上的重物搬到左边，船向左舷倾斜时，你需要把重物搬到右边。也就是说，你需要针对具体情况不断调整，最终才能达到不偏不倚的平衡状态。

艾森豪威尔凭借直觉就洞悉了这个道理。在他的第二个总统任期内，他在给儿时的玩伴斯韦德的信中若有所思地写道："也许，我就像一条正在遭受风浪肆虐的船：尽管时不时地需要调整航向，很费力，速度也非常慢，但是仍然没有沉入水底，并且正大致沿着事先规划好的航线不断前进。"

据克劳观察，中庸者知道自己不可能随时保持平衡。彼此对立的善念之间会产生冲突，因此你必须接受一个事实：献身于某一个真理或者某一种价值观，过着单纯、完美的生活，这是你永远都无法实现的梦想。中庸者对于在公共生活中取得的成就并不抱过高的期望，因为无时不在的矛盾绝不允许存在某个终极方案，可以干净彻底地解决所有问题。要享有更多的自由，就要付出放纵的代价；严加管束，又要付出牺牲自由的代价。这样的妥协是无法避免的。

中庸者唯一的希望是后退一步，仔细研究相互对立的观点，找出各自的长处，然后对自己的品格加以调整。中庸者清楚，平等与成就、高度集权与权力下放、秩序与自由、集体主义与个人主义，它们彼此之间的冲突永远都不会停歇。没有任何终极方案可以解决这些冲突，中庸者也不会做这种努力。他们只希望实现一种与当前需要相吻合的平衡。他们认为，没有哪一种政策会永远正确（这个道理似乎显而易见，但是一个又一个民族的意识形态盲从者公然不把它放在眼里）。中庸者并不看重抽象的计划，但是他们知道立法工作必须符合人性的意愿，还要符合他们所在的环境。

要做到马克斯·韦伯所说的集激情与冷静于一身，唯一的方法就在于严格的自律。他们希望自己对目标的实现充满激情，但在如何实现这些目标的问题上，他们又希望能做到深思熟虑。最优秀的中庸者拥有热情洋溢的灵魂和足以驾驭这份激情的品格，他们对狂热行为心存疑虑，因为他们连自己都不信任。他们不相信一飞冲天的激情和大胆鲁莽的行为，因为他们知道政治人物良莠不齐，但是品格低下者的恶劣程度比品格高尚者的高尚程度尤甚，也就是说，如果没犯错误，领导者将为社会做出贡献，但是一旦犯错，他们造成的后果会更加严重。因此，小心谨慎的态度是必要的，这说明他们意识到智慧的基础是有局限性的。

在艾森豪威尔时代，甚至之后的多年时间里，仍然有很多人认为艾森豪威尔就是一个爱读西部小说、情感匮乏的傻瓜。一直等到他内心的煎熬为人们所理解之后，他才得到历史学家的认可。在总统任期快结束时，他在一次演说里谈到了实践中的中庸之道。时至今日，人们仍然认为他的这次演说是对中庸之道的一个完美诠释。

在德怀特发表这次演说时，美国政治乃至美国公共道德观，正处于一个至关重要的节点上。1961年1月20日，约翰·F·肯尼迪发表了总统就职演说。作为文化观念发生转变的一个标志，这次演说的目的是为美国社会指出新的发展方向。肯尼迪说，一个世代、一个时代就要结束了，新的世代即将“重新开始”，随之而来的将是“新的努力”和“新的法治世界”。他认为未来充满无限的可能性。他大声宣布："人在自己血肉之躯的手中握有足以消灭一切形式的人类贫困的力量。"他号召人们放手行动，"我们将付出任何代价，忍受任何重负，承担任何艰辛"。他号召人们对问题不应采取容忍的态度，而应该终结它们，"让我们携起手来，一起去探索星球、治理沙漠、消除疾病"。这次演说是一个无比自信的人发自内心的声音，它鼓舞了全世界成千上万人的信心和斗志，并为从今以后的政治修辞定下了基调。

然而，就在三天之前，艾森豪威尔发表了一次演说，宣扬的恰恰就是肯尼迪认为的正在退出历史舞台的那种世界观。肯尼迪强调有无限的可能性，而艾森豪威尔则对骄傲自大发出了警告。肯尼迪对勇气大加颂扬，而艾森豪威尔则为小心谨慎送上了赞美之词。肯尼迪敦促美国要敢于冒险、大胆前进，而艾森豪威尔则号召要平衡发展。

艾森豪威尔在演说中反复提到"平衡"一词，指出在考虑轻重缓急时需要平衡一系列相互冲突的问题，包括"私有经济和公有经济之间的平衡，发展的代价和希望之间的平衡，必要的和想要的之间的平衡，我们作为一个国家的基本要求和国家赋予个人的义务之间的平衡，现阶段的行动和国家未来利益之间的平衡等。精准的判断有助于实现平衡和进步，反之，必将导致失衡和挫折"。

艾森豪威尔告诫美国人民不可相信那些权宜之计。他说，"有的行动看上去气势恢宏，但是需要付出昂贵的代价"，美国人民千万不要相信"这些行动有解决现阶段所有困难的魔力"。他还告诫美国人民要警惕人性的弱点，尤其要抵制住短视与自私心理的诱惑，"不可有得过且过、为贪图舒适安逸而掠夺未来珍贵资源的冲动"。他回忆了自己童年时代的道德标准，并提醒美国人民，如果我们"透支子孙的物质财富，就必然会损害他们的政治和精神财产"。

在演说中，他还对权力的过度集中提出了警告，指出不受监督的权力可能导致美国蒙受灭顶之灾。首先，他告诫人们要防备军事工业综合征——“大量永久性军火工业”。其次，他告诫人们要警惕“科技精英”，因为这些受到政府资助的专家手握权柄，有可能抵制不住诱惑，妄图从全体美国公民手中篡权。同建国先贤一样，艾森豪威尔的政治理念也对权力不受监督时的行为持不信任态度。他在字里行间传达了一个观点：在大多数情况下，领导者在继承先辈的遗产之后，如果能对这些遗产加以管理利用，相对于破旧立新者，他们将取得更大的收获。

这次演说其实是一个从小就被教育要抵制冲动诱惑的人，在接受了生活的洗礼之后发出的心声。在洞悉人类所具备的能力之后，艾森豪威尔坚信人类本身就是造成问题的一个原因。他经常告诉他的顾问：“既然错误无可避免，那我们就想办法慢慢去犯错吧。”他相信，与其在不合适的时间草率行事，不如深思熟虑之后再做决定。几十年之前，他的母亲和他从小接受的教育，就已经让他明白了这个道理。这种人生道理的核心不是自我表现，而是自我控制。

THE ROAD TO CHARACTER

第 4 章

苦难磨砺——用爱和善行去拯救世界的人间天使

1906年4月18日晚上，8岁的多萝西·戴伊正待在加利福尼亚州奥克兰市的家中。

同往常一样，多萝西已经做完了睡前祷告，她是家中唯一一个严守教规的人。她后来说，对宗教的虔诚让她自己“既感到无比厌恶又为之骄傲”。几十年后，她在日记里写道，她小时候经常能感受到一个无处不在的精神世界。

就在这时，周围的一切开始摇晃起来。在“隆隆”声刚刚响起的时候，父亲就冲进了孩子们的卧室，抱起多萝西的两个弟弟，向前门跑去。母亲也从多萝西的怀里一把抱起她的小妹妹。显然，父母都认为多萝西能照顾好自己，因此把她一个人丢在那儿，跟铜床一起前后晃动。多萝西觉得，就在旧金山大地震发生的那个晚上，上帝找到了她。她回忆说：“地面剧烈摇晃，我们家的房子就像一艘船，航行在咆哮的大海中。”她听见屋顶水箱里的水正在噼啪作响。此时，她感觉“上帝化身为一股巨大的力量，伸出一只手来帮助我这个没有人爱的子民”。

等到周围安静下来，她的家里一片狼藉，地上到处都是碗碟的碎片，还有书本、吊灯以及从天花板和烟囱掉落的碎块。整个城市也变成了废墟，一副百废待兴的模样。但是几天之后，湾区的民众就团结起来了。多萝西在几十年之后的回忆录中写道："在这次危机中，人们相互关爱，就像基督教徒那样团结在一起。我不由得想，在遭遇困境时，如果人们能心甘情愿地彼此关心，一视同仁地付出自己的同情心与爱心，会怎么样呢？"

在那次危机中，她感觉上帝并非那么遥不可及，还体会到贫穷、孤独、惨遭遗弃的滋味。此外，她还领悟到相互关爱、同甘共苦可以让孤独的心灵充实起来。在与那些急需帮助的人携手共渡难关时，这种感觉更加明显。作家保罗·埃里说："这件事预示着她一生的命运。"

戴伊从小就充满热情、富有理想，与乔治·艾略特的小说《米德尔马契》中的女主人公多萝西娅的天性相同，都对理想的生活充满向往。她对一帆风顺的幸福生活不感兴趣，不愿意享受友谊与成就带来的一般乐趣。艾略特在小说中写道："这一点儿微不足道的燃料，在她的烈焰吞噬下，顷刻之间便会化为乌有。她的内心自有一种动力，在它的驱使下，她追逐着永无止境的完美，探求着永远没有理由厌弃的目标，让自身的不幸融化在自身以外的永生的幸福之中。"戴伊向往的是精神世界的英雄主义，以及一个她可以为之牺牲的崇高目标。

一个 15 岁女孩的远大志向

地震发生之前，多萝西的父亲是一名记者，但由于报社的印刷厂在地震中变成了废墟，他丢掉了这份工作。全家的财产也在断壁残垣之中化为乌有，戴伊体验到了家道中落的贫穷滋味。父亲带着全家搬到了芝加哥，之后便开始埋头写作，但他的书稿最终也没能出版。他生性冷淡、多疑，禁止孩子们擅自离家，也不允许他们邀请朋友来家中做客。在戴伊的记忆中，星期天的晚饭总是笼罩着令人郁闷的沉静氛围，除了咀嚼声，再也听不到其他声音。母亲竭尽全力维持这个家庭，但她不幸地遭遇了4次流产。一天晚上，她歇斯底里地爆发了，砸碎了家里所有的碗碟。第二天，恢复正常的她跟孩子们解释说："昨天我失去了理智。"

搬到芝加哥后，戴伊注意到，自己的家不像周围的家庭那样温馨。她说："我们从来都不会手挽手。我周围的朋友，无论是意大利人、波兰人，还是犹太人，个个都精神饱满，在不经意间流露出对彼此的爱意，而我们一家人却总是沉默寡言、离群索居。"因此，她总是和邻居们一起，去做礼拜、唱诵歌。到了傍晚，她经常跪下来，把她的虔诚信仰灌输给妹妹。"我长时间的祷告经常让妹妹痛苦不堪。我会跪在那儿，直到膝盖疼痛难忍、全身都快冻僵了才站起来。而妹妹总是请求我上床睡觉，让我给她讲故事。"有一天，戴伊与好朋友玛丽·哈灵顿聊到了一位圣徒。在后来写回忆录时，戴伊怎么也想不起来她们聊的是哪位圣徒，但她仍然记得自己当时的感受："我觉得自己充满了追求崇高目标的热情，一想到我即将投身于这样高尚的活动，我的心都快跳出来了。《圣经》旧约部分《诗篇》中的一段经文经常会出现在我的脑海里：'主啊，请你把我的心门打开，走进我的心中。'很自然地，我劲头十足，一想到可能会在精神探索活动中有所收获，我就激动不已。"

那时候，父母不需要为孩子们安排娱乐活动。在戴伊的记忆中，她和朋友们在海滩上玩耍的时光是那么幸福美好。他们会在小溪里钓鳗鱼，还会跑到沼泽旁边，把一个废弃的窝棚想象成世外桃源。此外，那些无聊得令人难以忍受的日子也让她记忆深刻。尤其是在漫长难熬的暑假开始之后，为了消磨时光，她总是不停地做家务活儿，还读了很多书，包括查尔斯 · 狄更斯、埃德加 · 爱伦 · 坡的作品和托马斯 · 厄 · 肯培的《效法基督》(*The Imitation of Christ*)。

随着青春期的到来，戴伊感受到了异性的吸引力。这让她兴奋不已，但从小接受的教育告诉她，性是危险的，也是邪恶的。在她 15 岁那年的一个下午，戴伊带着幼小的弟弟去公园玩儿。那天的天气非常好，周围的世界呈现出一派生机勃勃的景象。公园里应该还有一些男孩子，因为在她随后写给好友的一封信里，她说她的“内心产生了一种邪恶的战栗感”。然而，她又从道德角度对自己的这种感受进行了严厉的指责：“被情爱迷惑得神魂颠倒是不对的。对于情爱的所有感受与渴求都是性的欲望。我想，人到了这个年龄也许都会这样吧。但是，我认为这是不道德的。这是肉体的欲望，只有对上帝的信仰才是精神上的追求。”

在她的那部杰出的回忆录《漫漫孤寂》(*The Long Loneliness*) 中，多萝西将这封信的好几个长段落摘录其中。其中一段是：“我是多么弱小啊。我的自尊心不同意我写这些，因为这些文字会让我面红耳赤，但是那种原始的爱又总是袭上心头。这是对肉体的渴求，我知道，如果无法摈弃所有罪，我就无法进入天国。”

这封信的字里行间表现出来的，是一个少年老成的人才会有的自我关注，以及按部就班的自以为是。她已经建立起了基本的宗教概念，但是还没有理解人性与慈悲的含义。不过，她在精神上还为自己设立了一个远大的志向：“如果我进一步减少阅读，这种不安情绪也许就会消失吧。我正在看陀思妥耶夫斯基的书。”她决心与自己的欲望展开斗争：“只有同罪进行艰苦的斗争，并消除这些罪，我们才能体验到上帝赐予的欢乐与和平……要消除我身上的罪，我还需要做大量的工作。我一直在努力，保持高度警惕，不停地祈祷，尝试克服所有生理诱惑，以获得心灵的净化。”

《漫漫孤寂》一书付梓出版时，戴伊已经五十多岁了。她在回忆录中承认，那封信“到处充斥着炫耀、虚荣和虔诚。我想表达的是我最感兴趣的东西，是灵与肉的矛盾，但在自我意识的影响下，我骗自己说我正在从事文学创作”。不过，从这封信中可以看出戴伊的一些性格特点：她对纯洁的向往，严于自我批评的姿态，乐于为崇高事业献身的愿望，重视困难磨炼、不贪图安逸的志向，以及虽然可能遭遇失败、进行苦苦挣扎，但上帝最终会帮助她摆脱困境的信念。正是由于这些性格特点，戴伊后来成为20世纪最鼓舞人心的宗教人物和社会服务工作者。

一段不堪回首的生活

由于拉丁语和希腊语成绩优秀，戴伊获得了大学奖学金，全校获此殊荣的学生只有3个。进入伊利诺伊大学后，戴伊通过帮人打扫卫生、熨烫衣物赚取住宿费和伙食费，学习成绩处于中游。在选择参加学校的各种活动时，她毫无计划性，只要是在她看来会让生活变得波澜壮阔的活动，她都积极地参加。她申请加入写作俱乐部，写了一篇文章介绍一连三天不吃饭的感受，就被俱乐部录取了。她还加入了社会党，与宗教彻底决裂，并竭尽所能惹恼那些去教堂做礼拜的人。戴伊认为，甜蜜的少女时代已经过去，到了向社会宣战的时候了。

在伊利诺伊大学待了两年之后，18岁的戴伊认为大学生活不能满足自己的需要，于是她搬到了纽约，开始了写作生涯。她在这座城市里漂泊了几个月，内心感到无比孤寂：“在这座拥有700万人口的大城市里，我举目无亲，没有工作，过着与世隔绝的生活。城市喧嚣背后的沉静让我喘不过气，找不到人倾诉心声的压抑感让我觉得嗓子紧巴巴的，心头也堵得发慌。我真想大哭一场，发泄自己内心的孤独。”

在这段孤独的日子里，她从纽约贫民的生活中得到了一种不同于芝加哥的体验，而这一发现点燃了她的怒火。后来，她在书中写道：“人们必须先经历某些相似的体验，然后才会发生转变，得出一个观点、想法、欲望、梦想、憧憬。没有憧憬的话，人就会走向灭亡。十几岁时，我读过厄普顿·辛克莱的《屠场》（*The Jungle*）和杰克·伦敦的《路》（*The Road*），从此以后我对贫困者产生了深厚的感情，希望自己永远与这些贫困者，以及全世界的劳动人民站在一起，同甘苦、共患难。与此同时，我还接受了工人阶级肩负着救世主使命的观点。”当时，俄国的局势引起了人们的关注。俄国作家的作品在精神领域充分激发了人们的想象力，俄国革命也让激进的年轻人更加狂热，对未来满怀希望。在这种狂热的驱动下，戴伊最亲密的朋友蕾娜·西蒙斯前往莫斯科追求美好的未来。然而，几个月之后，她一病不起，在莫斯科告别了人世。1917 年，戴伊出席了一场庆祝俄国革命打响的集会。在兴奋之余，她觉得人民大众即将迎来他们的胜利。

后来，戴伊终于在《号召报》（*The Call*）找到了一份工作，周薪为 5 美元。她的任务是报道劳工暴乱和工厂工人的生活。报社的工作非常繁忙，今天要采访列夫·托洛茨基，明天又要采访一位百万富翁的管家，她只能被动地应付，根本没有时间思考。

尽管算不上唯美主义者，而更接近于激进分子，戴伊却与一群放荡不羁的文化人趣味相投，其中包括批评家马尔科姆·考利、诗人艾伦·泰特和小说家约翰·多斯·帕索斯等。她与激进作家迈克尔·戈尔德建立了深厚的友谊，他们经常沿东河散步，愉快地讨论阅读心得和各自的梦想，一谈就是几个小时。兴起时，戈尔德偶尔还会用希伯来语或意第绪语高歌一曲。戴伊与剧作家尤金·奥尼尔的关系也较为密切，尽管这是一种柏拉图式的关系。戴伊为孤独、宗教及死亡等问题上所困扰时，会向奥尼尔倾诉。戴伊的传记作家吉姆·福里斯特在书中说，奥尼尔喝醉后，有时会因为害怕而瑟瑟发抖，戴伊就会把他扶到床上，抱着他，直到他睡着。奥尼尔曾经向戴伊求欢，但她拒绝了。

戴伊为工人阶级的不公平待遇感到愤愤不平，不过在她人生历程中占据最重要地位的还是她内心深处发生的巨变。她更加如饥似渴地阅读，尤其是托尔斯泰和陀思妥耶夫斯基的作品。

现在，我们很难体会那个时代的人对待小说阅读的严肃性（至少戴伊等人是非常严肃的）。他们把重要的小说作品当作智慧书，认为杰出作家的深邃见解是值得继承的启示。一旦在书中发现一个有深刻内涵的英雄人物，他们就会在自己的生活中将其奉为榜样。可以说，阅读在戴伊的生活中有着不可或缺的地位。

今天，再也没有多少人把作家看作圣人、把小说看作一种启示了。在试图了解自己的思想时，很多人放弃了文学，转而把认知科学当作一个有力的武器。不过，戴伊认为，陀思妥耶夫斯基的作品“触及了她的灵魂深处”。她说：“《罪与罚》中的年轻妓女为对罪的感悟比她还深刻的拉斯柯尔尼科夫朗读新约全书的场景，短篇小说《诚实的小偷》，长篇小说《卡拉马佐夫兄弟》中的若干段落，德米特里在狱中说的话，以及《宗教大法官》中主人公的传奇故事，都为我的人生指明了方向。”其中最让戴伊醉心不已的场景是“佐西马神父热情洋溢地称赞兄弟之情进而激发出对上帝的爱”。她说：“他对爱的皈依感人至深，小说对宗教的描述对我的后半生产生了深远的影响。”

这些俄国小说似乎已经成为戴伊真实生活的蓝本，而不是简单地一读了之。

戴伊经常喝酒，是酒吧的常客。据马尔科姆 · 考利称，流氓恶棍都喜欢她，因为她比他们酒量都好。不过，从戴伊单薄的身体看，这个说法不大可信。她的生活中还发生过一些乱七八糟的悲剧。她有一位名叫路易斯 · 霍拉迪的朋友，因为吸食海洛因过量，最后死在她的怀中。她在回忆录中说，她经常因为住所无法通风、气味恶臭而搬家。不过，虽然她勇于自我批评，但某些混乱的生活情况仍然没有公开。例如，她没有坦承自己的滥交行为，而是称之为“探索”，并含糊其辞地将其归咎于“罪造成的悲哀和罪引发的难以言传的枯燥乏味”。

1918 年春，一场致命的大流感席卷全世界，纽约也未能幸免。（在 1918 年 3 月至 1920 年 6 月期间，流感夺走了 5 000 多万人的生命。）作为一名志愿者，戴伊在金县医院从事护理工作。她每天早晨 6 点上班，工作 12 小时，负责更换床单被套，倒便盆，为病人注射、灌肠、清洁等。医院实行的是准军事化管理。护士长进入病房后，护士们必须立正站好。戴伊回忆说：“我非常喜欢这种有秩序、有纪律的生活。而我以前的生活似乎毫无规律可言，也没有任何意义。在医院工作的这一年，我收获颇丰。我意识到自我管理、自我约束是世界上难度最大的几件事之一。”

在医院工作期间，她结识了一位名叫莱昂内尔 · 莫伊斯的报社记者，并与他建立了狂热的性关系。春心荡漾的戴伊在给莫伊斯的信中说：“你太强壮了。我深深地爱上了你，因为你如此强壮。”戴伊怀孕了，莫伊斯让她去做流产手术，戴伊也没有反对（她的回忆录同样没有提及此事）。一天夜里，遭到遗弃的戴伊打开了公寓里热水器的煤气阀门，试图自杀，结果被邻居及时发现并获救。

戴伊在回忆录中写道，医院的工作让她看到了太多的苦痛，以至于最后都麻木了，而且由于太忙，她无法挤出时间写作，因此她放弃了这份工作。她没有提及她答应了伯克利 · 托比的求婚，嫁给了这位来自美国西北部、年龄比她大一倍的有钱男人。两人一起去欧洲旅游，可是回到美国之后戴伊就离开了他。由于她对自己利用托比完成欧洲游的做法感到难为情，因此她在回忆录中撒谎说自己是独自出游的。关于这件事她告诉记者德怀特 · 麦克唐纳："我觉得自己是在利用他，我非常惭愧。我不想在回忆录中写下让我感到惭愧的那些事。"

戴伊还有两次被捕的经历，这对她的人生产生了非常关键的影响。第一次是在1917年，当时戴伊20岁，罪名是政治激进分子。此前，她一直在为争取女性权益而奔走，因为在白宫门前举行主张妇女参政的抗议活动而被捕，与其余抗议者一起被判处30天监禁。入狱之后他们又开始绝食抗议，戴伊在饥饿的折磨下，很快就陷入了深度抑郁。刚开始时，她与其他抗议者团结一致，但后来她觉得这种抗议活动是不对的，没有任何意义。她说："我丧失了全部的原则性，也不希望自己那么激进了。我觉得自己深陷黑暗与孤独。付出艰辛却徒劳无功，面临痛苦却无能为力，而权势一再取得胜利，这些都让我感到十分不安。邪恶的力量获胜了。我是那么微不足道，满脑子都是自欺、自傲、不切实际和虚伪的想法，因此我遭到了正义的谴责与惩罚。"

服刑期间，她申请到了一本《圣经》，埋头苦读，狱友们还向她介绍了连续6个月被关在坚固的牢房中的经历。她说："了解到人类在彼此倾轧中无所不用其极的事实之后，我的心灵受到重创，永远也无法恢复。"

戴伊反对不公平现象，但是她没有找到一个可以对她的这个立场加以指导的超验框架。即便是在当时的条件下，她似乎已经下意识地感觉到，如果缺少信仰的支持，她的激进主义行为必将失败。

1922年，25岁的戴伊第二次入狱，这次被捕的经历对她情绪的打击更加严重。当时，她与一位吸毒成瘾的朋友一起住在贫民窟的公寓里。这栋大楼的居民中，既有妓女，也有激进组织——世界产业工人组织的成员。警察为了抓捕颠覆分子，搜查了这个地方。他们以为戴伊和她的朋友是妓女，便把她们抓了起来。在收监之前，还勒令衣衫不整的她们站在大街上示众。

戴伊认为自己的行为不检点是造成这个悲剧的原因之一。她把这次经历看成是对自己浮躁人生的惩罚："现在不论以什么罪名指控我，对我造成的伤害都比不上当时我的羞愧与悔恨之情，不仅因为我当时被警察逮捕、示众、遭到谴责和公开的羞辱，还因为我认为自己罪有应得。"

这些经历促使戴伊进行了深刻的自我反省与自我批评。多年之后，戴伊在回顾往事时，对自己的这段不平静的生活没有给出积极的评价。她认为，这种不经过全面的考虑就试图自行判断善恶的行为，体现了她内心的骄傲。"那时，这种无视法律、声色犬马的生活在我眼中就是完美无缺的生活。我对法律有逆反心理，认为法律的作用就是压迫人们。强者可以按照自己的意愿制定法律，随心所欲地享受生活，善恶对他们没有任何约束力。善是什么？恶又是什么？暂时把良知抛在脑后不难做到，在纵情，肉体之欲望时，才不会管那些法律呢。"

不过，戴伊并不是一味地沉迷于肤浅的恋情、滥交、肉欲和私利，精神上的饥渴促使她不断做提出严厉的自我批评。在形容这种饥渴时，她用的是"孤独"这个词。对很多人而言，这个词意味着内心感到孤单。戴伊的确是孤单的，而且这种感觉让她深受煎熬。不过，戴伊的"孤独"还表现在精神上的孤立。她觉得，只有找到某个超验性的事业或活动，她才会真正安静下来。她无法接受肤浅的生活，无法满足于享乐、成功甚至奉献，而是希望全身心地去追求某个神圣的目标。

发现爱与神圣的使命

为了找到自己的使命，20多岁的戴伊做了各种各样的尝试。她试图从政治上找到出路，于是参加了各种抗议与游行活动，但这些活动的效果并不理想。与弗朗西丝·帕金斯不同，戴伊无法接受政治中相互妥协、追逐私利、灰色调以及肮脏龌龊的勾当，她想要的是全心全意为实现某个纯洁的目标而奋斗。她以自我批评的视角，对自己人生早期的激进行为进行了回顾："我不知道自己那时候对穷人的爱，以及希望为他们提供服务的心愿是否真诚……我参加抗议活动，被捕入狱，奋笔疾书，对其他人施加影响，其实都是为了在这个世界上留下自己的印迹。这些行为包含了太多的野心勃勃和追逐私利的成分。"

接下来，戴伊走上了文学创作的道路，把她的那段混乱的生活写成了小说，题目叫作"第十一个处女"。纽约的一家出版社同意出版这本书，一家好莱坞电影公司以5 000美元的价格购得此书的版权。但是，这也无法满足戴伊心中的渴盼。后来，她因为感到难堪，甚至试图把市面上的书全部买回来。

戴伊认为爱情有可能满足她内心的渴盼。她爱上了一位名叫福斯特·巴特曼的男子，他们没有结婚，而是一起住在戴伊用写小说的收入在斯塔滕岛上购买的房子里。在回忆录《漫漫孤寂》中，戴伊浪漫地称福斯特是一位无政府主义者，具有英国血统，还是一名生物学家。然而，真实情况远没有那么浪漫。福斯特只是一名制作量具的工厂工人，他从小在北卡罗来纳长大，毕业于佐治亚理工学院，对激进的政治活动感兴趣。不过，戴伊对他的感情是真挚的。他的信念、追求信仰的执着以及对自然的热爱，都让戴伊为之倾倒。即便他们在一些基本问题上的分歧非常明显，戴伊仍然想嫁给他。当时，戴伊对福斯特热情如火，被福斯特迷得神魂颠倒。在一封她去世之后才被公开的信中，她这样写道："我对你的渴望带给我的是痛苦，而不是愉悦。我热切地希望得到你，即使给我整个世界，我也不愿意放弃你。如果看不到你，我宁愿死去。"1925 年 9 月 21 日，戴伊给与她分居的福斯特写了一封信："我给自己缝制了一件非常漂亮的新睡袍，带有蕾丝边，很性感，还有好几条新裤子。你看到后肯定会非常喜欢。我十分想念你，每天夜里都会梦到你。如果我的梦能跨越我们之间的距离，进入你的心扉，我想你肯定会无法入睡。"

戴伊与福斯特躲在斯塔滕岛上，阅读、聊天、做爱，过着世外桃源般的生活。读到这里，你肯定会觉得他们就像众多刚刚坠入爱河的年轻情侣一样，正在搭建谢尔顿 · 范傲肯笔下的"熠熠生辉的堡垒"——与外界一墙相隔、自成一体的花园，并准备躲在其中培育他们纯洁的爱情。但是，这座"熠熠生辉的堡垒"还是无法满足戴伊的渴望。尽管与福斯特在一起，两人也在沙滩上留下了一串串足印，但是戴伊还有一些愿望没能得到满足，比如，她想要个孩子。她认为如果没有孩子，家就显得太空了。1925 年，28 岁的戴伊怀孕了。得知这个消息后戴伊异常激动，但是福斯特的反应不同。作为一个所谓的激进分子和生活在现代社会的人，他没有把生儿育女看成是自己的责任，也根本不想遵守资产阶级的婚姻制度——他永远都不会娶戴伊。

怀孕期间，戴伊考虑到即有的对分娩过程的描写大多出自男性之手，便决定改变这个状况。分娩之后不久，她写了一篇文章，介绍自己的分娩经历。后来，这篇文章被刊登在《新群众》(*New Masses*)上。

> 我的身体仿佛在承受地震与烈火的煎熬，灵魂则变成了成千上万人惨遭屠戮的战场。在这痛苦的炼狱中，我听到医生嘀咕了些什么，然后护士也嘀咕了些什么。接着我看到一片炫目的白光，我知道乙醚终于开始发挥作用了。

女儿塔玛的降生，让戴伊充满了感激之情："他们把孩子放到我怀中的时候，我感到创造生命给我带来的狂喜，即使创作出最伟大的小说、交响乐、油画或雕塑，其喜悦之情也远不能与之相比。"孩子出生之后，我经常感到无与伦比的爱与欢乐正在朝我袭来。因此，我必须表达我的崇敬与仰慕之情。"

但是，她应该感谢谁、敬仰谁呢？在散步时，她发现自己情不自禁地开始祈祷，真实地感受到上帝无处不在。她不方便跪地祈祷，但感激、赞美与顺从上帝的话会脱口而出。散完步后，她的心情会变得愉快。

戴伊并不是在回答上帝是否存在的问题，而是意识到了超越自我的存在。她开始相信，在意志之外，还有某种东西也会影响到她的人生。如果激进主义者渴望得到的是一种主张权利、强调自我掌控的生活，那么她的生活就属于顺从的类型，上帝是她人生的掌控者。戴伊发现，"崇拜、敬仰、感激、祈祷是人们可以做到的最崇高的行为"。女儿的出生，使戴伊找到了自己生活的中心点，也找到了自己的人生使命，从而结束了放荡不羁的生活。

戴伊的信仰并没有一个明确的表现形式。她不去教堂做礼拜，也不愿意接受宗教理论和传统教义。但是，她觉得自己已经成为上帝的信徒。她问福斯特："世间万物那么美好，如果没有上帝，这一切怎么可能存在呢？"

后来，罗马天主教引起了她的注意。不过，吸引她的不是天主教的历史，不是教皇的权威，也不是天主教的政治地位和社会地位。她对天主教的理论一无所知，而且她认为天主教是一个落后的教派，在政治上比较反动。让她对天主教产生兴趣因素是人，是受她照顾和服务的天主教移民在贫困交加的情况下表现出来的尊严、集体主义精神和对穷困潦倒者的慷慨大方。戴伊的朋友们告诉她，信仰上帝不一定要加入某个宗教组织，特别是像罗马天主教这样落后的教派。但是，曾经身为激进主义者的戴伊认为，她应该密切联系那些正在受苦受难的人，加入他们的行列和宗教组织。

戴伊认为，天主教已经把众多贫困的城市家庭组织起来，并得到了他们的拥护。每到星期天、瞻礼日，在欢乐或悲痛时，他们就会像潮水一样涌向教堂。她希望皈依天主教可以帮她过上井然有序的生活，也可以帮助规划她女儿的人生。她说："我们都渴求秩序，《约伯记》把地狱描绘成一个杂乱无序的地方。我认为，'隶属于'某个教派将为（塔玛的）人生带来秩序，而这正是我的生活所缺失的。"

与年少时相比，信仰给成年之后的戴伊带来了更多的温暖与欢乐。戴伊对16世纪西班牙神秘主义者、圣女大德兰非常感兴趣，因为她的经历与戴伊非常相似：深受宗教信仰影响的童年，因为觉得自己罪孽深重而惴惴不安，在上帝面前偶尔感受到性爱带来的狂喜，以及希望改革人类制度、帮助贫困者的强烈愿望。

大德兰过的是清心寡欲的生活。睡觉时，她只盖一条毛毯，修道院里没有取暖设备，只有一个房间里有一只炉子。她每天都不停地祷告、修行，不过，她在精神生活方面并不压抑。大德兰进修道院那天穿着大红裙子，她一边拍着响板一边翩翩起舞，让其他修女都目瞪口呆，这给戴伊留下了好印象。大德兰担任修道院院长期间，如果手下的修女心情抑郁，她就会安排厨房为她们做牛排。大德兰说，生活就像"在一家不舒服的小旅馆里度过的夜晚"，因此我们不妨想办法为生活添加一点儿乐趣。

戴伊准备信仰天主教，但在与她关系密切的人中，没有哪位是虔诚的天主教徒。于是，她在街上找到一位修女，向她求教。这位修女发现戴伊对天主教教义几乎一无所知，她狠狠地批评了戴伊，但还是对戴伊的加入表示欢迎。从此以后，戴伊每周都会去做礼拜，虽然有时候她不想去，但她还是坚持去了。

她问自己：“在去做礼拜和按照自己的意愿行事这两个选项中，我应该选哪个呢？”她认为，虽然星期天早晨看报纸会让她更加愉悦，但她还是倾向于去做礼拜，而不是随心所欲。

戴伊选择信奉上帝，这意味着她与福斯特的感情最终会走向破灭。福斯特信奉科学，怀疑一切，凡事都以经验为准。他信念坚定地在物质世界里奔前程，而戴伊则深信是上帝创造了这个世界。

他们的分道扬镳是一个比较漫长的过程，也很痛苦。一天，福斯特在饭桌上问戴伊：她是不是神经错乱了？是谁把她推向了天主教这个过时、落后的组织？是谁躲在她的人生阴暗处并以这种方式带坏了她？在戴伊的那些激进主义好友中，也有不少人不断地问她同样的问题。

这些声色俱厉的问题让戴伊吃惊不已。最后，她平静地说：“是耶稣，我想是耶稣基督让我信奉天主教的。”

福斯特脸色煞白，一言不发地坐在那里，怒视着戴伊。戴伊问他，他们是不是可以更深入地讨论宗教问题。福斯特没有回答她，他也没有点头或摇头。他只是把双手扣在一起，放在桌子上。这个动作让戴伊想起了学校里那些坐得端端正正、希望得到老师表扬的孩子。几秒钟，福斯特举起扣在一起的双手，猛地捶到桌上，碗碟被震得东倒西歪。戴伊十分害怕，她担心福斯特会失去控制，打她一顿。不过，福斯特并没有打她，而是站了起来，跟戴伊说她的精神有问题。然后，他绕着饭桌走了一圈，走出了家门。

但是，这样的矛盾并没有终结他们之间的爱，或者说强烈的欲望。戴伊仍然央求福斯特娶她，做塔玛名正言顺的父亲。即使在宣布结束与福斯特的关系之后，戴伊在给福斯特的信中仍然写道：“每天夜里我都会梦到你，梦到我躺在你的怀里，梦到你吻我。这样的梦既是一种折磨，又是那么甜蜜。你是我在这个世界上最爱的人，但是我无法放弃我的宗教信仰。如果违背信仰，我必将痛苦无比。”

出人意料的是，多萝西 · 戴伊对福斯特的爱却为自己打开了信仰的大门。这份爱打破了裹在她身上的坚壳，把她内心最柔软、最敏感的部分暴露给了其他人，这让她深受启发。戴伊说：“正是通过一段完整的爱，包括肉体与灵魂上的爱，我才逐渐了解了上帝。”年少时期的戴伊常常把世界分割成肉体与灵魂这两个彼此对立的部分，而现在她对世界的理解更成熟了。

走上信仰天主教之路

戴伊皈依天主教是一个枯燥乏味的过程，毫无乐趣可言，因为她一如既往地严格要求自己。她无时无刻不在进行自我批评，质疑自己的动机与行为是否合适。以前的她是一个激进主义者，皈依天主教之后，她仿佛变成了另一个人，按照新生活的要求全身心地投入宗教信仰。一天，在步行前往邮局的路上，戴伊脑子里充斥着对自己信仰的鄙视：“满足感已经让你分不清东南西北了。你就像牛一样，没有自己的思想。祈祷对于你来说，就是人民的鸦片。”她在脑海里不停地重复着 “人民的鸦片”这个说法，她边走边想，最后终于弄明白了。她之所以祷告，不是为了逃避痛苦，而是因为她要感谢上帝赐予她幸福。

1927 年 7 月，她安排塔玛接受了洗礼。在随后举行的派对上，福斯特带来了他捕捉的龙虾。但是，他们很快就发生了争执。福斯特告诉戴伊，他再也无法容忍这些乱七八糟的东西了，说完就拂袖而去。

1927 年 12 月 28 日，戴伊正式加入了天主教。不过，她并没有因此得到安慰：“我没有感受到平和、欢乐，也不相信我的所作所为都是正确的。这些只不过是我必须做的事或者必须完成的任务。”在完成洗礼、补赎、圣餐等仪式的过程中，她觉得自己就是一个伪善者。她装模作样地跪下来，脸上没有任何表情。她有点儿害怕，既害怕有人看到自己，又害怕自己会抛弃穷困者，转而投身于被历史击败的阵营，加入有权有势的精英分子的机构。她问自己：“你对自己有信心吗？为什么要参加这种装模作样的活动？这种行为到底有什么意义？”

在之后的岁月里，戴伊仍然不停地进行自我批评，怀疑自己的信仰是否真诚，是否有实际意义。“我想，自从皈依天主教之后，我在工作方面几乎一无所获。我太过关注自我，没有一点儿集体意识！整个夏天，我一直在安静地看书、祈祷。一想到我的兄弟们都在顽强地拼搏，而且是为他人谋幸福，而不是为自己谋福利，我就觉得我只关注自己的这种生活方式实在是罪孽深重。”

选择了信仰宗教，就等于选择了一条艰辛的人生道路。人们常说，宗教可以帮助人们减轻生活的压力，因为宗教会给人们一个无所不知的慈父，不断地安慰人们的心灵。不过，戴伊的经历显然有所不同，她感受到的是一种自我矛盾，类似于约瑟夫·索罗维奇在其著作《犹太法之人》（*Halakhic Man*）的一个著名脚注中描述的那种自我矛盾。我把这条脚注加以简化，摘录如下：

> 普世思想认为，宗教体验是宁静有序的，充满了温情与体贴。对于心怀怨恨的人来说，它是被施了魔法的溪流，而对于陷入困境的人来说，它是安详宁静的水域。“从田野回来累昏了”的人，刚刚摆脱人生中各种战争纷乱的人，从满眼尽是怀疑、害怕、矛盾与争论的尘世中走来的人，迫不及待地投入了宗教的怀抱，就像一个紧紧抱住妈妈的孩子，“把头枕在她的大腿上”，让受到失望与苦难打击的心灵得到抚慰。从浪漫主义运动伊始，直至它最终在当代人的意识中表现出来（真是一个悲剧），在这个过程中，

> 卢梭的思想产生了深远的影响。因此，宗教团体的代表人物往往会用五彩缤纷、眼花缭乱的色彩，把宗教描绘成充满诗情画意的世外桃源，一个简单、完整、宁静的国度。从本质上看，这个思想是不正确的，具有欺骗性。人类心目中那种尤为深刻、无比崇高、包容世间万物的宗教意识，其实并没有那么简单，给人的也未必都是抚慰。
>
> 恰恰相反，这种宗教意识非常复杂、苛刻、含混不清。当你觉得它复杂时，你就会认为它非常伟大。信教者（homo religiosis）会有意识地对自己严加指责，使自己的内心充满悔恨之情；在评判自己的欲望和渴求时十分严格，但与此同时，又让自己沉迷于这些欲望。也就是说，他们一方面贬低自己的性格特点，为摆脱这些缺点做徒劳无功的挣扎；另一方面他们又让自己屈从于这些缺点。他们处于精神危机之中，在超自然的旋涡中沉浮不定，在肯定与否定、自我贬低与自我欣赏的矛盾中摇摆不定。宗教从一开始就不是一个对情绪低落、陷入绝望的人施以恩惠与仁慈的避难所，也不是为失望者准备的魔法溪流，而是由人类意识构成的湍急的激流，藏有各种各样的危险、苦痛与磨难。

刚皈依天主教时，戴伊结识了三名女性。她们都坠入了爱河，但没有与自己的情人同居，尽管她们很想过未婚同居的生活。看到这三名矢志克己的女性，戴伊突然觉得“天主教真的很有意义，充满吸引力……看着她们与道德问题及生活的原则斗争，她们的形象在我眼中一下子高大起来”。

戴伊每天都早起参加弥撒仪式，跟修女们一起祷告。她严守戒律，诵读《圣经》和《玫瑰经》。此外，她还参加斋戒仪式，向神父忏悔。

就像音乐家练习指法一样，这些仪式也有可能变成一种例行性行为。但是戴伊发现，即使有时候觉得它们枯燥无味，这些例行性行为也是必要的。“如果没有这些仪式，特别是圣餐（也称作‘主的晚餐’），我想我肯定无法坚持下去……参加这些活动，有时并不是出于我的某种需要，或者怀着感恩的心高高兴兴地参与其中。38 年来，我几乎每天都参与这些仪式，你可以称之为例行性行为，但是这种例行性行为对我而言就像吃饭喝水，每天都必不可少。”

这些仪式为她的人生建立了一个精神上的中心，使她之前的那种支离破碎的生活逐渐变成了一个井然有序的整体。

建立一个人人向善的社会

在戴伊 30 多岁的时候，大萧条气势汹汹地袭来了。1933 年，她创办了《天主教工人报》（*The Catholic Worker*），试图把无产阶级动员起来，并利用天主教社会训导的力量，建立一个倡导人人向善的社会。这已经成为一场运动，而不仅仅是办一张报纸了。他们挤在下曼哈顿的几间破破烂烂的办公室里，而且都不领薪水。三年之后，报纸发行量就达到了 15 万份，读者遍及全美 500 个教区。

报社设有一个施舍处，每天为多达 1 500 人免费供应早饭。他们资助建立了多家“好客之家”，留宿无家可归的穷人， 1935~1938 年，累计为近 5 万人提供救助。此外，戴伊和同事们还组织、鼓励人们在美国各地及英国建立了 30 多家“好客之家”。经过一番努力，他们在加利福尼亚、密歇根、新泽西等地创建了农民公社，并激励他们坚持下去。他们也组织人们参加游行示威等活动。所有这些努力的目的就在于把人们聚拢起来，抵御自人类存在伊始就挥之不去的孤独感。

在戴伊看来，分歧——不论是人们与上帝之间还是人们彼此之间——都是有罪的；而和谐是神圣的，是人与人之间以及精神与精神之间的融合。《天主教工人报》发挥了强大的融合作用。它不仅是一家报纸，还是一个积极分子援助机构；它不仅出版宗教出版物，还发出了经济变革的倡议；它不仅涉及精神生活，还与政治激进主义有联系；它在贫富之间架起了沟通的桥梁，在神学与经济学之间、对物质的关注与对精神的追求之间、肉体与灵魂之间建立了联系。

戴伊坚持认为，只有激进主义才能触及社会问题的根本。报纸宣扬的是天主教，戴伊信奉的却是人格主义哲学，该哲学断言每个人都有依照上帝的形象创建的人格。作为一名人格主义者，戴伊对“大”心存疑虑，无论是大政府还是大企业，甚至“大慈善”的概念也引起了她的怀疑。她总是敦促同事要“立足于小事”，从居住的地方开始，解决身边的那些小而具体的问题；帮助与你并肩工作的人缓解压力；帮助你眼前的人填饱肚子。人格主义哲学认为，我们每个人都应该生活简朴，帮助兄弟姐妹获得所需，与人分享欢乐与痛苦，因为这是我们深层次的个人义务。人格主义者应该用他的健全人格为另一个拥有健全人格的人提供服务，要做到这一点，他们必须身处小型组织之中，还必须建立亲密的联系。

在剩余的人生中，直至 1980 年 11 月 29 日告别人世，戴伊一直是一名天主教信徒，为办好报纸殚精竭虑，还为穷人和精神有障碍的病人提供面包和汤水。她创作了 11 本书和 1 000 多篇文章。那时候没有计算机与复印机，为了把报纸寄给订户，报社的员工每个月要用打字机打出成千上万个地址标签，记者们还要亲自上街卖报。戴伊觉得，仅仅对穷人表示关心是不够的，“我们必须与他们住到一起，分担他们的痛苦。我们不能顾及自己的隐私，还要放弃身体、思想和精神上的安逸”。她不仅离开了自己舒适的家，前往收容所和“好客之家”照顾那里的人，还搬进了“好客之家”，与被收容者住在一起。

戴伊的工作似乎永远都忙不完。她要不断地准备咖啡和汤，筹钱，为报纸撰写文章。一天，戴伊在日记里写道：“早饭是一片厚厚的干面包，还有一杯口感很差的咖啡。我口述了12封信。我的脑子里一团糨糊，身体虚弱得无力爬楼梯。我本来准备卧床休息一天，但我不停地告诉自己，出问题的是我的精神状态。周围一片凌乱，到处都是噪声和人，我实在打不起精神去考虑内心孤独和为穷人服务的问题了。”

有时候，我们会认为，圣人或者接近于圣人的那些人，都在更高层次的精神王国之中，过着惬意悠闲的生活。但是实际上，他们的生活常常并不悠闲，甚至不如常人。他们涉世更深，被缠在周围的人带给他们的那些肮脏无比的实际问题中。戴伊和同事们住在没有供暖设施的房间里，穿着人们捐赠的衣物，没有工资。大多数时间里，戴伊思考的并不是宗教理论，而是如何避免一个又一个经济危机，或者如何安置需要帮助的人。1934年，她在日记里记录了她一天之中完成的一系列宗教事务和尘世俗事：起床，做弥撒，为工作人员准备早饭，回复信件，记账，阅读文学作品，写一些励志的文字用于油印、分发。之后，一位工作人员来找她申领一名12岁女孩的坚信礼服装，一位皈依者来找她交流宗教心得，一位志在引发当地居民心中仇恨的法西斯分子来找她，一位学艺术的学生带着女圣徒锡耶纳的凯瑟琳画像前来找她。就这样，她接待了一个又一个来访者。

这种生活与德国医生、传教士阿尔贝特·施韦泽笔下的非洲丛林诊所非常相似。他的诊所没有雇用理想主义者，也没有聘请自认为对社会做出了贡献而志得意满的人，更没有招揽一心要“干一番事业”的人。他只需要那些态度严肃认真、安于本职工作、对服务他人永远不会厌烦的人。施韦泽说：“一个人只有把自己的喜好看成是一种并不包含任何不寻常成分的理所应当，认为自己并没有做出任何英雄壮举，而是在头脑清醒的情况下满怀热情地履行了一种责任，他才有可能成为社会所需要的精神先驱。”

戴伊生性并不善于社交，而是具有作家的性格特点，有点儿冷淡，经常渴望独处。但是，她几乎无时无刻不在强迫自己与人相处。在需要帮助的人中，有些人有精神问题，有些人酗酒成瘾，有些人粗鲁无礼，满嘴脏话，经常与人发生口角。不过，戴伊总是强迫自己坐在桌边，全心全意地为他们服务。某个人有可能喝醉了，说话语无伦次，但是她会静静地坐在那儿，认真倾听。

她会随身带着笔记本，以便在闲暇时写点儿东西，或者是给自己看的日记，或者是给别人看的报纸专栏文章、小品文和报告。看到别人身上的罪，她就会思考自己是否也有罪。有一天，她在日记里写道：“醉酒以及随后发生的罪都无比丑陋，表明这个可怜的罪人十分不幸，因此我们不能对他加以批评和指责，这一点非常重要。在上帝的眼中，那些隐藏得很深、不易察觉的罪肯定要严重得多。我们必须尽可能地发挥我们的意志力，付出更多的爱，用爱将所有人团结到一起。从他们身上，我们可以清楚地看到自己身上那些极其可怕的罪，我们应为此感到悔恨，并将它们拒之门外。”

尽管她采取的都是一些善举，但是她时刻保持警惕，防止自己在精神层面骄傲起来，或者产生自以为是的感觉。她说：“有时候，在饥饿之人不绝于耳的感谢声中，我发现自己干得越来越起劲，迅速为他们端上一碗又一碗汤，送去一盘又一盘面包，几乎停不下来。就像饥肠辘辘的人渴望得到面包一样，我也急切地渴望得到人们的感谢。他们的感谢让我特别高兴。”戴伊认为，骄傲这个罪就潜伏在我们身边，在慈善这间大房子中，有太多可以藏匿骄傲情绪的角落。因此，为他人提供服务，将会面临巨大的诱惑。

苦难也是一种礼物

作为一名年轻女性，戴伊过的是陀思妥耶夫斯基笔下的那种生活。即使在满脑子都是上帝时，她也会饮酒，生活中还会经常出现各种不正常的问题。但是，据保罗·埃里称，她的内心生活并不是陀思妥耶夫斯基式的，而是更接近于托尔斯泰的描述。她并不是一头在周围环境的驱使下落入苦难陷阱的困兽，尽管她也饱受痛苦的磨难，但这是她一心向往的自主选择。在生活中，大多数人总是不停地追求安逸舒适（经济学家称之为“私利”，而心理学家则冠之以“幸福”）。戴伊却与众不同，为了满足自己对孤独的渴求，她选择了一条满是苦恼与困难的道路。她在一家非营利组织工作，并不是单纯地想成名，而是为了在生活中践行《福音书》，尽管这意味着牺牲与痛苦。

大多数人在思考未来时，都梦想自己的生活会越来越幸福。不过，在人们回忆那些成就自己的重要往事时，他们通常不会讨论是否幸福的问题。具有重要意义的通常是那些严峻的考验，虽然大多数人的初衷是追求幸福，结果却因为经历苦难而得到了锻炼。

有时候，为了成为一个有内涵的人，特立独行（甚至是一意孤行）的戴伊会想方设法让自己饱经苦难。她可能跟我们所有人一样，也认为所谓的有内涵的人，都会经受一个或几个痛苦时期的折磨。但是，她似乎在苦心孤诣地追求这种痛苦。对于生活中可能会带来尘世幸福的正常乐趣，她唯恐避之不及，对克服困难、为他人服务的道德英雄主义行为，她却趋之若鹜。

对我们大多数人而言，苦难从本质上看与高尚毫无关系。失败有时候就是失败（不会把我们变成下一个乔布斯），同样，苦难有时候也具有破坏性，需要迅速摆脱或加以处理。除非与某个远大的目标有关，否则苦难会让人退缩甚至崩溃。如果不把苦难看成复杂过程的一个环节，我们就会缺失信心，陷入虚无主义和悲观绝望的境地。

不过，有的人将自己所经受的苦难与更远大的目标联系起来，从自己的痛苦中看到别人的痛苦。很明显，这一举措使他们的品格更加高尚。重要的不是苦难本身，而是他们体验痛苦的方式，就像富兰克林 · 罗斯福在患上脊髓灰质炎后变得更深沉、更富有同情心一样。通常，肉体痛苦或社会苦难可以帮助人们以旁观者的身份，对他人正在忍受的痛苦感同身受。

苦难的第一个重要作用是帮助你更深入地了解自己。神学家保罗 · 蒂利希指出，遭受苦难的人可以透过日常生活的琐事，发现之前对自己的认识是错误的。创作伟大音乐作品的痛苦，永失所爱的悲痛，会击穿他们之前所认为的灵魂底层，到达一个新的境界。然后，新的苦难又会打破这个新境界，到达更新的境界，如此不已，直至触及灵魂最深处。

苦难可以打开自古以来就被隐藏起来的痛苦世界的大门，让那些遭到禁锢的可怕体验和曾经犯下的可耻错误暴露在光天化日之下。在苦难的驱动下，有的人忍住痛苦，对自己的灵魂进行了一番小心翼翼的检视。不过，它也让人们愉快地感受到自己距离真理又近了一步。苦难的乐趣就在于，它让我们透过事物的表面，触及其本质，从而为我们带来现代心理学家所谓的“悲观现实主义”这种准确描述事物的能力。为了让自己在他人眼中不是那么复杂，我们在谈及自己时，总会找出一些令人易于接受的理由为自己辩解，或是进行一番非常简单的描述，但这些努力在苦难的作用下都化为泡影。

苦难能帮助人们更准确地看到自身的局限性，了解哪些是他们可以控制的，哪些是他们无法控制的。一旦进入灵魂深处，来到自我探究的孤独世界，人们就会发现自己无法左右那里发生的一切。

同爱一样，苦难也能打破自我控制的假象。在经受苦难时，人们无法让自己不痛苦；在所爱之人去世或离开之后，人们也不可能抑制住思念之情。后来，情绪逐渐稳定下来，悲痛之情有所缓解，但这样的恢复过程同样不受个人控制，它仿佛是某个自然过程或者天意的一部分。当今社会的奋斗文化是，一切成功都依赖于负责努力与自我控制的亚当一号。对于身处其中的人来说，苦难可以帮助他们学会独立，让他们感受到生活的不可预测性，精英分子掌控一切的目标是一种幻想。

令人奇怪的是，苦难让人们学会了感恩。在平常的日子里，我们把得到的爱看作自我满足的理由（我应该得到这些爱），但在经受苦难时，我们就会发现这些爱并不是我们应得的，而且我们应该因为得到这些爱而感恩。骄傲的人不懂得心怀感激，而谦虚的人知道自己得到的关爱并非理所应当。

在经受苦难时，人们还会产生被上帝选中的感觉。亚伯拉罕 · 林肯终生遭受抑郁的折磨，后来又因为无法避免内战而痛苦不堪。但是，当他意识到自己只是在上帝的授意下完成某个崇高任务的一个微不足道的工具时，他就从痛苦之中解脱了。

一旦产生这种感觉，深陷困境的人就会认为自己受到了上帝的召唤。他们无法掌控局势，但也并非孤立无援。他们无法决定苦难的发生，但他们可以参与其中，对上帝的感召做出回应。他们认为，对上帝的感召做出积极的响应，是一个压倒一切的道德责任。在苦难刚刚开始的时候，他们可能会问“为什么是我”或者“为什么如此邪恶呢”，但是，他们很快就会意识到，他们应该问的问题是：“如果我面临苦难，成为邪恶势力的牺牲品，我应该怎么做呢？”

在面临严峻考验时，这些人会觉得自己已经超越了个人幸福这个层面，达到更深层的境界。他们不会说：“好了，我已经与丧子之痛斗争了很长时间，现在，我应该弥补自己在享乐方面的不足，多参加派对，好好娱乐一番。”

对这类痛苦的正确反应不应该是愉悦，而是看到其神圣的一面。我指的不是宗教所说的神圣性，而是把这些痛苦看成道德叙事的组成部分。在不幸发生时，努力补救，把它变成一件神圣的事，促使自己与更多的人友好相处，并采取符合道德需求的牺牲性服务行为。如果在丧子之后设立基金，就会影响到许多人的生活，包括那些素未谋面的人。苦难还让我们看到了自己的局限性，敦促我们透过各种意想不到的关系看待生活，这正是苦难的神圣性。

经历苦难之后的恢复过程不同于生病之后的康复过程。很多人在经受苦难之后，不仅所受的痛苦有所减轻，而且整个人都脱胎换骨了。他们无视个人效用逻辑，行为看似前后矛盾。他们的各种充满爱心的承诺常常会带来苦难，但他们不仅没有退缩，反而更加坚定地投身其中。即使承受最糟糕、最痛苦的结果，有的人仍然会竭力改掉自己的弱点，随时准备抚慰别人。他们怀着更强烈的感激之心，以更饱满的热情积极地投身到艺术创作、爱的付出以及承诺的践行之中。

于是，苦难变成了一种礼物，与传统上被称作幸福的礼物明显不同。幸福令人愉悦，而苦难则助人培养品格。

收获的荣誉和付出的代价

几十年来，多萝西 · 戴伊的事迹被广为传颂。她不仅是天主教社会训导的捍卫者，更是一个活生生的榜样，鼓舞了几代信奉天主教的人。从根本上看，天主教社会训导认为每一个生命都有相同的尊严，无家可归的吸毒者与成就显著的人的灵魂同样宝贵。它还坚信上帝对穷人怀有特殊的爱。《以赛亚书》称

“真正敬拜上帝的人是为正义而努力，关心的是穷人和受压迫者。”这条教义着重指出我们同属于一个人类大家庭，要相亲相爱、融洽相处。戴伊就是根据这些原则，建立了自己的精神世界。

《漫漫孤寂》自1952年出版，就非常畅销，至今已加印多次。在她的事迹广为人知后，很多人慕名而来，登门拜访。这个现象本身对戴伊的精神世界构成了挑战。她说：“人们不停地说我们的工作是多么美好，我的耳朵里充斥着这些声音。很多时候，我们的工作其实并没有他们想象的那么美好。我们需要加班，身体疲倦，心情急躁。有的人不喜欢排队，骂骂咧咧。我们的耐心几乎耗尽，就快控制不住自己了。”她担心这些人的崇拜会让自己与同事堕落，与此同时，她还感觉到了孤独。

由于身边随时都围着一群人，戴伊经常觉得自己所爱的人被隔离在外。她的家人无法理解她对天主教的虔诚，与她的关系有所疏远。在与福斯特分手之后，她再也没有爱上其他男人，过着单身生活。她说：“清晨醒来，我总是希望有一张脸贴在我的胸口，有一只胳膊搂住我的肩头。多年之后，这种感觉才慢慢消失，但失落感一直都在。这就是我付出的代价。”她认为自己必须付出这种代价，忍受孤独，守住贞洁。没有人知道其中的原因。

由于居住在“好客之家”，还要到处做训导，戴伊陪伴女儿塔玛的时间很少。1940年，她在日记中写道：“每天我都辗转反侧，难以入睡。我非常想念塔玛，一到晚上我就很悲伤，而到了白天，我就不那么难过了。每个夜晚我都感到孤独和痛苦，但到了白天，我就会再次坚强起来。我会虔诚地去完成每一项工作，在欢乐与平和之中继续坚持下去。”

她是一位单亲妈妈，同时还是一个复杂多变的社会运动的领导人。她经常出差，有很多人都曾受到她的委托去照料塔玛。她常常觉得自己是一个非常失败的母亲。塔玛小的时候，就生活在《天主教工人报》这个大家庭中，稍大以后就去了寄宿学校。16 岁时，塔玛爱上了一位名叫戴维 · 亨尼西的《天主教工人报》志愿者。但戴伊认为塔玛还没到结婚的年龄，便要求塔玛在一年之内不要给戴维写信，收到戴维的来信也不要拆开，而是直接退回给他。同时，戴伊也给戴维写信，告诉他不要去找她的女儿，但是戴维根本没看这些信，而是直接退回给戴伊。

通过不懈的坚持，玛塔和戴维终于在 1944 年 4 月 19 日举行了婚礼，并且得到了戴伊的祝福。那一年，塔玛 18 岁。婚后，玛塔和戴维搬到了宾夕法尼亚伊斯顿的一个农场，塔玛生下了她的第一个孩子（她一生一共生了 9 个孩子）。塔玛与戴维的婚姻持续到 1961 年年底，以离婚收场。戴维长期失业，精神也出了问题。塔玛离婚后又搬回了斯塔滕岛，住在报社附近。在人们眼中，塔玛性格温柔，待人热情，不像她母亲那样致力于精神世界的追求。塔玛从未想过去改变别人，而是无条件地爱着他们。2008 年，塔玛在新罕布什尔州去世，享年 82 岁。塔玛一直积极致力于社会服务工作，但她与母亲待在一起的时间非常少。

关爱每一个需要帮助的人

既要满足各种需要，又要完成使命，在成年之后的大部分时间里，戴伊都忙碌个不停。有时，她甚至想离开报社。她说："《天主教工人报》的工作让我苦不堪言，我觉得自己就要死了。我在报社工作，是希望通过我的笔和我的嘴来做宣传，而不是来这里忍受痛苦、走向死亡的。"她也想找个地方躲起来，到医院做女工，找个房子住下来，最好就在教堂隔壁。"在城市中一个偏僻的角落，与穷人一起生活、工作，学习祷告，学习忍受苦难，学习安静地生活。"

最后，她决定继续留在报社工作。她在报社周围建起了一系列社区，包括“好客之家”与农民公社，并从中找到了家的感觉，也体验到了欢乐。

1950年，她在一篇专栏文章里写道：“写信有助于同社区居民沟通。我们可以通过写信来安慰你们，帮助你们，为你们提供建议，而你们则可以通过写信来寻求我们的安慰与帮助。这是人类彼此沟通的一种手段，可以传达我们相互间的关爱之心。”

喜好独处的天性与希望同他人交往的内心渴盼，一起构成了戴伊分裂的自我。她经常会谈到这个话题，谈到自己与之斗争的经历。她说：“在人世间，我们都必然会感到孤独。解决这个问题的唯一办法就是加入社区，大家一起生活、工作、分享，敬仰上帝，关爱我们的兄弟并与他们紧密团结在一起。这样，我们才能向上帝证明我们的爱。”在《漫漫孤寂》的结尾部分，戴伊声嘶力竭地表达了自己的感激之情：

> 我发现自己无比开心，就像不能生育的妇女突然拥有了孩子一样。笑口常开并非易事，因此我们有义务让人们感到开心。《天主教工人报》最重要的特点是什么？有人说是贫穷，还有人说是社区，这表明我们再也不是孤身一人。不过，正确的答案应该是爱。用佐西马神父的话说，爱有时非常残酷，令人害怕。但是，我们对爱的推崇已经经受住了火的考验。
>
> 我们只有彼此关爱，才能爱上帝；只有相互了解，才能付出爱。掰饼时，我们知道上帝就在那儿；掰饼时，我们知道对方就在我们身边，我们再也不是孤身一人。天堂是一场盛宴，人生也是如此。即使只有一块饼，只要有人与我们为伴，我们也会觉得这就是一场盛宴。

从局外人的角度来看，戴伊从事的似乎就是现代人所谓的社区服务工作，比如端汤送水、安排住所。但是，与现在的众多善行相比，戴伊的出发点与目标明显相同。

天主教工人运动希望可以减轻穷人所受的苦难，但这并不是该运动的主要目的，也不是它的组织原则。它的主要目的是以树立榜样的方式告诉人们，如果基督教徒严格按照福音书所要求与倡导的方式生活，整个世界会呈现出什么样子。该运动不仅希望帮助穷人，还想要帮助服务对象摆脱绝望。戴伊在日记中写道："晚上不洗澡，带着一身汗臭味上床睡觉。没有任何隐私可言。但是，耶稣基督出生在一个马槽里，马厩很不卫生，臭气熏天。既然圣母玛利亚都能够忍受，我为什么就做不到呢？"

根据记者伊莎依·施瓦茨的记录，对戴伊来说，"只有与上帝相关，行为才会具备重要性"。每次她把一件衣服送给某个人，就是在以行动祈祷。戴伊认为，"发放少量救济物资的慈善行为"是对穷人的贬损与不尊重，她对此深恶痛绝。在她的心目中，每种服务行为都是在穷人和上帝面前摆出的低姿态，都是在满足自己内心的需要。戴伊觉得有必要"将贫穷内化成私德"，把贫穷当作一种与其他人交流、缩小与上帝之间距离的方法。如果把社区服务与祷告割裂开来，就等同于背弃了社区服务旨在改变生活状态的目标。

阅读多萝西·戴伊的日记时，她经受的那些孤独、苦难和痛苦往往让人难以置信。上帝真的要求她经历如此多的苦难吗？她真的放弃了太多尘世间的简单快乐吗？从某种意义上讲，可能的确如此。但是，换个角度看，这可能也是我们过于依赖她的日记和她留下的文字材料而形成的不准确的印象。同很多人一样，戴伊在日记中的情绪也比她在日常生活中更加消极。心情愉快时她不会写日记，而是沉浸在那些让她愉快的活动之中。她在考虑问题时会写日记，从而记录下给她造成痛苦的根源。

日记会给人们造成戴伊饱受磨难的印象，而口头回忆则会让人们以为她一直被儿孙、亲密好友、崇拜者和关系亲近的社区居民所包围。戴伊的一位崇拜者玛丽 · 莱斯罗普说：“她非常善于营造亲密友谊，她的每一段友谊都不同寻常，而且她的朋友非常多，包括爱她的人和她爱的人。”

还有的人回忆说，戴伊对音乐和声色犬马的生活情有独钟。凯瑟琳 · 乔丹说：“多萝西对美的理解非常深刻……在她听歌剧（戴伊喜欢用收音机收听都会歌剧）时，我经常打断她。走进她的房间，我总能看到她如痴如醉的表情。她经常说：‘记住陀思妥耶夫斯基说过的话——美将拯救世界。’我们都能看出来，她是真的信奉这句话。她从来不区分自然与超自然。”

到1960年时，戴伊与福斯特 · 巴特曼分开已有三十多年了。二人分手后不久，福斯特就与一位名叫纳内特的女性同居了。后来，这个纯真、可爱的女人患了癌症。福斯特为此拜访了戴伊，请戴伊照料即将离开人世的纳内特。戴伊不假思索就同意了，之后的几个月里，戴伊每天都会花大量时间在斯塔滕岛上陪伴纳内特。她在日记里写道：“纳内特度过了一段艰难的日子，她不仅面临死亡的压力，还要忍受全身的疼痛。她躺在床上哭泣，令人心碎。除了默默地陪在她身边，其他的事我无能为力。我告诉她，我没有办法安慰她，在苦难面前，人们唯一可以做的就是保持沉默。她痛苦地回答：‘是的，死亡的沉默。’我说，我来给你念《玫瑰经》吧。”

感情细腻的人在其他人遭遇痛苦时都会像戴伊这样做。在某些时候，我们也会受人之托去安慰正在遭受痛苦的人。面对这样的情况，很多人不知道该做些什么，但有些人却深谙此道。首先，他们会到现场提供宗教服务。其次，他们不会胡乱比较。因为每个人经历的严峻考验都不相同，因此不应该与其他人做比较。再次，他们会做一些实事，比如做饭、打扫卫生、洗毛巾等。最后，他们不会竭力减轻他人正在忍受的痛苦。他们不会虚情假意地安慰别人，不会说经历痛苦本身是一件有益的事，不会想方设法地寻找渺茫的希望。相反，他们会像所有的智者一样直面悲剧和痛苦，奉行消极的积极主义。他们不会四处奔走，试图解决某个没有办法解决的难题。他们会鼓励他人有尊严地面对自己的苦难，而他们只是坐在那里，作为一个简单、直接、讲求实际的人，陪伴遭受苦难的人度过痛苦、黑暗的漫漫长夜。

与戴伊不同的是，福斯特在面临考验时表现得非常糟糕。他经常一个人走掉，让戴伊和另外一个人照料纳内特。戴伊在日记中写道："福斯特非常悲伤，坚决不同意陪着纳内特。纳内特整天都很伤心，她的腿肿得很厉害，胃也严重胀气。今天晚上，她不停地哭喊着说她已经受不了了。"

戴伊发现，她一边要与纳内特一起经受苦难，一边还要平息对福斯特的怒气。她说："他总是从她的身边逃走，我已经失去耐心了。他的自哀自怜，他的哭哭啼啼，都让我难以忍受，我必须咬紧牙关才能坦然面对他。这是他对疾病和死亡无限恐惧的表现。"

1960 年 1 月 7 日，纳内特请求接受洗礼。第二天，她离开了这个世界。戴伊还记得她临终前几个小时的情景："在经受了两天的痛苦之后，纳内特于今天上午 8 点 45 分离开了人世。她说，就算被钉在十字架上也不会这么痛苦。她一边举起胳膊一边说，只有被关在集中营里的人才会经受这样的痛苦。在一次不是很严重的胃出血之后，她安静地死去，脸上还带着一丝平静祥和的微笑。"

心怀感恩行至人生的巅峰

在激进主义于 20 世纪 60 年代末兴起的时候，戴伊积极参与了和平运动以及那个时代的多个政治活动。不过，在对待生活的基本方式上，她与那些激进主义者有着极大的不同。激进主义竭力鼓吹解放、自由与自治，而戴伊则四处宣扬服从、劳役与自我妥协。她无法接受对露天性行为与不检点行为的赞美之词。有的年轻人喜欢用纸杯装圣餐酒，她对此非常反感。她与反主流文化格格不入，对那些有叛逆精神的年轻人颇有微词："这些叛逆行为让我十分怀念顺从的品质，我非常渴望这种品质的回归。"

1969年，她在一篇日记里表示，某些人建议在建造社区时不再遵守天主教千年不变的戒律，这让她无法接受。戴伊很清楚天主教有不足之处，但她也知道保持这些训导的必要性。而她身边的激进主义者只看到了缺陷，一心想要推翻一切。她说："就好像突然发现父母也经常犯错的青少年一样，他们在震惊之余，希望抛弃家庭的各种规矩，投身于'社区'之中……有人把这些青少年称作'年轻的成年人'，但是在我看来，他们只是还没有长大的青少年，满脑子都是浪漫主义思想。"

在好客之家，戴伊每天都要面对各种各样的苦难。年复一年，她变成了一个现实主义者。她在一次采访中说："我无法容忍浪漫主义，我希望自己成为一个有宗教信仰的现实主义者。"在她看来，身边的那些激进主义者的行为大多过于随便，并且对自身过于宽容。为了参加社区服务、践行自己的信仰，她已经付出了沉重的代价——与福斯特之间的爱情走到了尽头，家人也疏远了她。她说："对于我而言，基督不是用30个银币就能交换的，我付出的是自己的心血。在这个市场上，我们都需要付出昂贵的代价。"

尽管她身边的人都在赞美自然和自然人，但是戴伊认为自然人是不道德的，只有压抑他们与生俱来的那些欲望，才能获得救赎。她说："只有'剪枝'，我们才能茁壮成长，但这个过程会让人感到痛苦。不过，不道德被道德所取代，信奉基督，成为一个新人，在这个过程中，这样或那样的痛苦都是无法避免的。尽管我们的生活可能枯燥乏味，但我们在精神世界中健康成长，一想到这些，我就抑制不住自己兴奋的心情！”

20世纪60年代末，“反主流文化”这个词经常出现，但戴伊才堪称反主流文化的真正代表。她不仅反对当时主流文化的价值观（商业主义，对成功的推崇），而且反对媒体常常颂扬的伍德斯托克的反主流文化（唯信仰论，对个人解放的强烈关注，主张“做自己的事”）。从表面上看，伍德斯托克的反主流文化似乎在反对主流的价值观，但是随后的几十年已经证明，它其实是“大我”文化的另一个版本。资本主义与伍德斯托克关注的都是自我解放与自我表现。在商业社会，人们借助购物与形成自己的“生活方式”来表达自我，而在伍德斯托克文化中，人们通过摆脱限制、歌颂自己的方式来表现自我。资产阶级的商业文化有可能与20世纪60年代的波西米亚文化相投，原因就在于两者都支持个体的解放，鼓励个体根据自我满足的程度来评价自己的生活。

戴伊的生活与他们形成了鲜明的对比。她追求的是对自我的放弃，最终实现对自我的超越。戴伊晚年时期偶尔会出现在谈话类电视节目中。她出席这些节目，并且在节目中表现得泰然自若，有一个简单而直接的原因。从《漫漫孤寂》以及她的其他作品可以看出，戴伊践行的是公开忏悔的原则（这种做法从一开始就引起了人们的兴趣）。她开诚布公地谈论自己的内心世界（弗朗西丝·帕金斯和德怀特·艾森豪威尔从来都不会这样做），反对遮遮掩掩的做法。不过，她的忏悔并不仅仅是以揭示自己的内心世界为前提的。伊莎依·施瓦茨认为：“忏悔的目的是通过具体例子揭示普遍真理。通过反省以及与神父的交流，忏悔者基于自身经历完成对自己人生的超越。所以说，忏悔是一种通过私德的培养来完成公德建设的行为，原因在于，对个人决策的反思有利于我们更好地理解人类面临的问题，以及人类正在进行的斗争（人类本来就是由成千上万正在与自己的决策做斗争的人组成的）。”此外，戴伊的忏悔行为还跟神学有关。她的目的其实并不是要理解自己和人类，而是理解上帝。

毫无疑问，戴伊从来就没有真正做到心如止水，也没有实现自我满足。在她日记的最后一页夹着一张卡片，上面写着叙利亚以弗兰的忏悔祷告词，开头几句是：“啊，主，我生命的主宰。求主带领我远离懒惰与怯懦，消除我对权力的渴望，让我不再虚掷光阴，陷入无意义的闲谈。求主赐予我，你的仆人，贞洁、谦卑、耐心与爱。”

但是，她用一生的时间搭建了一个稳定的精神世界。她为其他人提供服务的行为增强了她内心的稳定性，而这种稳定性是她在早年生活中所缺少的东西。她还充满了感激之情，她选择的墓碑铭文非常简单：“DEO GRATIAS（承神之佑）”。暮年的她结识了哈佛大学儿童精神病学家罗伯特·科尔斯，两人成为无话不谈的密友。戴伊告诉科尔斯：“我的人生就快结束了。”多年来，她一直坚持写作，打算写回忆录是一个再自然不过的想法。据戴伊介绍，那天，就在她坐到桌边准备动笔写作时，发生了一件令她意想不到的事：

> 我准备回忆往事，回想主赐给我的这一生。前些天我拟了个题目——一生的回忆，我准备回顾自己的一生，写下一些最重要的事。结果，事与愿违，我坐在那儿，却不由自主地想到了1 000多年前主来到人世间的事。于是我告诉自己，我人生最幸运的地方在于，主在我的心中停留了那么长的时间！

科尔斯写道：“我能听出来她的声音有点儿哽咽，随后她的眼睛也湿润了，但是她很快又开始谈论她对托尔斯泰的热爱，好像她正准备切换到这个话题。”

那个时刻代表着一个平静的高潮。在完成了许许多多的工作和做出了巨大的牺牲之后，在为改变这个世界付出了那么多的努力之后，惊涛骇浪终于过去，迎来了一片祥和的宁静。亚当一号在亚当二号面前轰然倒下，孤独消失了。在自我批评与奋斗的一生到达巅峰时，她收获的是满心的感激。

THE ROAD TO CHARACTER

第 5 章
终生自律——第二次世界大战“胜利的组织者”

乔治·卡特利特·马歇尔出生于1880年，他的童年是在宾夕法尼亚的尤宁敦度过的。尤宁敦是一座产煤的小城，人口约为3.5万，当时正在经历工业化改革。乔治的父亲是一位成功的商人（乔治出生那年，他35岁），在这座小城有一定的影响力。最高法院大法官约翰·马歇尔是他们家的一个远亲，马歇尔这个古老的南方家族让乔治感到骄傲。乔治的父亲为人有点儿拘谨，在家里尤其如此。

乔治的父亲在中年时出售了家中的煤炭生意，转而投资弗尼吉亚州卢瑞岩洞（Luray Caverns）附近的一个房地产开发计划。结果，这个计划破产了，他20年的积蓄全部付诸东流。他不得不从外面的世界回到家中，靠整理宗谱打发时间。家庭的经济状况就此变差。晚年的乔治·马歇尔仍然记得，那时他们经常去旅馆的厨房讨要剩饭剩菜，主要是拿来喂狗，但偶尔也会用来做成炖菜。乔治说：“这种痛苦、耻辱的经历，是我童年生活中的一片阴影。”

童年的马歇尔并不是那么聪明活泼。9岁时，父亲把他送到当地的一所公立学校上学。校长李 · 史密斯教授对他进行了分级面试，为了测试马歇尔的智力水平与学前教育情况，校长问了他若干道简单的问题，但是马歇尔一道题也不会。在父亲的注视下，他一边支支吾吾，一边不安地扭动身体。在他后来率领美国陆军经受住第二次世界大战的考验、出任国务卿并赢得诺贝尔和平奖之后，马歇尔仍然记得这段往事。在父亲面前出丑，让他感到无比尴尬，而他的父亲也因为难为情而“坐立不安”。

马歇尔的学习成绩很差。他对各种类型的公开发言心存恐惧，担心被其他同学嘲笑。他还非常害羞，这为他招致更多的失败与羞辱。他在晚年回忆道：“我不喜欢上学，我连差生都不如。我甚至不配当一名学生，我的学习成绩实在太糟糕了。”于是，他开始调皮捣蛋，四处惹祸。有一次，妹妹玛丽嘲笑他是“班上最蠢的学生”，结果，当天晚上她就在床上发现了一只青蛙。如果有他不喜欢的人来他家，他就会趁客人们不注意时，从屋顶向他们头上投水弹。不过，他拥有不错的创造力。他亲手制作了一只木筏，运送女生过河，还因此小赚了一笔。

小学毕业之后，他希望向他最喜欢的哥哥斯图尔特学习，能去弗吉尼亚军事学院上学。后来，在接受杰出的传记作家福里斯特 · 波格的访谈时，马歇尔回忆起哥哥那番令他无比痛苦的话。

> 我请求家人同意我去弗尼吉亚军事学院上学，无意间听到斯图尔特同母亲的谈话。他正在竭力劝说母亲不要同意我去那所学校上学，理由是我会让整个家族蒙羞。他的这番话让我深受触动，比所有老师还有父母给我的压力都大。我立刻下定决心，一定要让斯图尔特意识到自己的狂妄。后来，我终于超越了我的哥哥。那是我第一次超过他，而且我从中明白了不

少道理。我之所以迫切渴望自己获得成功，是因为我听到了哥哥的那番话。它对我的职业发展产生了一种心理效应。

取得杰出成就之后仍然不骄不躁的人都有这样的特点：他们并不是很聪明，也没有惊人的天赋。白手起家的富翁们在大学时的平均成绩大约处于B以下的水平。但是，在他们人生的某个关键时刻，有人指手画脚说他们的某项计划实在太愚蠢，于是他们决定用实际行动来证明这些家伙说错了。

马歇尔并非完全然没有得到家庭的温暖与支持。尽管父亲不断地对他感到失望，但是母亲非常喜欢他，给了他无条件的爱与支持。为了让他上大学，她卖掉了家里仅有的不动产，包括她想要用来盖房子的尤宁敦市区的那块地。在学校和家里受到的羞辱让马歇尔明白了一个道理：他的天赋不足以支持他的人生步步高升；要想有所发展，就必须依靠磨炼、坚持和自律。来到弗尼吉亚军事学院之后（似乎他没参加入学考试就被录取了），他发现这里的生活与纪律正是他向往的。

1897年，刚刚进入弗尼吉亚军事学院的马歇尔被学院的南方传统所吸引。学院的道德文化融合了若干古老的传统，包括注重服务与礼貌的骑士精神、对情绪实行自我控制的节制观以及古典的荣誉观。学校里富有南方骑士精神的英雄人物的事迹俯拾即是。比如参加过美国内战并在学院担任过教授的“石墙”杰克逊将军，1864年5月15日在谢南多厄河谷战役（Battle of New Market）中列队出击并打退北方军队的那241名学员（其中有的学员只有15岁），还有南方联盟的罗伯特·E·李将军。

弗吉尼亚军事学院教导马歇尔要学会崇拜英雄，要在心中树立一位英雄榜样，并通过合适的方式向榜样学习，把他变成自我评判的标准。而在不久前，社会上还兴起了一股嘲弄英雄名不副实的风潮。即使在今天，“不崇拜偶像”这个词也经常被用来赞扬某人。但是，在年轻的马歇尔所处的社会里，人们更加重视崇拜意识的培养。罗马传记作家普卢塔克从事创作的原因是，他认为杰出人物的故事可以提升活着的人的志向。托马斯·阿奎那认为，想要拥有一个有品位的人生，眼睛就不能只盯着自己，而更应该关注我们的楷模，尽可能地模仿他们的行为。哲学家阿尔弗雷德·诺思·怀特海指出：“如果不习惯性地想象伟人的品德，德育就不可能取得理想的效果。”1943 年，理查德·温·利文斯通在他的著作中指出：“人们往往以为道德败坏是品格缺陷导致的，其实一个更主要的原因在于，他们心中的楷模不够完美。我们能察觉其他人（偶尔也包括我们自己）在勇气、勤奋、坚持等方面的不足，并且认为正是这些不足导致了最终的失败。但是，我们忽视了一个更微妙、更严重的缺陷，即我们的道德标准出了问题，我们根本没弄明白善的真实含义。”

通过培养崇拜楷模（包括对古时候的英雄、对长者、对现实生活中的领导者的崇敬）这个习惯，教师不仅可以让学生理解“伟大”的含义，还有可能培养出一位受人崇敬的人才。行为正派不仅指一个人清楚哪些行为是正确的，还应该有动机，即驱使自己行善的那种情感。

在军校上学期间，马歇尔听到了许多故事，有的是虚构的，有的充满传奇色彩。故事的主人公都是历史上的英雄，包括伯里克利、奥古斯都、犹大·马加比、乔治·华盛顿、贞德、多莉·麦迪逊等。弗吉尼亚大学教授詹姆斯·戴维森·亨特曾经指出，宗教信仰并不是品格培养的必要条件，“但必须相信某一条真理。这条真理在意识与生活中必须具有神圣的地位，被视为不可违背的权威性存在，同时还必须利用道德社会里制度化的习惯予以加强。因此，品格抵制私利，反对投机取巧。丹麦哲学家索伦·克尔恺郭尔说，品格‘铭刻于心’，深入灵魂，原因毫无疑问就在于此”。

就学术水平而言，弗尼吉亚军事学院算不上一所优秀的学校，马歇尔的成绩也很一般。但是，它帮助马歇尔在心目中树立起神圣不可侵犯的英雄榜样，而且还帮助他养成了制度化的自律习惯。成年之后的马歇尔在各个方面都表现出力争完美的强烈欲望。他绝对会因为一些“小事”而烦恼，这跟我们现在司空见惯的建议正好背道而驰。

弗吉尼亚军事学院还教导学生们要学会放弃，在享受愉悦时要懂得抓大放小。在这所学院里，聚集着一群家境优越的年轻人，他们来到这里的目的是让自己变得更加坚强。他们放弃家庭提供给他们的奢侈生活，希望在这里习得应对生活中各种挑战的能力。马歇尔不畏艰辛，如饥似渴地学习和吸收这种苦修文化。一年级的学生在睡觉时，宿舍的大玻璃窗必须完全打开，如果他们在冬夜醒来，甚至有可能发现自己已被冰雪覆盖。

马歇尔在去弗吉尼亚军事到学院报到的前一周患了伤寒症，他不得不比其他学员晚一周到校。一年级新生的日子本来就非常难过，而马歇尔苍白的脸色与北方口音还招致高年级学员不怀好意的目光。因为有点儿塌鼻梁，他被人戏谑地称为“北方老鼠”“哈巴狗”。“老鼠”马歇尔每天都要干很多又脏又累的杂活，打扫很多次厕所。据他对这段经历的回忆，他从来没有因为这种际遇而生出反抗的念头，也没有心怀愤恨。他说：“我想，对于这类事情，当时的我应该比很多孩子都更冷静豁达吧。我把这些视为我的分内工作，尽量心平气和地看待它们。”

在被戏称为“老鼠”后不久，马歇尔遭受了学院里经常发生的一种羞辱。他被迫赤身裸体地保持蹲坐的姿势，屁股正下方有一把尖刀，它被插在地板上的一个洞里。这个考验叫作“蹲马步”，是新生必过的一关。在一群高年级学员的围观之下，他咬紧牙关，尽量不让自己的屁股碰到刀尖。但是后来他实在坚持不住了，但他没有径直坐下去，而是倒向了一边，他的右臀部被划出了一个很深的伤口。即使在当时，如此残忍的羞辱方式也是违反学院规定的，高年级学员急忙送他去医护中心治疗，还很担心他会向学院告发这件事。但是，马歇尔并没有告发他们，他保持缄默的做法立刻赢得了大家的尊重。他的一位同班同学说："从此以后，再也没有人关注他的口音了。哪怕他胡说八道，大家也会接受。他彻底地融入了集体。"

马歇尔在弗尼吉亚军事学院的学习成绩并不优秀，但是他在训练、内务、组织、自我控制与领导水平等方面表现突出。他深谙训练美学，动作到位、军姿挺拔、敬礼动作标准有力、目光平视前方、军容整洁，仪容仪态是内在自制力的外在表现。在一次橄榄球比赛中，他的右臂韧带严重拉伤，但他拒绝去看军医，理由是"（过两年）它自然就好了"。弗吉尼亚军事学院学员的日常生活有一个特点，即不断地向上级敬礼。由于马歇尔的右臂无法自如地抬至眉毛上方，因此在这两年里，他肯定因此吃了不少苦头。

这种刻板的礼节如今早已不再时尚。我们的仪容举止远比那时候自然、放松，生怕给人造成矫揉造作的印象。但是，马歇尔的军营生活表明，伟大都是后天造就的，而不是天生的，训练可以把一个人变成一个伟大的人物。变化是由外及内的。只有通过训练，我们才能学会自我约束；只有通过培养谦恭有礼的习惯，我们才能成为一个有教养的人；只有克服心中的恐惧，我们才能生出勇气；只有通过控制面部表情，我们才能严肃起来。行为是美德之母。

重要的是，不能让即时情绪主导我们的行为，要减少短时情绪的影响。我们可能会感到害怕，但是不能让恐惧心理影响到我们的行为。我们可能想吃糖，但是必须学会压制这种欲望。具有坚忍克己美德的人认为，对于情绪，我们不应该信任，而是怀疑。情绪会夺走你的力量，因此不可信任欲望、怒气，就连伤心和悲痛也要防范。用我们看待火的态度来看待这些情绪：它们在严格控制之下是有益的，但如果不加控制，它们就会变成一种破坏力量。

持这种态度的人随时会用端庄得体筑成一面防火墙，来控制自己的情感，由此产生了要求严格的维多利亚礼仪；为了消除自身的弱点，他们严格控制情感表达的方式，由此产生了彼此之间复杂、正式的称呼方式。持这种态度的人（马歇尔毕生都是）表情都很严肃，从不做作。马歇尔曾经嘲笑道格拉斯·麦克阿瑟将军和乔治·S·巴顿将军的举止像拿破仑或希特勒那样不自然，而且几乎到了夸张的程度。后来，这两位将军成了马歇尔的同事。

马歇尔的一位传记作家在书中写道：“马歇尔的内在气质属于易于改造的类型。他由最初的强烈控制型转变为自我控制型，他会根据自己的欲望把一些限制强加在自己身上，有的限制第一次出现时，他自己都觉得难以忍受。而且，这个转变过程有时还比较粗暴。”

马歇尔不风趣，情感不丰富，也不喜欢表现自己。他不愿意写日记，因为他认为写日记有可能导致他过分关注自己和自己的声名，以及后世对自己的看法。1942年，他告诉罗伯特·E·李的传记作家道格拉斯·索撒尔·弗里曼，在平时，写日记的行为有可能导致“自我欺骗或者决策时的犹豫不决”，而在战时，他必须一心一意地关注“取胜这件正经事”。马歇尔从来没有过写自传的念头，《星期六晚邮报》（*The Saturday Evening Post*）曾出价100多万美元，邀请他讲述自己的往事，但他婉言谢绝了这个提议，因为他不想让自己和其他将军感到尴尬。

弗吉尼亚军事学院的总体训练目标是，教导马歇尔如何在有约束条件的前提下行使权力。权力是品行的放大器，它会使粗俗的人更加粗俗，使有控制欲的人有更强烈的控制欲。地位越高，敢于说真话、直言不讳的人越少。因此，必须及早养成自我控制的习惯，包括对情绪的控制。马歇尔后来回忆说："我在弗吉尼亚军事学院学习的主要内容是自我控制、自我约束，我满脑子都是这些。"

在学院的最后一年，马歇尔被任命为队长，这是学院可以授予的最高军衔。他在校 4 年从来没有被记过，练就了严肃、威严的仪容（这一直是他人格的一个标志）。在所有与军人相关的领域里，他的表现全都出类拔萃，而且是班级的毫无争议的领导者。

弗吉尼亚军事学院的校长约翰 · 怀斯在推荐信中以该校特有的语气对马歇尔取得的成就大加赞赏："多年来，（马歇尔是）这座加工厂生产的最适合制作火药的原材料。"

年纪轻轻时，马歇尔就养成了一个令军界普遍赞赏的清醒头脑。西塞罗在《图斯库勒论辩》（*Tusculan Disputations*）中写道："一个人，如果可以通过始终如一的自我控制做到心如止水，学会知足，既不会在逆境中妥协，也不会在战斗中崩溃，既不会因为生理欲望而冲动，也不会因为情绪激动而迷失，那么无论这个人是谁，他都是我们要找的智者和幸福的人。"

极其漫长的晋升之路

成功人士在刚刚步入职业生涯时，在他们的人生中总会有一个非常有意思的时刻。马歇尔的这个时刻发生在弗吉尼亚军事学院里。

为了进入美国陆军，他需要得到政治支持。于是，他来到华盛顿，未经预约就出现在白宫。来到二楼后，一名接待人员告诉他，径直闯进去并见到总统是不可能的。但是，马歇尔尾随一群人偷偷地溜进了椭圆形办公室。等那些人离开之后，他向麦金莱总统报告了自己的情况。没有人知道麦金莱是否介入了这件事，1901年，马歇尔获准参加陆军的招新考试，并于1902年收到了委任状。

同艾森豪威尔一样，马歇尔也是大器晚成。虽然他尽职尽责，也干过服务工作，但晋升得并不快。他是一名出色的助手，以至于他的上级有时候为了留住他，不惜阻止他走上指挥岗位。一位将军说：“马歇尔最适合干参谋工作。我认为，无论是教学还是实践，美国陆军中肯定无人能与他匹敌。”军队里的幕后工作十分乏味，后勤工作尤其如此，但他在这方面表现出色，没有人愿意安排他去前线。39岁时，他参与“一战”的服役年限已经接近尾声，可他还只是一名临时中校，而很多担任战斗指挥官的年轻军人的级别已经超过了他。这让他感到无比痛苦。

不过，他各方面的技能也在日渐提高。在利文沃斯堡进修时，为了摆脱糟糕的学习成绩，他开始了自学。随后，他跨越美国南部和中西部前往菲律宾，担任工程技术军官、军械官、营区军需主任、营区给养员以及做其他一些不重要的参谋工作。每天，他都要做许多琐事，成绩却微不足道。不过，他对细节的关注与持之以恒让他日后获益匪浅。后来，马歇尔回忆说：“真正伟大的领导者会克服一切困难，而大大小小的战役无非是需要克服的一堆困难而已。”

他的自尊心也得到了升华，“你越不赞同上级制定的政策，越要下大力气落实这些政策”。传记作家已经把他的生活翻了个底朝天，却没有找到他在道德方面任何明显的不足之处，这确实令人震惊。他的很多决策虽然不是很明智，但他从来没有通奸、出卖朋友、恶意撒谎的行为，也没有让他自己和他人感到失望的行为。

尽管迟迟没能晋升，马歇尔却因组织管理方面的才干而名声远播。然而，这并不是他军旅生涯的最闪亮之处。1912 年，他在美国组织实施了涉及 17 000 名官兵的作战行动。1914 年，在菲律宾的一次演习训练中，他有效地指挥 4 800 人的入侵部队，利用高明的战术，成功地击败了防守部队。

“一战”期间，马歇尔在美国远征军第一步兵师担任师参谋长的助手。这是美国陆军派遣到欧洲战场的第一个师，当时负责在法国作战。与许多参战的美国人相比，马歇尔目睹了更多的作战行动，躲避了更多的子弹、炮弹和毒气攻击，这与人们普遍相信的说法正好相反。他的任务是帮助远征军师部及时获取有关前线补给、阵地及人员士气等方面的情报。他多次去到法国前线，进出战壕，询问并记录士兵们迫切需要解决的问题。

安全返回指挥部后，他需要向参谋长报告前线情况，并着手为下一个去前线大规模接送兵员的行动制订计划。在一次作战行动中，他完成了将前线的 60 万人、90 万吨物资弹药由一个区域运送至另一个区域的组织工作。这是战争中最为复杂的后勤工作，而马歇尔的表现堪称传奇，这为他赢得了一个暂时性的绰号——“巫师”。

1917 年 10 月间，美国远征军高级指挥官“黑桃杰克”约翰 · 潘兴将军来到了马歇尔所在的部队。潘兴对部队糟糕的训练情况与表现非常失望，并对马歇尔的直接上级威廉 · 赛伯特将军及其两天前刚刚到任的参谋长进行了严厉的批评。当时还是一名上尉的马歇尔认为，这正是他实施所谓的“牺牲式打法”的有利时机。于是，他走上前，试图向潘兴将军解释当时的情况，但怒不可遏的潘兴转头就走。就在这时，马歇尔做出了一个有可能断送自己前途的举动——他一把抓住潘兴的胳膊，不让他离开，而且历数了潘兴本人的司令部在诸多方面的不足，包括补给不及时、部队配置不当、汽车运输能力欠缺，以及其他方面的许多不容忽视的问题。他的这番充满激情的言辞令潘兴将军目瞪口呆。

现场一片寂静，所有人都被马歇尔的无礼举动吓住了。潘兴目不转睛地盯着他，然后用戒备的语气说道：“嗯，你应该感谢我们出了这些问题。”

马歇尔毫不退缩：“是的，将军。但是我们每天都会遇到问题，而且问题还不少。因此，我们必须利用晚上的时间解决所有问题。”

潘兴没有说话，气冲冲地走了。马歇尔的同事们都向他表示感谢，同时也提醒他，他的军旅生涯很可能就此结束。结果，潘兴不仅没有刁难马歇尔，反而记住了这位年轻人，把他调到自己身边工作，并成为他最重要的导师。

在接到前往肖蒙的美军总部参谋部就职的信件时，马歇尔有些失望，因为他一直渴盼得到一个负责指挥打仗的职位。不过，他还是收拾好行李，与相处一年多的战友们道了别。在完成战争调查报告的空当，马歇尔一反常态地写了一段伤感的文字，描述他和战友们离别的情景：

> 面对与我在法国亲密相处一年多的战友们，我的内心很难保持平静。我们就像一群囚犯，审判我们的法官以及我们所面临的磨难，似乎让我们紧密地联系在一起。现在，我仿佛还能看到他们都站在城堡的大门口。在我坐进凯迪拉克汽车的那一瞬间，他们那些友好的玩笑和深情的道别都深深地印在我的脑海里。我发动了汽车，几乎不敢想何时何地还能再见到他们。

6天之后，第一步兵师参加了大反攻行动（这次行动将导致德军的撤退）。在72小时之内，当时送别马歇尔的大多数人，还有第一步兵师所有的校级军官、营级指挥官和4名中尉都未能幸免，他们要么战死，要么受伤。

1918年，马歇尔差一点儿就能在法国被晋升为准将。可是，战争结束了，等到他最终得到第一颗将星时，是在漫长的18年后。他回到祖国，来到华盛顿，在潘兴手下做了5年的文书工作。他服务过好几位上级，但几乎没有得到任何晋升。虽然如此，马歇尔却始终兢兢业业地做着自己的本职工作，为他所在的机构——美国陆军提供服务。

人与机构之间的承诺

如今，我们很难遇到有机构思维的人。我们生活在一个机构焦虑症流行的时代，人们往往不信任大型组织。这一方面是因为我们见过大型机构失败的情景，另一方面是因为在"大我"时代，我们总是把个人放在第一位。我们往往更倾向于随心所欲、自由来去、自主选择的生活方式，而不愿意在某些政府机构或其他组织面前丧失个人身份。我们认为不断跳槽到适合自己需要的企业，这才是最丰富、最充实的个人生活。我们觉得人生的真谛就存在于这些自我创造的行为、我们制造或催生的事物，以及我们不停的选择之中。

没有人愿意成为言听计从的"组织的一分子"。我们青睐初创企业、颠覆者和叛逆者，而机构中长期从事改革与修复工作的人却往往受到冷遇。年轻人认为，大问题可以通过网络化的方式，组织一批小型的非政府机构和社会企业加以处理，等级森严的大型机构已经过时了。

这种思想对机构的衰落起到了推波助澜的作用。编辑蒂娜·布朗曾经说过，如果我们教育所有人在思考问题时都要跳出条条框框，那么可以肯定的是，这些条条框框将会腐败变质。

像马歇尔这样有机构思维的人，其心态与我们大不相同。拥有机构思维的人认为，最基本的现实是社会，即一系列长期存在、超越世代的机构。人并不是出生于空地或者社会白板上，而是出生于一系列永久性的机构中，包括军队、宗教组织、科研机构，或者从事某个具体的职业，成为一名农民、建筑工、警察或者教授。

人生不是在空地上行进，而是要把自己交付给某些机构。这些机构在你出生之前就已经存在了，在你死后也不会消失。人生就是要接受已死的人留下的礼物，继续保护、改进某些机构，并将这些机构交给下一代。

每个机构都有某些规则、义务，以及判断优秀与否的标准。新闻业要求记者必须养成在心理上与被报道对象保持距离的习惯；科学家发明的某些研究方法要能逐步产生和检验知识；教师应该对所有学生一视同仁，为了帮助学生成长而不懈努力。随着我们投身于机构之中，我们就真正地长成了我们自己。机构不仅可以帮助我们构建灵魂，扫清向善道路上的障碍，还会引导我们走上某些已经过时间考验的路线。加入某个机构之后，我们就不会感到孤单，因为我们被纳入了一个超越时间的社区。

正因为有了这种范围感，机构主义者会对那些先于他们进入该机构的人，以及机构的规则产生深深的敬意。某个行业或者某个机构的规则，与提示我们做某事时如何取得最佳效果的实用性贴士不同，因为它们会被深深地镌刻在践行者的个人身份之中。教师对教育行业的承诺、运动员对运动项目的承诺、医生对医疗卫生行业的承诺，即使它们对灵魂造成的损失大于它们所带来的益处，也不是可以轻言放弃的个人选择。这些承诺将塑造一个人的人生及其发展方向，与寻找自己的使命一样，这些承诺也有某个超越一生的目标。

人的社会职能定义了他的身份。人与机构之间的承诺更像一种契约，是代代相传的遗产，也是需要偿还的债务。

技术性任务——比如说做木工——富有超越该任务本身的深刻含义。在很长一段时间里，你对所在机构的投入要多于你的所得，但是该机构可以为你提供一系列有利于你的承诺，让你在这个世界上找到安全的栖身之所，还会教给你方法，让你焦虑不安、需求不断的自我平静下来。

马歇尔在规划自己的人生时，顺应了所在机构的需要。在 20 世纪，很少有人能像马歇尔那样，对机构深怀敬意。即使与他同时代的人，即使对他非常了解的人，也大多远不及他。另外，包括艾森豪威尔在内，几乎所有人在与马歇尔相处时，都会多多少少感到不自在，坚定的自我否定与自我控制让他表现出拒人于千里之外的冷漠姿态。只要穿上军装，他就绝不会放松对自己的要求，也不会同他人亲近。面对任何情况，他都能泰然处之。

痛失一生挚爱

马歇尔也有自己的私生活，但是他的私生活与他的工作没有任何交集。今天，我们把工作带回家做，用自己的手机回复工作邮件。但是对马歇尔来说，处理公事时的情感与模式不同于私事，因此公事与私事是两件不相干的事。在一个无情的社会中，家庭就是天堂，妻子莉莉是马歇尔家庭生活的中心。

在弗尼吉亚军事学院学习的最后一年里，乔治·马歇尔向伊丽莎白·卡特·科尔斯（朋友们都叫她莉莉）求婚。马歇尔常冒着被开除的风险，趁着夜色偷偷地跑去与她相会。马歇尔比莉莉小 6 岁，毕业班里有好几名同学，还有年纪比他大的军事学院毕业生（包括马歇尔的哥哥斯图尔特）都曾使出浑身解数，试图赢得莉莉的芳心。莉莉是一个漂亮的黑美人，刚刚当选为列克星敦小姐。他回忆说，“我坠入了爱河”，那是一种矢志不渝的爱。

1902 年，马歇尔从军事学院毕业后不久，他们就举行了婚礼。能赢得她的芳心，马歇尔觉得这是天大的运气，从那以后，他一直对此心怀感激。他对莉莉的态度可谓殷勤周到，始终如一。婚后不久马歇尔发现，妻子因为甲状腺有问题导致她的心脏极为脆弱，终生都得接受治疗，是一个半病废者。生孩子对莉莉来说非常危险，因为她稍一用力就有可能猝死，所以他们不敢冒这个险。不过，马歇尔对妻子的爱与感激越发深厚了。

马歇尔乐此不疲地围着莉莉转，为她送上小惊喜、赞美之词和贴心的慰藉，在任何细节上都从不马虎。就算她不小心把帆布刺绣篮子落在楼上，她也无须亲自去拿，因为马歇尔永远都是甘于为他的夫人服务的骑士。有时候，莉莉会既生气又想笑地看着他献殷勤，觉得自己并没有他想象的那样弱不禁风。然而，能照顾好莉莉，显然让马歇尔感到无比快乐。

1927 年，莉莉 53 岁，她的心脏问题进一步加重了。马歇尔把她送到沃尔特 · 里德医院就诊，8 月 22 日，她接受了手术治疗。随后，她的身体开始慢慢好转。马歇尔驾轻就熟地给予她无微不至的照料，莉莉似乎也正在康复中。9 月 15 日，医生告诉她第二天就可以出院回家了。她坐下来，准备给她的母亲写一个便条。她刚刚写完“乔治”这个单词，就突然倒下，猝然离世。医生说，这是她听到可以回家的消息后心情激动导致的。

当时，马歇尔正在华盛顿的军事学院给学员上课。一名警卫打断了他，请他去接电话。他们两人一起走进一间小的办公室，马歇尔拿起话筒，听完后他的头伏在了桌子上。警卫问他是否需要帮助，马歇尔用平静、正式的语气回答说：“不需要，斯洛克默顿先生。我刚刚收到消息，我妻子本来打算今天来我这里，结果她却不幸过世了。”

严肃正式的遣词造句，想起警卫姓名前的迟疑（马歇尔不善于记名字），都表明马歇尔无时无刻不在控制自己的情感和约束自我。

妻子的离世给了马歇尔沉重的打击。他在家里各处都摆放上妻子的照片，以便他随便走进哪个房间，她都能看到他。莉莉不仅是他亲爱的妻子，还是他最信任的知己，甚至是唯一的知己。只有她真正了解他肩负的重担，并且和他一起咬牙承受。突然之间，噩耗从天而降，他变成了孤零零的一个人，生活也仿佛失去了目标。

曾经失去妻子和三个女儿的潘兴将军写来了吊唁信。马歇尔在回信里表达了对莉莉的强烈思念："26 年的相濡以沫（我自始至终就不是很明白男女之间的这种感情）戛然而止，我必须尽最大努力，对人生前景做出自我调整。如果我之前加入过俱乐部，或者与喜欢运动的人有密切往来，或者我正在学习某项运动，或者接到了需要全身心投入的紧急任务，那么我现在的日子肯定会好过一些。不过，我会找到办法改变这种状况的。"

莉莉的死改变了马歇尔。曾经沉默寡言的他现在变得温和了，也愿意与人交谈了，似乎是为了让客人多待一会儿，以排解他的寂寞。随后几年里，从他的书信来看，他变得更加关心别人，敢于公开表达自己的情感。尽管他一心一意地在陆军服役，而且有好几次因忙于工作而感到筋疲力尽，但他从来都不是工作狂，而是力争做到张弛有度。工作到傍晚，他会稍事休息，做园艺或去公园骑马散步。只要有可能，他都会鼓励甚至命令下属学习他的工作方法。

注重隐私，践行礼节

马歇尔十分重视个人隐私。也就是说，在区分公事与私事、关系亲密的人与关系一般的人方面，他比许多现代人都严格得多。在他信任有加、感情深厚的小圈子里，他经常侃侃而谈，言语诙谐有趣。而在面对大多数人时，他总是彬彬有礼，表现出一种矜持含蓄的风度。在与人交往时，他几乎从来不直呼对方姓名。

他对待隐私的态度，与脸谱网和Instagram（一款图片分享社交应用）时代的隐私观完全不同。在对待隐私问题上，他与弗朗西丝 · 帕金斯有共通之处。从根本上看，他们都认为只有经过长期的互动，彼此间产生信任感，才能慢慢地突破亲密区域的防线。个人隐私不应当出现在网络上或谈话中，也不应该出现在博文里。

马歇尔在社交场合的彬彬有礼与他的内心世界是相对应的。法国哲学家安德烈 · 孔特–斯蓬维尔认为，有礼貌是高尚品德的先决条件，“道德就好比灵魂表现出来的礼貌、内心世界的礼节和对待责任的态度”。只有不断践行礼仪，我们才会为他人着想。

马歇尔一贯倾向于为他人着想，但是拘谨僵硬的社交风格使他很难与他人建立起亲密的友谊。他强烈反对人们搬弄是非、传播流言蜚语，也不喜欢与人发生暧昧不清的关系（艾森豪威尔长于此道）。

马歇尔早期的传记作者威廉 · 弗莱依在书中写道：

> 马歇尔是一个长于自控、严于自律的人。这类人可以从自己的内心找到做事的动力并得到回报，他们无须外界督促，也不需要有很多人为他欢呼雀跃。他们过着孑然一身的生活，不需要像大多数人那样借助广泛地交流思想、分享感情来释放自己。虽然自给自足，但是他们的生活并不完整。如果运气好，他们可以在一两个人的帮助下使自己的生活变得完整。通常，这样的人不会超过两个：一个是让他们敞开心扉的爱人，还有一个是让他们敞开思想的朋友。

杀伐决断的改革者

终于，马歇尔接到了一个需要他投入全部精力的任务，可以让他暂时摆脱悲痛。1927 年年底，他受邀担任佐治亚州本宁堡步兵学校项目的负责人。马歇尔在礼仪方面趋于保守，但在作战方面绝不是一名传统主义者。他认为陆军中盛行着令人窒息的传统主义，因此他一生都在努力地改变这一局面。在本宁堡的 4 年时间里，他的努力给军官培训项目带来了革命性的巨变。由于很多在“二战”中发挥重要作用的军官，都是在他负责本宁堡步兵学校期间接受了那里的培训，因此，从这个意义上说，他的努力也让美国陆军发生了翻天覆地的变化。

前人留给马歇尔的授课计划有一个荒谬可笑的前提：参加作战的军官拥有关于敌我双方阵地的完整情报。而马歇尔在派遣部队执行作战行动时，根本不配发地图，或者配发已经过时的地图，并且告诉军官们，在实际作战中，地图要么缺失，要么毫无价值。他告诫军官们，决策的内容非常重要，做出决策的时机也同样重要；实施及时的平庸方案，效果也要强于实施不及时的完美方案。在马歇尔来到步兵学校之前，教授们会在教学之前先写好教案，上课时就简单地照本宣科。马歇尔严禁采取这种教学方法。他把补给系统操作指南从 120 页精简至 12 页，目的是使平民部队的训练简单易行，同时授予指挥链后端更多的自主权。

尽管他取得了成功，也完成了这些改革，但他的晋升速度并没有因此加快。然而，进入 20 世纪 30 年代后期，法西斯的威胁越来越明显，个人功劳的重要性也日益凸显。马歇尔终于得到了一连串的晋升，超越了级别高于他但不受青睐的人，并最终来到华盛顿，跻身权力中枢。

诺曼底登陆战役的无冕之王

1938年，富兰克林·罗斯福召开内阁会议，讨论美军的建设战略。罗斯福认为，下一次大战的决定力量将是空军和海军，而不是地面部队。他在房间里踱着步，征求大家的意见，与会的人纷纷表示同意。最后，他转向马歇尔，问这位新上任的陆军副参谋长：“乔治，你也同意我的看法吗？”

马歇尔回答说：“不好意思，总统先生，我完全不赞同你的观点。”接着，他为陆军进行了辩解。罗斯福对此似乎非常吃惊，并结束了这次会议。从此以后，罗斯福再也没有冒昧地对马歇尔直呼其名。

1939年，陆军参谋长即将离任，罗斯福需要另觅良才担任这一要职。当时，马歇尔的资历排在第34位，最后的竞争发生在他与休·德拉姆之间。德拉姆是一位极有天赋的将军，但也有点儿骄傲自大。为了得到这个职位，他组织了一场阵容奢华的竞选运动，邀请人们写信支持他，同时还安排人在媒体上发表有利于他的文章。马歇尔拒绝开展竞选活动，而且坚决反对其他人为自己组织这类活动。不过，他在白宫的几位好友确实发挥了关键作用，其中最重要的就是哈里·霍普金斯，他是罗斯福的亲信和新政的设计者之一。最终罗斯福选择了马歇尔，尽管两人并无私交。

战争中总是会发生一连串的失误和挫败。第二次世界大战刚开始的时候，马歇尔知道他必须毫不留情地赶走不称职的人。此时，他已经再婚了。马歇尔的第二任妻子凯瑟琳·塔珀·布朗曾是一位非常有魅力的演员，个性坚强，举止高雅。婚后，她一直陪伴在马歇尔身边。马歇尔告诉她：“感情对我来说太奢侈了，我可以拥有的只是冷静的逻辑推理能力。感情是别人的事，我不能生气，生气会带来致命的后果，让我筋疲力尽。我的头脑必须时刻保持清醒，绝不能出现疲态。”

淘汰人员的过程是非常残忍的，马歇尔结束了好几百名军官的军事生涯。一位高级军官被淘汰之后，他的妻子说：“马歇尔曾经是我们的好朋友，但他断送了我丈夫的前途。”一天晚上，马歇尔告诉凯瑟琳：“不停地说‘不’，让我烦透了，我感到筋疲力尽。”随着大战临近，受命组建陆军部的马歇尔说：“说清楚人们在哪儿出了问题，不是一件容易的事……我每天都需要面对各种各样的情况，解决各种各样的难题，而且我必须搞定其中困难的部分。”

1944 年，在伦敦的一次新闻发布会上，马歇尔的表现堪称经典。他走进会场的时候没带任何文件，而且允许每名记者提问一个问题。在记者们提出了 30 多个问题之后，马歇尔详细介绍了战争的形势。他的视野开阔，不仅介绍了战略目标，还说明了技术细节。每说几句话，他就会从容不迫地将视线移到另一个人身上。40 分钟之后，他说完了，并对记者们表示了感谢。

在第二次世界大战中，涌现出一批深受电影界欢迎的将军，例如麦克阿瑟、巴顿，但是大多数将军，例如马歇尔、艾森豪威尔，却没有得到电影界的好评。这些人只善于做精确细致的组织工作，却不善于吸引公众的眼球。马歇尔讨厌拍桌子骂人的将军，喜欢穿简单朴素的军装。而今天的将军们则更加青睐装饰复杂的军装，还有那些像商标一样佩戴在胸前的勋表。

在这段时间里，马歇尔赢得了令人羡慕的名声。哥伦比亚广播公司战地记者埃里克 · 赛瓦莱德的评述，可以代表当时人们对马歇尔的普遍看法：“他块儿头很大，虽相貌普通但才智过人，拥有超级天才的记忆力和基督教圣徒的操守。他驾轻就熟的自我控制能力让所有人自惭形秽，他无私奉献的责任感完全不受公众压力与私交的影响。”众议院议长萨姆 · 雷伯恩认为马歇尔是唯一一个影响力不弱于国会的美国人：“我们面前的这个人从来不会说谎。”杜鲁门政府的国务卿迪安·艾奇逊说：“在所有人的记忆里，马歇尔将军最令人难忘的就是他的无人可匹敌的节操。”

但是，他的节操并没有立刻赢得所有人的赞赏。他同大多数军人一样藐视政治。一次，他去面见罗斯福总统，向他报告北非登陆战役的作战计划已经准备完毕。总统紧扣双手做了个模拟祷告的姿态，然后说：“请在选举日之前实施这个计划。”这个举动让马歇尔十分反感，终生难忘。后来，马歇尔的副参谋长汤姆·汉迪在接受采访时说：

> 如果有人认为马歇尔将军平易近人，那就大错特错了。因为他不仅不好相处，有时还会非常严格。但是，他有非凡的影响力，在英国人面前和美国国会中尤其如此。罗斯福总统也会因此妒忌他。我想，马歇尔之所以有如此大的影响力，根本原因在于，他们知道马歇尔不会有任何卑劣或自私的动机。英国人清楚，他不会帮美国人说话，也不会偏向英国人，而是想方设法尽快打赢这场战争。国会清楚，马歇尔说话一向直来直去，没有任何政治目的。

经典的马歇尔时刻出现在战争中途。那时盟军正在准备实施进入法国境内的“霸王行动”（诺曼底登陆的行动代号），但是总司令的人选还没有确定。马歇尔希望自己能出任这一职务，人们也普遍认为他是最合适的人选。这将是有史以来最为大胆的一次军事行动，其指挥官将为人类社会做出突出的贡献，并因此名垂青史。盟军的另外两位领导人丘吉尔和斯大林告诉马歇尔，他定会得到这份差事，艾森豪威尔也认为马歇尔会得到这份差事。罗斯福知道，如果马歇尔向他提出这个要求，他就只能同意。马歇尔的名望很高，绝对可以担此重任。

但是，罗斯福想要马歇尔留在华盛顿附近，而“霸王行动”的指挥官需要前往伦敦。罗斯福也许认为马歇尔的个性可能过于严肃，而“霸王行动”的指挥官同时还要管理政治同盟，迟早需要打温情牌。于是，不同意见一时间争论得沸沸扬扬。几名参议员认为华盛顿需要马歇尔，因此他不能离开华盛顿去伦敦担任总司令，而躺在病床上的潘兴将军则请求罗斯福安排马歇尔到战场上指挥作战。

尽管如此，大家依然认为马歇尔十有八九会成为这次行动的指挥官。1943 年 11 月，罗斯福前往北非，他对艾森豪威尔说：“你我都知道美国内战最后几年担任参谋长的人是谁，但是很少有其他人知道……我不希望 50 年之后几乎无人知道乔治 · 马歇尔是谁，这也是我想让乔治担任这次重大行动的指挥官的原因之一。我觉得他有资格作为一名伟大的将军在历史上占有一席之地。”

尽管有此言论，但罗斯福仍然心存疑虑。他说：“对于一支即将取得胜利的队伍而言，更需要小心行事。”于是，他派哈里 · 霍普金斯去打探马歇尔对这次任命的看法。马歇尔告诉霍普金斯，他一直是为了荣誉而服役，因此他不会提出任何要求，而是“心平气和地接受总统做出的任何决定”。几十年之后，在接受福里斯特 · 波格的采访时，马歇尔对此做了解释：“我下定决心，不能给罗斯福总统造成任何麻烦。在这个问题上，不能让总统受到任何约束，要让他做出他认为最符合（美国）利益的决定……在其他战争中经常会发生将个人感受置于国家利益之上的事，我真心希望我们可以避免这种错误。”

1943 年 12 月 6 日，罗斯福把马歇尔请到自己的办公室。罗斯福没有直奔主题，而是先说了几件无关紧要的事。在两人尴尬地待了几分钟后，罗斯福问马歇尔他是否想当总司令。如果马歇尔回答“是的”，他就很有可能得偿所愿。不过，马歇尔仍然不希望自己影响总统的决定，他请罗斯福选择他心目中的最佳人选。马歇尔强调，他个人的感受不应当影响到总统的决定。他一再拒绝表现出自己在这个问题上的倾向性。

罗斯福看着马歇尔说：“是这样的，如果你离开华盛顿，我觉得我以后都无法安然入睡。”然后，两人就陷入了沉默。过了好一会儿，罗斯福才说：“就让艾森豪威尔去吧。”

此时马歇尔的内心肯定十分痛苦。接着，罗斯福又请马歇尔把这个决定传达给盟军，他的这个做法多少有失风度。作为参谋长，马歇尔亲自书写了这道命令：“兹决定自即日起任命艾森豪威尔将军担任‘霸王行动’总司令。”他非常慷慨地保存了这张纸，并将它送给了艾森豪威尔。“亲爱的艾森豪威尔，我想你可能希望保留这张纸作为纪念。在昨天的会议快结束时，我赶忙写了这道命令，总统立即就签署了它。乔治·卡特利特·马歇尔。”

这是马歇尔整个职业生涯中最令他失望的一件事，原因是他不愿意表达自己的要求。不过，这就是他的人生准则。

欧洲战役结束之后，作为胜利的征服者回到华盛顿的是艾森豪威尔，而不是马歇尔。不过，马歇尔仍然感到无比自豪。约翰·艾森豪威尔无法忘记父亲回到华盛顿时的情景：“只在那一天，我才看到马歇尔将军完全放松下来。他站在艾克的身后，一边躲避摄影师的闪光灯，一边满面笑容地看着艾克和玛米，就像一位慈祥的父亲。那天，乔治·马歇尔的举止和神态完全不像平常那样冷静严肃。随后，他离开了，让艾克在剩余的时间里出尽风头。艾克在车队的护卫下乘车驶入华盛顿的大街，前往五角大楼。”

丘吉尔在给马歇尔的私人信件里写道：“这些伟大的军队是你创建和组织的，并受到了你的鼓舞，可不幸的是，指挥他们的机会却没有落到你头上。”

一个拥有伟大灵魂的领导者

战后，马歇尔打算退休。1945 年 11 月 26 日，五角大楼为他举行了一个简单的退休仪式，马歇尔从陆军参谋长的位置上退役。随后，他驱车前往他与凯瑟琳在弗吉尼亚利斯堡购置的多多纳庄园。走在阳光明媚的院子里，夫妇二人对悠闲的退休生活充满了向往。晚饭前，凯瑟琳准备上楼休息一会儿，就在这时，她听到电话铃响了。一小时之后，她走下楼，却发现马歇尔脸色灰白地躺在躺椅上，正在听收音机。收音机里正在播放美国驻中国大使刚刚辞职，以及乔治 · 马歇尔答应总统接任该职务的新闻。电话是杜鲁门总统打来的，他请马歇尔立刻出发去中国。凯瑟琳说："唉，乔治，你怎么能答应呢？"

这是一份出力不讨好的差事。他和凯瑟琳在中国待了 14 个月，试图通过谈判结束中国国民党与共产党之间不可避免的内战。在回国的航班上，时年 67 岁、第一次未能完成重大任务的马歇尔再次接到总统的电话，请他出任美国国务卿。马歇尔又一次接受了总统的请求，在这个新的岗位上，他制订了马歇尔计划（尽管他在提到这项计划时总是使用它的正式名称——欧洲复兴计划），罗斯福总统希望马歇尔名垂青史的愿望终于实现了。

之后，马歇尔还担任过其他一些职务，包括美国红十字会主席、国防部部长、伊丽莎白二世加冕典礼的美国观礼团团长等，他的人生也经历了高潮（赢得诺贝尔和平奖）和低潮（在乔 · 麦卡锡及其盟友发起的仇恨运动中，他成为攻击对象）。每当有新工作摆在他面前时，马歇尔都认为自己有义务接手这份工作。在他做出的决定中，有的非常高明，有的则非常糟糕，例如，他反对以色列建国。他从来不会拒绝上级交给他的任务，即使是他不想接受的任务。

有些人打从一出生似乎就觉得活着是一件值得感恩的幸事。他们了解代际之间的传承，清楚前辈们不仅给他们留下了遗产，还给他们留下了必须完成的义务和一系列跨越时间界限的道德责任。

对这种态度最具代表性的表述是美国内战早期一位名叫沙利文·巴卢的军人于第一次布尔朗战役前夕写给妻子的一封信。巴卢是一名孤儿，他深知从小失去父亲的痛苦。但是，他在信中告诉妻子，他愿意战死沙场以报答先烈们给他的恩典：

> 如果必须为国战死沙场，那么我已经准备好了……我知道，政府取得胜利是当前美国文明的全部希望。对于那些为了革命甘洒热血的先烈们，我们亏欠他们太多。我愿意——我真心愿意——抛弃今生所有的欢乐，为维护政府和弥补对先烈们的亏欠做出自己的贡献。
>
> 但是，我亲爱的妻子，我知道在抛弃我的欢乐的同时，我也几乎抛弃了你全部的欢乐，留给你的将是一生的操心与悲伤。在自己饱尝多年身为孤儿的痛苦之后，我现在又不得不将这枚苦果留给我心爱的还没有长大的孩子们。我的决心之旗在微风中平静而骄傲地飘扬，而我却因为对你们的爱——对我亲爱的妻子和孩子们无限的爱，以及我对国家的爱——正在做着痛苦而无益的挣扎，这是软弱的表现还是可耻的行为？
>
> 莎拉，我对你的爱永世不灭，就像坚韧的绳索将我们紧紧地绑在一起，除了全能的上帝，没有人能将我们分开。然而，我对国家的爱如同强劲的风，不可抗拒地将我连同这锁链一起裹挟到了战场之上……我知道，我对神圣的上帝只有一个小小的请求，却听到有人在我耳边低语——或许是风将我的小埃德加的祈祷声传过来了吧——告诉我将会平平安安地回到我所爱的人身边。但是，亲爱的莎拉，如果我不能回到你身边，你一定要记住

我非常爱你。战场上，即使我只剩下最后一丝气息，我也会轻唤你的名字。

第二天，巴卢参加了布尔朗战役，不幸身亡。同马歇尔一样，他也认为如果不履行承诺和报国义务，就不可能实现自己的抱负。

我们所处的社会十分重视个人幸福，并认为在实现自己希望的同时没有遭遇挫折就是幸福。但是，古老的道德传统并没有消亡，千百年来它仍然在传承，鼓舞一代又一代人。马歇尔生活在一个有飞机和原子弹的世界里，在很多方面却受到古希腊和古罗马道德传统的熏陶。他的道德结构源于荷马重视勇气和荣誉的经典道德观，以及强调道德自律的斯多葛学派。到了晚年，他受古雅典人伯里克利的影响更大，伯里克利是品格高尚或者有伟大灵魂的领导者的典型代表。

古希腊黄金时代品格高尚的领导者对自身品德的评价很高，也很准确。他认为自己与身边的大多数人属于不同的类别，因为上天把一个异常好的运气赐给了他。由于他持有这种观点，因此他和身边的人相处得并不融洽。对除几个亲密好友之外的人而言，他有可能给人一种孤单、超然、矜持、令人难以接近的感觉。他在生活中总是表现出有所保留的友好，对人和善，但从来不会坦露内心的感受、想法和恐惧。他小心翼翼地掩盖自己的缺点，强烈反对依赖别人。正如罗伯特·福克纳在《伟大的理由》(*The Case for Greatness*)一书中所说的那样，高尚的领导者在集体活动中表现得并不是很活跃，不善于团队合作，也不是一名优秀的团队成员。“他不会放下身段去做普通的工作，如果在这项工作中他不是主角，他就更加没兴趣了，互利互惠也不能激发他的兴趣。”他乐于伸出援助之手，却以接受帮助为耻。亚里士多德曾说，高尚的领导者“无法让自己去迁就他人”。

品格高尚的领导者不具备正常的社交圈。许多有远大抱负的人因为自己崇高的目标而放弃了友情，与他们相似，品格高尚的领导者心中总是残存着悲伤的情绪。他绝不会容忍自己因为愚蠢或简单的理由而感到幸福，也不会让自己游手好闲。他就像大理石一样冰冷无情。

品格高尚的领导者在自己天性的感召之下，希望可以造福于他的人民。他为自己设立了更高的标准。高尚的品格只有在公共生活与政治世界中才能得到真正的体现。只有政治与战争才是足够大、足够重要而且竞争足够激烈的舞台，可以号召人们做出最大的牺牲，同时还可以甄别出最有天赋的人。根据这个标准，独自战斗在商业世界和个人世界中的人，其重要程度远不及在公共舞台上博弈的人。

在伯里克利的时代，人们认为拥有伟大灵魂的领导者应该稳重沉着，比荷马史诗中脾气暴躁的英雄更明智，更严于自律。最重要的是，人们认为他可以为公众谋取大幸福，在危险来临前能及时拯救他的臣民，或者改造他们，也以适应新时代的需要。

有伟大灵魂的人未必是君子（他不一定总是和颜悦色、富有同情心、体贴入微、令人愉快），但他一定是一个伟大的人。他经常因做出突出贡献而获得殊荣。希腊哲学思想的普及者依迪丝 · 汉密尔顿认为，有伟大灵魂的人“在这个为他提供施展空间的世界里，以优秀的品格为标准，行使重要的权力”，从而创造出一种不同于常人的幸福。

1958 年，马歇尔为了治疗脸上的一个囊肿，住进了沃尔特 · 里德医院。看到他衰老的容貌，来医院探视他的教女罗斯 · 威尔逊感到很震惊。

马歇尔告诉罗斯：“我现在终于有时间回忆往事了。”接着，他回忆起小时候同父亲一起乘雪橇去尤宁敦的情景。罗斯说：“马歇尔将军，我很遗憾你的父亲生前不知道他有一个多么伟大的儿子。否则，他一定会引以为豪。”

“真的吗？”马歇尔说，“我相信，如果他不是那么早去世，他肯定会赞同我的做法。”

马歇尔的身体越来越虚弱，他的病情似乎引起了全世界的关注。温斯顿·丘吉尔、戴高乐、毛泽东、蒋介石、德怀特·艾森豪威尔、铁托和蒙哥马利都发来问候电报，普通百姓的信也纷至沓来。艾森豪威尔三次去医院探视马歇尔。杜鲁门和时年84岁的温斯顿·丘吉尔也亲自前往医院探望。当时，马歇尔正处于昏迷状态，丘吉尔只能站在病房门口，看着昔日老友瘦弱的身体，感伤不已。

1959年10月16日，在80岁生日即将到来之际，马歇尔永远地离开了人世。他以前的副参谋长汤姆·汉迪将军曾问过关于他的后事安排问题，但马歇尔打断了他的话：“这件事你就不必过问了，我已经安排好了。”马歇尔去世之后，他的遗嘱得以公开。这是一份不寻常的遗嘱：“我的葬礼要像美国陆军为祖国光荣尽职的普通军官的葬礼一样，一切从简，切忌铺张，无须盛典。葬礼的参加人员仅限亲属。最重要的是不得声张。”

根据马歇尔生前的明确指示，他的葬礼没有采取国葬仪式。他的遗体没有停放在国会圆形大厅里，而是在国家大教堂伯利恒祈祷室里停放了24小时，以便好友前往吊唁。出席葬礼的有马歇尔的亲属、几名同事和战时为他服务的理发师尼古拉斯·J·托泰罗（曾经在开罗、德黑兰、波茨坦以及五角大楼为马歇尔理发）。随后在弗吉尼亚州阿灵顿的梅尔堡，人们依据《共同祈祷书》中的“死者葬礼仪式”标准，为马歇尔举行了一个简短的安葬仪式，甚至没有致悼词的环节。

THE ROAD TO CHARACTER

第6章

自我否定的勇气——为终结种族歧视奔走一生的斗士

在《御前演出》节目播出的那个时代，美国最重要的民权运动领袖是阿萨·菲利普·伦道夫。伦道夫是号召并组织非洲裔美国人游行示威活动的领袖人物，曾面见过总统，他的名声与道德权威对民权运动产生了深远的影响。

1899 年，伦道夫出生在佛罗里达州杰克逊维尔市附近的一个地方。伦道夫的父亲是非洲卫理圣公会的一名牧师，但是教堂付给他的薪酬非常少，他的大部分收入来自于做兼职裁缝和肉贩。伦道夫的母亲也是一名裁缝。

伦道夫不信教。他回忆说："我父亲宣讲的是一种种族主义宗教。他经常跟教徒们讲他们的社会状况，总是提醒他们记住非洲卫理圣公会是美国境内的第一个黑人激进组织。"老伦道夫还经常带着两个儿子出席黑人的政治会议，并把他们引荐给黑人中的成功人士。他喋喋不休地给他们讲历史上的黑人楷模的故事，包括克里斯珀斯·阿塔克斯、纳特·特纳、弗雷德里克·道格拉斯等。

虽然伦道夫一家人生活贫困，但深受尊敬。他们把屋子收拾得一尘不染。

他们固守传统，讲求得体、自律、礼貌。伦道夫的父母吐字非常清晰，他们要求伦道夫说话时要字正腔圆。

面对羞辱性的种族歧视，他们以与物质条件不相称的方式，颇有绅士风度地坚守道德修养。传记作家杰维斯 · 安德森在书中描写老伦道夫时说："（他的）绅士风度绝对是靠自己的努力形成的。在礼貌、谦恭、得体等价值观的引导，以及宗教仪式和社会服务的鼓舞之下，他尽心竭力，希望以此赢得尊严。"

在学校里给伦道夫上课的是两名白人女教师。为了让黑人穷困儿童有受教育的机会，她们从新英格兰地区来到南方。伦道夫评价她们是"有史以来最令人敬佩的两位老师"。莉莉 · 惠特尼小姐主教拉丁语和数学，玛丽 · 内夫小姐主教文学与戏剧。伦道夫身材高大，体格健壮，是棒球高手，却喜欢上了莎士比亚的戏剧，而且这个爱好一直伴随着他。伦道夫妻子人生的后几十年时光都是在轮椅上度过的，每天伦道夫都会朗读莎士比亚的作品给她听。

大多数人都会受到环境的影响，但伦道夫的父母、老师和他本人成功地超越了环境。与周围的人相比，他们在修养与礼仪方面总是出类拔萃，而且远比其他人自尊自重。伦道夫毕生都保持着端正挺拔的身姿。他的同事、劳工运动领袖C · L · 德勒姆斯回忆说："伦道夫无论是坐下还是走在路上，身体都是笔挺的，你很难看到他懒散的样子。无论身处多么愉快的场合，放眼望去，你都会看到伦道夫岿然挺立的身影。"

他说话时声音轻柔、低沉、平静，带有波士顿上层社会和西印度群岛的口音。他的语调抑扬顿挫，仿佛是在诵读《圣经》。他还经常使用"verily"（真的）、"vouchsafe"（赐予）这些传统的词语。

无论是微不足道的个人行为，还是摒弃某种不良习惯的重要行为，只要有向懒散或者道德惰性发展的苗头，伦道夫就会通过持之以恒的自我约束加以抵制。走在路上，经常有女性主动和他搭讪，而伦道夫总是温柔地婉拒，令他的下属惊叹不已。后来，德勒姆斯告诉一位传记作家："我觉得，历史上还没有哪个人能像他那样受到那么多女性的欢迎和主动追求。这些女性都非常漂亮，她们在遭到拒绝时个个垂头丧气。我目睹这些女人千方百计地引诱他，可他总是说'对不起，我今天忙了一天，已经很累了。再见'。有时我甚至想对他说：'你不是在开玩笑吧？'"

伦道夫不支持自我标榜的做法。他有时会在写作中使用严厉的语气，甚至引发争论，但除此以外，他很少批评别人。他的礼貌和礼节往往拒人于千里之外，即使是贝亚德·拉斯廷这位与他关系亲密的同也都称呼他"伦道夫先生"。他对金钱的兴趣不大，认为奢侈的生活会导致道德败坏。伦道夫晚年时在全世界都享有盛名，但是他每天仍然乘公交车下班。一天，他在进家门时遭到了抢劫。结果，劫犯们只在他身上找到了1.25美元现金，而且没有手表和珠宝之类的东西。有人准备通过捐赠的方式筹钱为他改善生活，但他断然拒绝了。他说："你肯定知道我手头没钱，而且也不擅长赚钱。但是，为给我和我的家人筹钱而专门组织一次捐款活动，我绝对不同意。有的人命中注定要过穷日子，我就是其中之一，对此我毫无怨言。"

他所拥有的这些品质——他的永不变质，他的沉默与拘谨，尤其是他的自尊自重——意味着没有人可以羞辱他。他的反应和内心状态完全取决于他自己，而不是种族歧视，也不是后来将他团团包围的阿谀奉承。伦道夫的重要价值在于他为民权运动的领导者树立了榜样。他浑身上下洋溢着自我克制的光芒，和乔治·马歇尔一样，他也在这个世界上拥有一大批心怀敬畏的崇拜者。专栏作家穆雷·凯普顿认为："如果你不认识阿萨·菲利普·伦道夫，那么你很可能不会认为他是20世纪最伟大的美国人之一。但是，如果你认识他，你就不会有一丝怀疑。”

伦道夫在生活中面临的主要挑战是：如何带领和组织有缺点的人，并将他们变成一支变革的力量？如何将权力握在手中而又不会因为权力而堕落？即使所从事的是20世纪最高尚的运动之一——民权运动，伦道夫等领导者仍然充满自我怀疑，认为必须防范自己的行为散漫和罪孽，即使在跟不正义的行为做斗争，也仍然有可能犯下可怕的错误。

《出埃及记》让民权运动领导者心惊肉跳是有原因的。书中的以色列人不能做到同舟共济，而且目光短浅、任性乖戾。他们的领导者摩西温顺、消极、管理不力，总认为自己不能胜任这项任务。民权运动的领导者们必须解决摩西领导艺术所面临的难题：如何调和激情与耐心、收权与放权、践行慈善与自我否定之间的矛盾？

要解决这个难题，需要拥有某种公益心。今天，我们说某人有“公益心”，指的是这个人愿意为了公众的利益而收集请愿书、组织游行示威并发出自己的声音。但在以前，公益心是指某人为了让群体达成一致意见，使同床异梦的人凝聚成一个整体，而甘愿控制自己的激情、调整自己的观点。现代人认为有公益心是指坚持自己的主张，而在历史上，它是自我管理、自我控制的一种形式。言语不多有时甚至有点儿冷冰冰的乔治·华盛顿是这种公益心的代表人物，伦道夫也是，他既有政治激进主义的特点，又有个人传统主义的特点。

伦道夫的顾问们有时会因为他过分讲礼貌而不胜其烦。贝亚德·拉斯廷告诉穆雷·凯普顿：“他在做事的时候经常会因为讲礼貌而束手束脚……有一次，我为此跟他发牢骚时，他告诉我：‘贝亚德，我们对待所有人都必须有礼貌。现在就是学习讲礼貌的好时机。我们一旦养成了这个好习惯，就必须把它表现出来。’”

踏上组建工会的漫漫征程

1911年4月，在三角内衣工厂火灾事件发生一个月之后，刚刚参加工作的伦道夫从佛罗里达搬到了纽约市的哈勒姆区。他积极参加戏剧社团的活动，吐字清晰、仪表堂堂，差点儿就成了一名莎剧演员，不过被他的父母制止了。他在纽约城市学院进行过短期学习，期间他如饥似渴地阅读了卡尔·马克思的著作。他协助创建了好几份激进的杂志，把马克思主义引入了黑人社区。他在一篇评论中评价俄国革命是“20世纪最伟大的成就”。他反对美国参加“一战”，因为他认为这场战争的唯一目的就是为军火等产业谋取利益。他竭力反对马库斯·贾维的“重返非洲”运动，以至于有位匿名的敌人给伦道夫寄来一只盒子，里面装有一张威胁性的字条，还有一只断手。

他因为违反反煽动叛乱法而被逮捕，而他的个人生活则进一步接近中产阶级水平，他也更讲求诚实正直。伦道夫的妻子温文尔雅，出身于哈勒姆的一个显赫家庭。星期天下午，他们会兴致勃勃地参加每周一次的散步活动。散步的人们都衣冠楚楚——穿高帮鞋、拿手杖、别襟花、戴漂亮的帽子，沿着莱诺克斯大道或者135大街漫步而行，沿途不时与其他人打招呼、寒暄。

到20世纪20年代早期，伦道夫已经开始涉足劳工运动的组织工作。他协助成立了6个小型工会，把从事服务工作的人以及其他对社会不满的群体组织到一起。1925年6月，几名普尔曼卧车服务人员找到了伦道夫，他们希望在他的带领下建立工会组织。普尔曼公司制造了一些豪华的卧车，出租给铁路公司使用。车上有穿制服的黑人为乘客提供服务，包括擦皮鞋、换床单、送饭菜等。美国内战结束后，普尔曼公司的创始人乔治·普尔曼认为刚刚被解放的奴隶是一支温顺听话的劳动力大军，便雇用了其中的一些人来从事这些服务工作。早在 1909 年，这些卧车上的服务人员就想建立工会组织，但是他们的努力被公司挫败了。

伦道夫接受了这个挑战。在随后的 12 年时间里，他想尽一切办法，试图建立卧车服务人员工会，迫使普尔曼公司做出让步。当时，工人们只要稍稍沾上工会活动，就有可能丢掉饭碗或者挨打，伦道夫只好跑遍美国各个角落，努力说服人们加入工会。他的主要工具就是他的态度。一位工会成员后来回忆道："他抓住了你的心，让你感觉只有使劲挣扎才能摆脱他。他给你的感觉就像主的门徒对主的感觉。你当时可能体会不到，但是回到家之后，你就会想起他说的话，愿意成为他的追随者。最后，你会决定加入工会。"

尽管伦道夫的说服工作进展缓慢，但是在 4 年时间里，工会成员增加到了近 7 000 人。伦道夫发现，普通工人仍然觉得自己应当对公司忠诚，因此，当他批评公司的时候，他们还是会生气。考虑到这些工人不认可他对资本主义的笼统批评，伦道夫改变了策略，转而号召他们为争取尊严而展开斗争。他还下定决心，拒绝接受同情工人运动的白人的所有捐赠。他想把黑人组织起来，依靠自己的力量赢得胜利。

就在这时，经济大萧条袭来了。为了打击工人运动，普尔曼公司宣布解雇或者威胁解雇所有主张罢工的员工。1932 年，工会成员的人数降到了 771，还被迫关闭了 9 个城市的办事处。因为没钱付房租，伦道夫和工会总部的工作人员被赶了出去。伦道夫的工资从每周 10 美元下降为零，一贯皮鞋锃亮、衣冠楚楚的他变得衣衫褴褛、光鲜不再。堪萨斯城、杰克逊维尔等城市的工会积极分子甚至惨遭毒打。1930 年，奥克兰市的一位名叫戴德 · 摩尔的工会拥护者在临死前写了一封信，他在信中坚定地表示：

我背靠着墙，站不起来，我就要死了。但是，我不是在为自己战斗，而是为12 000名卧车服务人员和他们的孩子战斗。我就要饿死了，但是我没有改变主意，因为黑夜过去就是白天，我们终将胜利。告诉你们那里的所有工人，他们应该像紧跟耶稣基督一样，紧跟在伦道夫先生身后。

非暴力不合作运动的坚定倡导者

新闻界与宗教界的黑人认为工会的攻击性过强，因此反对工会运动。纽约市市长菲奥雷洛·拉瓜迪亚为伦道夫提供了一个年薪7 000美元的市政府职位，但遭到了后者的拒绝。

1933年，富兰克林·罗斯福当选美国总统，美国劳工法有所修改，社会潮流也发生了变化。但是，公司管理层仍然无法心平气和地坐下来，与黑人服务员及其代表进行平等谈判，因为他们难以接受这是解决劳资纠纷唯一的办法。直到1935年7月，公司与工会领导才第一次坐在芝加哥的一个房间里，开始劳资谈判。两年后，他们终于达成了第一个协议。公司同意将工人的月工作时间由400个小时降至240个小时，并把每年的薪酬福利总额增加125万美元。20世纪的一场最漫长、最艰苦的劳资斗争就此落下了帷幕。

此时，伦道夫已经成为全美最著名的组织工会运动的非洲裔美国人。在果断放弃了青年时期信奉的马克思主义之后，他通过一连串残酷的斗争，利用几年时间将几个苏联人控制的组织逐出工会运动。在20世纪40年代初，美国发布了战争动员令，一个新的针对黑人的不公平现象又出现了。为建造飞机、坦克和舰船，工厂开始陆陆续续地招收工人，但他们不招黑人。

1941年1月15日，伦道夫发表了一个游行声明。如果这个问题得不到解决，他将号召黑人到华盛顿举行大游行。他宣布："我们致力于为美国的黑人公民争取到工作和为国战斗的权利。"他组建了华盛顿游行委员会，预计可以召集一万，甚至两三万名黑人（这个数字并没有夸张的成分），到国家广场进行抗议游行。

很有可能发生游行的消息引起了美国领导人的关注。罗斯福请伦道夫到白宫会面。

见面后，罗斯福说："你好，菲尔。[①]你在哈佛大学读书时是在哪个班？"

伦道夫回答："总统先生，我从来没上过哈佛大学。"

"我以为你上过哈佛大学呢。不管怎么说，我们还是有相似之处的，我们都强烈关注人类和社会正义。"

"是的，总统先生。"

罗斯福一连讲了几个笑话和几件政界逸事，伦道夫终于忍不住打断了罗斯福的话："总统先生，时间过得很快。我知道你很忙，不过，我想和你讨论的是黑人在国防工业领域的就业问题。"

罗斯福说自己会给一些公司老板打电话，敦促他们雇用黑人。

伦道夫说："我们希望你能更进一步，采取一些具体措施……比如，发布总统令，要求这些工厂同意招收黑人。"

"菲尔，你知道我不能这样做。如果我为你们发布总统令，就会有许许多多团体要求我为他们发布总统令。无论如何，我不能采取任何具体措施，除非你们取消这次游行。这样的问题不应该用这种小题大做的方式解决。"

"对不起，总统先生。这次游行不能取消。"伦道夫郑重宣布将有 10 万人参

---

① 菲利普的昵称。——编者注

加游行，他把数字夸大了一些。

罗斯福提出了异议：“你们不能组织10万黑人到华盛顿游行，否则有可能会造成人员伤亡。”

伦道夫没有接受罗斯福的反对意见，两人的谈话陷入了僵局。这时，参加这次会面的拉瓜迪亚市长插话道：“很显然，伦道夫先生不打算取消这次游行。我建议为此制定一个法案。”在距离预定的游行日期还有6天时，罗斯福签署了第8802号总统令，禁止国防工业对黑人采取的歧视行为。尽管民权运动领导人希望借此机会推动其他目标的实现，例如消除美国军队中歧视黑人的现象，但是伦道夫不顾他们的强烈反对，取消了这次游行。

战后，伦道夫还为争取工人权益、废止种族隔离政策而不断努力。他的强大影响力一直都得益于他在为某个目标而奋斗时表现出来的道德操守，他让人为之倾倒的魅力，以及他不受腐蚀的榜样作用。不过，在行政管理方面，他做不到一丝不苟，也很难把所有精力都集中到一件事上，因为身边的人对他不加掩饰的崇拜很有可能会对组织效能构成威胁。一位外部分析人员在分析1941年华盛顿游行的相关组织工作时说：“人们对伦道夫先生的领袖崇拜已经达到了不健康的程度，全国办公室的情况更糟糕。这种状况会产生干扰作用，使他们无法制定巧妙合理的策略。”

但是，伦道夫还为民权运动做出了一个非常重要的贡献。20世纪四五十年代，一些人坚定地支持非暴力不合作运动，并以此作为推动民权运动的策略，伦道夫就是其中一员。受圣雄甘地和一些早期的劳工运动策略的影响，他于1948年协助组建了“反军队种族隔离非暴力不合作联盟”。大多数既有的民权运动团体都提倡教育、调解，反对对抗、争论。但是，伦道夫并不赞同，他主张静坐和“祈祷抗议”。1948年，他告诉参议院军事委员会：“我们将要开展的是一次非暴力（运动）……我们将勇敢面对暴力，面对恐怖主义，面对一切不愉快的后果。”

这种非暴力策略的基础是高强度的自律与克己，这也是伦道夫毕生践行的品质。在他的助手中，有一个人对伦道夫产生了影响，同时他也受到了伦道夫的影响。这个人就是贝亚德·拉斯廷，他的年龄比伦道夫小得多，但是在他的身上，我们同样可以看到他的导师拥有的许多品质。

贝亚德·拉斯廷的童年是在宾夕法尼亚州的西切斯特县的祖父母家度过的。直到长成一个小伙子，他才得知自己一直叫姐姐的那个人竟然是自己的母亲。因为酗酒，他的父亲住在城里，但是在拉斯廷的生活中没有他的一席之地。

在拉斯廷的记忆里，他的祖父“是有史以来腰杆挺得最直的人，而且从没有刻薄粗暴的举止”。他的祖母从小就是一个贵格会教徒，还是全县第一批上中学的黑人女性之一。通过她的言传身教，贝亚德认识到沉着镇定、自尊自重、自律自控的必要性。祖母最喜欢的一个座右铭是“人不能控制不住自己的脾气”。他的祖母还开设了一个《圣经》夏令营，每年贝亚德都会参加这个以阅读《出埃及记》作为重点活动的夏令营。他回忆说：“我祖母深信，在解放黑人这个问题上，我们从犹太人的经历中可以学到的东西，要远远多于《马太福音》《马可福音》《路加福音》和《约翰福音》给我们的启示。”

上高中时，拉斯廷是一名运动健将，还会写诗。同伦道夫一样，他说着一口地道的英语，常常让第一次见到他的人觉得他非常傲慢。他的同班同学都嘲笑他自尊心过强，其中一位同学回忆说：“他说话就像在朗诵《圣经》里的诗篇，有诗人布朗宁的味道。”高中一年级，他在学校的演讲比赛中获奖，成为40年来首名获此奖项的黑人学生。临毕业那年，他进入了县橄榄球队，还代表全班同学在毕业典礼上致辞。他喜爱戏剧，还有莫扎特、巴赫、帕莱斯特里纳等人的音乐作品。乔治·桑塔亚纳的小说《最后的清教徒》(*The Last Puritan*)是他最爱看的书之一，独自一人时，他也会阅读威尔·杜兰特夫妇合著的《世界文明史》(*The Story of Civilization*)。他声称："看到美轮美奂的画作会让你眼前一亮，而阅读这本书会让你的心为之一振。"

中学毕业之后，拉斯廷来到俄亥俄州，进入威尔伯福斯大学，后来又到宾夕法尼亚州的切尼州立学院就读。上大学期间，他发现自己是一位同性恋者。不过，这一发现并未导致他的情绪出现较大的起伏（他是在一个宽容的家庭氛围中长大的，他终生都是同性恋者，而且他没有刻意掩盖这个事实），却促使他搬到了纽约，因为纽约至少有地下同性恋文化，而且对同性恋的抵触情绪也略小一些。

来到哈勒姆之后，拉斯廷迫不及待地同时选择了多个发展方向。他加入了若干左翼组织，也从事志愿者工作，帮助伦道夫做"华盛顿游行"的组织工作。他还加入了天主教反战组织"调解协会"，并迅速成为这个组织的一位明星人物。从事反战活动非常适合拉斯廷，既让他的内在品德得到了培养，还为他从事社会变革活动提供了方法。培养内在品德意味着要压抑个人的怒气和心中的暴力倾向，拉斯廷说："要减少社会中的丑恶现象，唯一的办法就是减少你内心的丑恶念头。"关于反战主义，他在一封写给马丁·路德·金的信中指出："（反战主义）有两个支柱。第一个支柱是连续的抵抗，对作恶者不断施压，让他们喘不过气来。第二个支柱是反战主义惩恶扬善的作用。正是由于有这种作用，非暴力不合作运动才可以解决我们内部漠然处之的问题。"

从二十五六岁开始，拉斯廷就一直在美国各地演讲，激发人们对"调解协会"的热情。他发起的持续性"公民不服从"活动，使他成为反战与民权运动界的一个传奇人物。1942 年，他在纳什维尔乘坐公共汽车时，坚持坐在白人区。

司机报警之后，来了 4 名警察。在警察殴打他时，拉斯廷采取了甘地的非暴力不合作的做法。“调解协会”的成员戴维 · 麦克雷诺兹后来回忆道：“他不仅是协会里最受欢迎的演说家，在制定策略方面也是一个天才。‘调解协会’准备把贝亚德培养成美国的甘地。”

1943 年 11 月，拉斯廷接到了入伍通知，但是他决定予以拒绝。而且，作为一名有良知的反对者，他宁愿进监狱，也不愿意去一个乡村劳改营。在当时的美国联邦监狱里，每 6 名囚犯中就有一人是政治犯，这些政治犯视自己为反战主义和民权运动的急先锋。被关进监狱之后，拉斯廷对监狱中的种族隔离政策进行了激烈的反抗。就餐时，他非要坐到“白人就餐区”；放风时，他会跑进监狱分区中的“仅限白人”区。有时候，他会因此与其他犯人发生冲突。一次，一个白人囚犯走到他身后，用拖把柄猛击他的头部和躯干。拉斯廷再次摆出甘地的非暴力不合作姿态，只是不断地说：“你不能打我，”最后，拖把柄都折了。拉斯廷的手腕骨折，头部也留下了瘀伤。

拉斯廷的事迹很快就越过了监狱的高墙，传到了新闻界和激进分子的耳中。在位于华盛顿的联邦监狱管理局中，以局长詹姆斯 · 贝内特为首的大小官员把拉斯廷归到了黑帮教父阿尔 · 卡彭所属的类别，并称他为“臭名昭彰的犯人”。正如传记作家约翰 · 德埃米利奥所说的那样：“在拉斯廷 28 个月的监禁期内，贝内特收到无数来信，有他的手下因为不知道如何对付拉斯廷而写给他的求助信，也有关注拉斯廷在狱中待遇的人写来的信。这些信让贝内特烦恼不已。”

自我放纵的惨重代价

拉斯廷虽然表现英勇，但他也有一些傲慢、失控、鲁莽的行为。1944 年 10

月24日，在认识到自己的错误之后，他给监狱看守写了一封信，对在一次纪律听证会上的行为表示歉意。他在信中说："我没有控制好自己的脾气，行为粗鲁无礼，对此我深感惭愧。"他在性生活方面也有不检点的地方。拉斯廷是同性恋者，在当时，同性恋是不敢公开的，因为公众不认可同性恋行为。但是，拉斯廷在寻找性伙伴时毫无顾忌。无论是在入狱前还是入狱后，他在巡回演讲的过程中都会引发一连串的诱奸事件。一位与他长期保持性关系的情人抱怨说："回家看到他与另外一个人发生性关系，这对我来说并不是一件趣事。"在监狱中，他对自己的性癖好也毫不掩饰，有好几次被发现与其他犯人发生性关系。

最后，监狱当局只好召开纪律听证会。至少有三名犯人作证说他们目睹了拉斯廷与其他犯人的性行为，拉斯廷对此矢口否认。监狱当局宣布，他们将对拉斯廷实施单独关押，以示惩罚。

这件事很快就传到全国各地的激进分子耳中。有的支持者听说拉斯廷是同性恋者之后感到不安，但拉斯廷对这件事从不隐瞒。他们之所以不安，主要是因为拉斯廷的这些丑闻一旦被公开，他在严于自律等方面的模范作用就会受到影响。这场运动号召领导者要平和、自制、自我净化，而拉斯廷却心怀怒气、傲慢、不严谨、自我放纵。"调解协会"的领导人、拉斯廷的导师A·J·马斯特给拉斯廷写了一封语气严厉的信：

> 你的所作所为是有罪的，是严重的不当行为。对于一个担任领导职务并且（从某种意义上讲）应该力争做到率先垂范的人来说，这种行为必须受到严厉的谴责。此外，你还欺骗了所有人，包括自己的同志和最忠诚的朋友，你与勇敢面对真实自我的境界相去甚远。你过去和现在的自我根本不值得尊敬，你必须毫不留情地舍弃羁绊你面对自我的一切东西。只有这

> 样，在历经烈火、各种痛苦以及谦卑的考验之后，才会诞生一个真实的自我……你应该牢记《圣经》诗篇第 51 节的教诲："上帝啊，求你按你的慈爱怜恤我——求你将我的罪孽洗除净尽，并洁除我的罪……我向你犯罪，惟独得罪了你，在你眼前行了这恶……上帝啊，求你为我造清洁的心，使我里面重新有正直的灵。"

后来，马斯特又写了一封信，告诉拉斯廷他反对的不是同性恋，而是他的淫乱行为："肆无忌惮、没有约束的性关系，实在是太可怕也太可耻了。"即使是想法天马行空、创作欲望强烈的艺术家，也要接受严格的约束。同样，恋人们要实现"自律、自控、相互了解"的目标，也必须控制好自己的性冲动。

针对淫乱这种行为，马斯特在信中接着写道："淫乱是对爱情的嘲讽和否定。如果爱情有深刻的内涵，代表超乎寻常的了解和生命力的交换，那么爱情怎么可能在人数都无法确定的多个人之间发生呢？"

对于马斯特的严厉指责，拉斯廷最初并不接受，但是，经过几周的隔离关押之后，他最终屈服了，并给马斯特回了一封语气诚恳的长信：

> 在我们的种族运动即将取得胜利之际，我的行为却错误百出……我滥用了黑人们对我领导能力的信任，使他们对非暴力不合作运动的道德基础产生了怀疑。我的行为还伤害了全国各地的朋友，我让他们失望了……我就像战斗中蓄意暴露我军阵地的陆军上尉，是一名叛徒……一直以来，我对"自我"想得过多，考虑的都是我在这场伟大斗争中发挥的作用、付出的时间和精力，以及我的声音、能力和甘当非暴力不合作运动先锋的意愿。但是，我没有谦恭地接受上帝的恩赐……现在，我终于明白，（我的这些行为）导致我骄傲自大，使我失去战斗力，变得虚伪，终将走向失败。

几个月之后，在拉斯廷的祖父弥留之际，他获准在一名监狱看守的监视下回家看望祖父。在回家的路上，拉斯廷碰到了海伦·温尼莫尔。温尼莫尔也是一名激进主义者，是拉斯廷的老朋友。她表达了对拉斯廷的爱慕之情，并且表示希望成为他的终身伴侣，或者至少可以为他打掩护，让他可以继续他的工作。拉斯廷给和自己长期保持情人关系的男友戴维斯·普拉特写了一封信，简要地说明了温尼莫尔的提议。他还在信中引用了温尼莫尔的部分原话：

> 我相信，一旦获释，你将在服务和拯救世人的事业中发挥巨大的作用。我还相信，你当前急需的是真正的爱、真正的理解和信心。因此，尽管羞于启齿，但我还是要告诉你，我可以给你爱，愿意陪你经历风风雨雨，并倾我所有让你心中的善开花结果。人必须看到自己心中潜藏的善，并通过自己的行为展现上帝的荣耀。贝亚德，这就是我能给你的爱。我之所以愉快地把它奉献给你，不是为了我自己，也不是为了你一个人，而是为了让你的操守恩泽全人类。

温尼莫尔的提议让拉斯廷深受感动："我从未听过女性发出这样无私的爱情宣言。这是我接收到的最简单、最完整的爱情邀约。"虽然他最终还是没有接受温尼莫尔的爱情邀约，却把它视为上帝发出的一个信号。一回想起这次谈话，他就感到"一种远胜于理解的愉悦，指明正确方向的亮光，新的希望，突如其来的重新评价，照亮我前进道路的灯"。

拉斯廷发誓要约束自己的傲慢行为，克制对激进主义活动造成伤害的愤怒情绪。他还对自己的性生活进行了反思，并在心里接受了马斯特对他淫乱行为的指责。拉斯廷努力维护他与戴维斯·普拉特之间的情人关系，希望建立一种真正的爱情关系，以此来抵御情欲与淫乱行为的诱惑。

直到 1946 年 6 月，拉斯廷才重新获得自由。之后，他再次积极地投身到民权运动之中。在北卡罗来纳州，他和一些激进分子一起坐在种族隔离式公共汽车的前部，结果遭到殴打，还差一点儿被处以私刑。在宾夕法尼亚的雷丁，因为旅馆接待员拒绝为他安排房间，他坚持要旅馆经理向自己道歉。在明尼苏达的圣保罗，他采用了静坐的方式迫使旅馆给他安排房间。在从华盛顿开往路易斯维尔的火车上，由于服务员拒绝为他提供早餐服务，他就坐在餐车里不走，一直到午饭时间。

有一次，阿萨 · 菲利普 · 伦道夫取消了一个非暴力活动，拉斯廷对他的导师提出了严厉的批评，认为伦道夫发出的声明不过是“满口假话的推诿之词”。但是，他很快就为自己的行为感到惭愧，而且在接下来的两年时间里，他尽量逃避与伦道夫接触。两人终于见面时，拉斯廷感到“局促不安，胆战心惊地等着伦道夫的怒火”。结果，伦道夫却一笑了之，两人之间的友谊继续保持下来。

拉斯廷继续在全世界做巡回演讲，再一次成为非暴力运动的明星。但是，每到一个地方，他仍然乐此不疲地色诱男性。最后，普拉特将他赶出了他们同居的公寓。1953 年，他在应邀前往帕萨迪纳演讲时再次被捕。凌晨 3 点多，他正在车里与两名男性发生性关系，结果被两名警察当场抓获。

他被判处 60 天监禁，他的名声从此一落千丈，被迫脱离了他之前参加的所有激进主义组织。他想去一家出版社担任宣传人员，却遭到了拒绝。后来，一位社会工作者建议他到一家医院去清扫洗手间和大厅。

一条充满意外的道路

在丑闻缠身的情况下，有的人就此沉沦，一蹶不振；有的人则放下包袱，从头再来。拉斯廷认为，他适合扮演的新角色是退居幕后为民权运动服务，而不再抛头露面。

慢慢地，他又投身到民权运动当中，不过，他不再是一位声名显赫的演讲家、领导人和组织者。在大多数时间里，他都在默默无闻地从事幕后工作，把所有的荣誉都让给其他人，例如他的好友兼门生马丁·路德·金。他为金代笔，通过金之口传播自己的想法；把金介绍给劳工领袖，敦促他不仅要谈论民权事务，还要探讨经济问题；指导金开展非暴力不合作运动，学习甘地的哲学观点；还以金的名义组织了一个又一个活动。拉斯廷在蒙哥马利公车罢乘事件中发挥了重要作用，金写了一本书介绍这次事件，但拉斯廷要求金删除所有提及他的部分。如果有人请他在代表某种立场的公开声明上签名，他通常会予以拒绝。

虽然已经退居幕后，拉斯廷却仍然面临危险。1960年，牧师亚当·克莱顿·鲍威尔（后来是纽约市的国会议员）公开宣称，如果金和拉斯廷不接受他在某个策略问题上的要求，他就会指控他们之间有不正当的性关系。伦道夫认为这项指控明显不实，因此敦促金支持拉斯廷，但是金犹豫不决。拉斯廷提出他将从南方基督教领导会议中退出，他以为金不会同意他的辞职要求，而金却平静地同意了，这令拉斯廷惊愕不已。金还开始在个人生活方面疏远拉斯廷，他不再请拉斯廷帮自己出谋划策，而是偶尔给拉斯廷写一封内容空洞的短信，以掩盖自己决定疏远他的事实。

1962年，拉斯廷50岁，此时的他几乎可以说是一个默默无闻的人。在主要的民权运动领袖中，对他支持力度最大的是伦道夫。一天，他们坐在哈勒姆的某处，伦道夫回忆起“二战”期间他计划在华盛顿举行但最终未能实现的那次游行。拉斯廷立即察觉到，实现伦道夫的那个梦想、在华盛顿组织一次大规模游行的时机成熟了。他认为，南方的游行和抗议活动已经动摇了旧秩序的基础，约翰 · 肯尼迪的当选又使华盛顿再次成为一个重要阵地。因此，这是组织大规模游行、迫使政府采取某种行动的有利时机。

起初，"城市联盟""全国有色人种协进会"等主要民权运动组织对拉斯廷的建议持怀疑态度，有的甚至坚决反对，他们不希望激怒立法者和政府官员。此外，民权运动组织内部也在一些基本问题上意见不一致，不仅在策略制定上争论不休，而且对道德与人性的理解也存在非常大的分歧。

正如戴维 · 查普尔在他的著作《希望之石》（*A Stone of Hope*）中所说的那样，民权运动几乎已经一分为二了。其中一个是美国北方的民权运动，参加者都接受过良好的教育，大多持乐观的历史观和人性观。他们毫不怀疑地认为历史之弧正在冉冉升起，人类社会正在按部就班地积累科学与心理知识，创造更大的繁荣，制定进步的法律，正在由野蛮社会缓缓地进化为礼仪之邦。

他们认为，种族偏见毫无疑问违背了美国的建国纲领，因此，民权运动积极分子的主要任务是唤醒人们的理性和人性中好的一面。随着教育水平不断提升，人们的自觉性不断加强，经济繁荣的机会不断增加，越来越多的人将会逐渐意识到种族偏见是错误的，种族隔离是不公正的，于是他们就会站起来与之做斗争。教育、经济繁荣与社会正义将携手发展，所有好的方面都将融洽地彼此加强。

这个阵营中的人大多认为，寻求达成一致意见、彬彬有礼的对话，比对抗、挑衅、诉诸政治力量的效果好。

查普尔认为，民权运动的第二个阵营起源于《圣经》预言的传统，他们的领袖，包括金和拉斯廷，经常引用《耶利米书》和《约伯记》中的观点。他们认为，在这个世界上，正义正在遭受苦难，非正义却十分盛行，行善未必能成功。从人性的本质上看，人是有罪的。如果非正义的行为能让人获利，他们就会为这种行为披上合理合法的外衣。即便你能让他们知道这些是不公正的行为，他们也不会放弃自己的特权。即使是站在正义一方的人，也可能因为自以为是而沦丧，把一个大公无私的运动变成服务于自己虚荣心的工具。这些人无论握有多大的权力，无论他们有没有权力，都有可能因为权力而堕落。

金宣称宇宙中的邪恶力量是“非常猖獗的”。他说：“肤浅的乐观主义者不愿意面对生活中的现实情况，也只有他们才看不到这个明显的事实。”现实主义阵营大多是由南方人和信教人士组成的，他们对北方人相信渐进式自然进步的观点嗤之以鼻。金认为：“时局的残酷逻辑已经证明这种乐观主义是不可信的。人类不仅没有在智慧与正直等方面取得他们言之凿凿的进步，反而面临迅速沦丧的风险，不仅有可能沾染兽性，而且他们有预谋的残忍性甚至是连猛兽都不曾有过的。”

现实主义阵营的成员认为，乐观主义者奉行偶像崇拜，但他们崇拜的是人，而不是上帝。即使他们崇拜的是上帝，那个上帝也只不过是将人类特点发挥到极致的上帝。因此，他们过高地估计了人类的善心、理想主义与同情心的威力，也过高地估计了自己高尚的意图的威力。他们对自己过于纵容，因为自己的美德而骄傲，而对对手的能力却掉以轻心。

伦道夫、金和拉斯廷对民权运动都持有这种更严肃的观点。种族隔离制度的捍卫者们不会主动放弃，怀有善念的人在自身面临危险的情况下也不会欣然采取行动。民权运动的积极分子不能依靠自己的善念或者意志力，因为善念与意志力常常会把他们的事业引入歧途。要想取得进展，不仅需要参与进来，还必须以自身的幸福、自我实现，甚至有可能是自己的生活为代价，名副其实地投身于这项运动。这种态度自然可以大大增强他们的决心，这是尘世中的那些乐观主义者所无法比拟的。查普尔指出："民权运动积极分子从不开明的资源中汲取力量，增强自己的决心，而这些正是开明者所缺少而且急需的。"《圣经》的预言不能保护这些现实主义者免受苦难，却告诉他们这些苦难虽不可避免，但可以救赎。

这种态度造成的一个结果是，这些信奉预言的现实主义者会变得更富挑衅性。他们认为，既然人在本性上是有罪的，那么很明显，仅凭教育、提升自觉性和增加机会，不可能完成变革任务；把信念寄托于历史进程、人类的各种制度或者人的善心也是错误的。正如拉斯廷指出的那样，美国黑人"对中产阶级抱持的长远性教育文化改革的观点心存畏惧和不信任感"。

相反，只有不断施压、强迫，才会产生变化。也就是说，这些恪守《圣经》的现实主义者遵从的不是托尔斯泰的做法，而是甘地的观点。他们不相信仅靠忍气吞声，或者仅凭友情和爱就可以赢得他人的心。非暴力主义为他们准备了各种各样的策略，帮助他们保持不断进攻的势头，不断发起抗议、游行、静坐等行动，迫使对手采取某些措施。借助非暴力主义，恪守《圣经》的现实主义者会更具侵略性，以毫不留情的方式揭露敌人内心的邪恶，通过他们的罪来讨伐他们。既然敌人愿意接受邪恶的事物，他们就利用这个特点来迫使敌人做出邪恶的事情。有人认为，要打破现实，极端行为必不可少。拉斯廷也赞同这个观点，他认为耶稣"通过坚持不懈的狂热的爱，直接对维持社会稳定的支柱发出了致命一击"。或者就像伦道夫说的那样："我觉得扰动并永久打乱美利坚通过吉姆 · 克劳法建立的种族隔离制度是我的道德义务。"

即使开展这些运动是伦道夫、拉斯廷等民权运动激进分子最意气风发的时刻，他们也仍然没有忘记，他们有可能因为自己的侵略性行为而面临道德沦丧的危险。在这些最美好的时刻，他们知道自己有可能犯自以为是的错误，因为他们的事业是正义的；当事业进展顺利时，他们可能会自鸣得意；在群体对抗时，他们有可能心狠手辣，产生小集团意识；在他们利用宣传手段动员追随者时，他们有可能过于教条、过于简单；随着听众的增加，他们有可能更加自命不凡；随着矛盾激化和对敌人仇恨的加深，他们有可能会变得越来越无情；在向权力靠拢的过程中，他们有可能做出让道德沾上污点的选择。他们越多地改变历史，染上骄傲习气的可能性就越大。

在性生活方面肆意而为的拉斯廷把非暴力主义看作一种可以帮助抗议者约束自己、抵制堕落的手段。按照这个观点，非暴力抗议活动要求持续不断的自我控制，这与常见的抗议活动有所不同。信奉甘地主义的抗议者绝不可以大打出手，在面对危险时必须保持镇定、积极进行沟通，必须用爱来对抗可恨之人。要做到这些，就必须严格控制好自己的身体，小心翼翼地走到危险的环境中，双手抱头，迎接雨点般的击打；还必须控制好自己的情绪，抑制怒气爆发的冲动；不以怨念而以宽容对待所有人。最重要的是，在面对苦难时，还必须做到欣然接受。金认为，长期以来，人们已历经无数苦难，但是，如果他们不想再受到压迫，他们就必须忍受更多的苦难。他说："忍得无妄之难，方可获得拯救。"

非暴力主义是一条充满意外的道路：弱者通过忍受苦难可以获得胜利；受压迫者想要击败压迫者的话，就不可以还击；站在正义一方的人有可能因为自以为是而道德沦丧。

与那些认为周围世界已经堕落的人相比，这种逻辑正好相反。在20世纪中叶的思想家当中，与这种充满讽刺意味的逻辑联系最为紧密的当属雷茵霍尔德·尼布尔。伦道夫、拉斯廷和金等人思考问题的方式与尼布尔相同，并且深受他的影响。尼布尔认为，由于人生来有罪，因此人本身就是一个问题。人的行为发生在意义的框架之中，而这个框架过于庞大，以至于人们根本无法理解。我们不但对行为导致的一系列后果无法理解，甚至连我们自己的冲动源自何处也不知道。尼布尔反对现代人在良知方面的漫不经心，以及在道德问题上的自满情绪。他提醒读者，我们的品德绝没有自己想象的那么高尚，我们的动机也不像我们认为的那样纯洁。

尼布尔认为，在承认自身存在缺点、德行有瑕疵的同时，我们仍然有必要采取侵略性行动，与邪恶、非正义做斗争。我们也必须承认自己的动机不纯，无论获取、运用了哪些权力，我们最终都会让自己的德行沾上污点。

冷战期间，尼布尔指出："为了保护我们的文明，我们采取并且必须继续采取使道德遭遇危险的行动。我们必须运用手中的权力，但是，我们不能认为一个国家在行使权力时可以做到完全没有私心，也不能因为某种程度的利益和激情就沾沾自喜，因为利益和激情会导致赋予权力合法性的正义沦陷。"

他还说，在行动中，人人都需要有一颗白纸般纯洁同时又无比精明的心。最令人意想不到的是，"如果我们真像自已标榜的那样纯洁，就不可能拥有高尚的品德"。如果我们的德行没有一点儿瑕疵，我们在行使权力时就不可能得到好的结果。但是，如果我们在自我否定的基础上运用某种策略，就可以在局部取得胜利。

为实现社会公平的梦想奋斗一生

拉斯廷与伦道夫试图利用"华盛顿游行"团结民权运动领袖的努力遭到挫败。但是，1963 年春，在亚拉巴马州伯明翰市发生的抗议活动改变了这一局面。全世界的人都目睹了伯明翰警察用警犬驱赶年轻的姑娘们，用高压水枪攻击小伙子们。这些推动了肯尼迪政府的民权立法准备工作，也告诉所有的民权运动参与者，在华盛顿举行大规模游行的时机已经成熟了。

作为游行的主要组织者，拉斯廷满心希望能担任正式的负责人。但是在一次重要会议上，全国有色人种协进会的罗伊·威尔金斯提出了反对意见："他身上的污点太多了。"金犹豫不决，最后伦道夫站了出来，说他愿意担任游行的负责人。如果他担任负责人，他就有权任命一个副手，他会选择拉斯廷。除了没有负责人这个头衔之外，拉斯廷可以履行负责人的所有职责。就这样，伦道夫有策略地驳斥了威尔金斯的意见。

拉斯廷负责游行的所有相关事务，包括交通运输、如厕设施、发言人的人选安排等。为了避免与华盛顿警察产生对抗，他组织了一批不当班的黑人警察，并让他们进行了非暴力抗议的相关训练。游行时，这批警察将站在游行队伍的外围，防止冲突发生。

在距游行还有两个星期时，支持种族隔离制度的参议员斯特罗姆·瑟蒙德在参议院发言，严厉抨击拉斯廷是一个性变态者，他还在国会议事录中引用了帕萨迪纳警方出具的犯罪记录。约翰·德埃米利奥在他的传记作品《迷失的倡导者》（*Lost Prophet*）中指出，经过这件事之后，拉斯廷立刻成为美国曝光率最高的同性恋者之一。

伦道夫迅速站出来为拉斯廷辩护："我惊愕地发现，在这个国家，竟然有人披着基督教的道德外衣，却在肆意破坏人类礼仪、隐私、谦虚等最基本的道德底线，只为了实施迫害行为。"由于距离游行只剩下两周时间了，其他的民权运动领袖没有别的选择，只能支持拉斯廷。如此看来，瑟蒙德的指责反而帮了拉斯廷一个大忙。

游行前的那个星期六，拉斯廷发表了最后声明，概述了游行中要严格控制侵略性行为的政策。他宣布，“这将是一次有秩序而不屈从的游行，是一次令人自豪而不自大的游行，是一次非暴力而不缺乏勇气的游行。”游行当天，伦道夫率先发言。接着，约翰 · 刘易斯发表了充满激情、富有侵略性的演讲，使无数在场的人激昂起来。在马哈丽亚 · 杰克逊唱了一首歌之后，金发表了他的著名演讲——“我有一个梦想”。

在演讲的结尾，金引用了一首古老的黑人圣歌：“终于自由啦！终于自由啦！感谢全能的上帝，我们终于自由啦！”之后，担任仪式主持人的拉斯廷登台，请伦道夫再次出场。伦道夫带领所有参与者宣誓：“我发誓，在赢得胜利之前，我不会停止斗争……我以我的肉体、灵魂发誓，我将不惜牺牲自己，借助社会正义实现社会公平。”

游行结束之后，拉斯廷与伦道夫碰了个头。拉斯廷后来回忆道：“我对他说：‘伦道夫先生，你的梦想似乎已经实现了。’这时，我看到眼泪从他的眼睛里涌出来，顺着脸颊流淌下来。这是我唯一一次看到他无法控制自己的情感。”

在生命的最后几十年里，拉斯廷独自一人，努力开辟自己的抗争之路。他在南非为终结种族隔离制度而奋斗；1968 年，纽约市爆发了一次教师大罢工，他为那里的民权组织加油、打气；为了捍卫取消种族隔离制度的理想，他还与马尔科姆 · X 等更激进的民族主义者展开了论战。到了晚年，他终于过上了平静的个人生活，与一位名叫瓦尔特 · 内格勒的男性建立了长期恋爱关系。拉斯廷几乎从来不公开谈论自己的私生活，但是，有一次在接受采访时他说：“最重要的是，经过多年寻觅，我终于与一个人建立了稳定、长久的关系。我们在所有方面都拥有共同点。”

阿萨 · 菲利普 · 伦道夫与贝亚德 · 拉斯廷的故事告诉我们，在一个堕落的世界里，有瑕疵的人是如何行使权力的。他们都深刻了解社会与个人的罪，并在此基础上形成了彼此相似的世界观，认为人生处处都有黑暗的角落。他们都成功地（伦道夫一战成名，而拉斯廷则耗尽了毕生时光）构建了包容所有喧嚣与冲动的内心世界。他们发现，他们可以借助自我付出，引导人生规避最糟糕的发展趋势，以间接的方式与罪行做斗争。他们的仪态庄重严肃，在为人处事方面显得有侵略性。他们知道，想要实现显著的变化，靠花言巧语是行不通的。与社会的罪行做斗争，需要有人用力砸开那扇门，与此同时，这些人还必须认识到，他们的勇敢行为并不值得人们顶礼膜拜。

这种权力哲学观适合那些内心既有坚定信仰又敢于自我否定的人。

THE ROAD TO CHARACTER

第 7 章

爱的力量——终生都在执着寻爱的女小说家

乔治·艾略特写过这样一段话："我认为人的一生应该扎根于家乡，这里不仅有亲人的殷殷之情，还有那熟悉的山山水水，辛勤劳作的男女老少，始终萦绕耳边的乡音。即便未来见多识广，家乡留给你的这些早期记忆将一直在你心中占有一席之地，并且是那么清晰，不会有一丝模糊。"

她的家乡位于英格兰中部的华威郡，那里地势平缓、气候温和、风景秀丽。在离她家比较远的地方，既可以看到连绵起伏的农田，也可以看到灰尘蔽日的煤矿。新旧经济的冲突给维多利亚时代留下了鲜明的特色。艾略特生于1819年11月22日，那时她的姓名是玛丽·安·伊万斯。

她的父亲本来是一名木工，但因为他严于自律，又善于捕捉机会，因此成为一名成功的地产商，赚了不少钱。艾略特非常崇拜父亲，成为小说家之后，她以父亲的特质（实用的知识，从书本外得到的智慧，对工作的执着奉献）为基础，创作了好几个深受欢迎的角色。父亲去世后，她保留了父亲的金丝边眼镜作为纪念，并提醒自己不可忘记父亲敏锐的观察力和世界观。

玛丽·安长大成人之前，她的母亲克里斯蒂安娜的身体在大多数时间里都不是很健康。生下玛丽·安一年半之后，她失去了一对双胞胎儿子。她把剩下的孩子都送去寄宿学校，以免自己因照顾孩子而吃苦受累。玛丽·安似乎对失去母爱反应非常强烈，据传记作家凯瑟琳·休斯称，“她引人注意和自我惩罚的行为常常惹人生气”。在表面上看，她比较早熟，意志坚定，有点儿不讲道理，不愿意跟其他孩子待在一起，而更愿意跟在大人后面。但事实上，她的内心非常渴望得到他人的关爱。

由于渴望关爱，害怕遭到遗弃，这个小姑娘将自己的注意力转移到了哥哥艾萨克的身上。哥哥从学校回到家，她就会跟在他身后，刨根问底地打听他的生活。有那么一段时间，哥哥对她的爱有所回应，两人在草地上、溪流边度过了愉快的“点滴时光”。但是，随着艾萨克渐渐长大，他在得到一匹小马驹之后，就对有点儿缠人的妹妹失去了兴趣，把眼泪汪汪的她甩在了一边。这种对爱的热切盼望以及遭到男性的拒绝，构成了她人生前30年的主旋律。她最后一任丈夫约翰·克罗斯说：“从早年起，她就急切地想要找到一个能把她视为自己生命的全部意义的伴侣。她的一生，她的道德发展过程，都鲜明地表现出了这一特点。”

1835年，她的母亲患了乳腺癌。从5岁时就开始上寄宿学校的玛丽·安被叫回家照顾母亲，当时她16岁。没有资料表明母亲最终去世是否令她悲痛万分，但她的正式教育就此终结。她就像父亲的代理妻子一样，开始履行照料家庭的职责。

在《米德尔马契》一书那篇著名的前言中，艾略特描写了众多年轻女性心中感觉到的使命危机。她说，这些年轻女性的心中充满了渴盼和激情，希望把自己的精力奉献给某个有重大价值、气势恢宏、意义非凡的事业。在道德想象力的驱动之下，她们希望在有生之年谱写出弘扬正义的壮丽诗篇。她们“在内在动力的驱使下”，追逐着“永无止境的完美，探求着永远没有理由去厌弃的目标，让自身的不幸消融在自身以外的永生的幸福中”。但是，维多利亚社会并没有为她们提供多少施展身手的机会，导致她们的“善良心愿无从实现，她们那博爱的心灵、阵阵的叹息，也只得徒唤奈何，耗损在重重阻力中，而不是倾注在任何可以永垂不朽的事业上”。

这种道德上的激情和对精神世界完美主义的追求，为玛丽·安提供了源源不断的动力。从十几岁到二十出头，她笃信宗教，过着类似于修女的生活。那个年代，宗教正在经历一场大骚乱，科学开始指出上帝造人说的漏洞。无宗教信仰的扩散使道德面临困境，致使很多维多利亚时代的人迫不及待地遵从严格的道德戒律，尽管他们对上帝是否存在的怀疑正在日益加深。一些信教的人做出各种努力，希望为宗教信仰带来生机。约翰·亨利·纽曼和牛津运动试图让圣公会重新回归天主教，恢复对传统的尊重与中世纪的礼仪。福音派信徒则四处传播宗教信仰，举行更有感召力的宗教仪式，强调个人祷告、个人良知以及个人与上帝之间的直接关系。

十几岁时，玛丽·安狂热地迷上了宗教，这个自以为是、尚显稚嫩的小姑娘表现出了宗教信仰中不讨人欢喜的一面。在她的信仰中，自我赞赏的成分居多，而人道主义同情心则略显不足。她放弃了阅读小说的习惯，因为她认为在道德上态度认真的人应该关注现实生活，而不是一个想象的世界。她发誓戒酒，并且作为家庭的照料者，她还要求家人也戒酒。在衣着打扮上，她以清教徒的标准严格要求自己。尽管音乐曾经给她的生活增添了无限欢乐，但是她决定以后除了在做礼拜时，不听任何音乐。在社交方面，她经常对粗俗的人性表示强烈反对，随后就开始抽噎。她在给朋友的信中说，在一次派对上，“舞会上令人难以忍受的嘈杂声”让她无法“保持笃信基督教的新教徒应当保持的品质”。后来，她患上了头疼的毛病，经常变得歇斯底里。并发誓要坚决抵制“有碍高尚品格的一切诱惑”。

戴维·赫伯特·劳伦斯曾经说过：“这一切都是乔治·艾略特开创的，她是把情节发展寓于心理描写的第一人。”十多岁时，玛丽·安的生活就像一部通俗剧，孤芳自赏，内心充满了痛苦，不断地挣扎，默默地忍受。她希望过一种受难、屈从的生活，但与此同时，她去除了一切与严厉的大框架不相称的有人性、温柔的内容，以做作的方式对自己加以限制。她的行为中充满了爱，但是她的目的与其说是成为一名圣徒，不如说是希望人们把她当作一名圣徒来顶礼膜拜。她在这一时期写的书信，表现出一种痛苦的卖弄式的自我意识，甚至她早年写的一首质量不高的诗也是这样。“啊，圣徒！我是否可以承受这无比荣幸、无比崇高的名称，我是否有信心站在圣徒之列，即便位于末席！”传记作家弗雷德里克·R·卡尔的话可以代表一般性的观点：“在1838年，年近19岁的玛丽·安除了才智出众以外，简直令人难以忍受。”

值得庆幸的是，她漂泊不定的思想绝不可能长时间地偏安一隅。她头脑聪明，准确地认知自己对于她来说绝不是一件难事。她在一封信中写道：“我感觉自己身上的罪是最有破坏力的那种，同时也是导致众多罪的根源所在。这种罪就是野心，即希望得到周围人的尊重，它是一种永远也无法满足的欲望。我所有的行为似乎都是以此为中心的。”在某种程度上，她认为自己在公开场合表现出来的自以为是，其实是为了博取他人注意力的一种表演。此外，她很想体验长时间给自己强加精神束缚的感觉，对知识充满渴求，无法容忍阅读面狭窄，这些也是她不受欢迎的原因。

她仍在继续阅读《圣经》集注，但与此同时，她还在学习意大利语和德语，阅读华兹华斯和歌德的作品。她的阅读范围还延伸到了浪漫主义诗歌，包括雪莱和拜伦的诗作，尽管这两位诗人的生活肯定不会遵从她的信仰的限制。

她也阅读科学著作，包括约翰 · 普林格尔 · 尼科尔的《太阳系的现象与秩序》,（*The Phenomena and Order of the Solar System*）查尔斯 · 莱尔的《地质学原理》（*Principles of Geology*）（这部著作为达尔文提出进化论铺平了道路）。当时，基督教徒也纷纷著书立说，捍卫《圣经》的上帝造人说。这些人的书，玛丽 · 安也没有错过，不过它们在她身上产生的效果却违背了作者的本意。由于作者在书中对科学新发现的驳斥不能令人信服，反而使玛丽 · 安心中的怀疑进一步增加了。

1841年，21岁的玛丽 · 安购买了查尔斯 · 亨内尔的《基督教起源探究》（*Inquiry Concerning the Origin of Christianity*），这本书对她产生了深远的影响。亨内尔对《福音书》进行了一一分析，希望确定哪些内容是事实，哪些是人们后天润色的结果。最后，他认为没有充足的证据可以证明耶稣来自于上天，施行过神迹，或者曾经死而复生。亨内尔认为，耶稣是“被狡猾的牧师与残忍的士兵杀死的一位品德高尚的改革家、圣人”。

在这段时间里，玛丽 · 安几乎无法找到与她智力水平相当的人一起讨论阅读的内容。为此她还造了一个词—— “non-impartitive”（无从分享），来描述她接收到信息之后无法通过对话加以消化吸收的窘境。

后来她了解到，亨内尔最小的妹妹卡拉就住在她家附近。卡拉的丈夫查尔斯 · 布雷是一个成功的丝带商，曾经写过短文“必然性哲学体系”，介绍自己的宗教观。布雷认为，宇宙遵从上帝规定的亘古不变的规则，但是上帝并不会出现在这个世界中。人有责任去发现这些规则，并根据这些规则改造世界。布雷相信，人应该少花些时间祷告，多花些时间进行社会改革。布雷夫妇都是头脑聪明、智力发达、思想不受传统束缚的思想家，在自己的人生历程中经常会打破传统。他们没有离婚，但是查尔斯与家里的厨师生了6个孩子，卡拉则与爱德华·诺埃尔关系亲密，甚至可能是性伴侣。诺埃尔是拜伦勋爵的亲戚，自己有三个孩子，在希腊还有一处房产。

可能是为了将布雷夫妇拉回正统基督教的怀抱，玛丽·安通过朋友介绍，认识了布雷夫妇。但是，这个目的（如果她真有此想法）没有实现。在玛丽·安进入他们的生活之前，她本人的信仰就已经发生了变化。布雷夫妇认为玛丽·安与他们志同道合，他们一起频频出现在社交场合，也为终于找到智力水平与自己相当的朋友而暗自高兴。她并不是因为布雷夫妇而背叛基督教的，但是他们确实起到了催化作用。

随着玛丽·安对宗教的怀疑逐渐加深，她的人生也开始遭遇无穷无尽的麻烦。她的父亲、家人，乃至整个上流社会都在疏远她，她找到如意郎君的难度也大大增加。在那个时代，持不可知论者将遭到社会的排挤。但是她力排众议，勇敢地坚持自己的感觉和想法。她在信中向朋友倾诉："我真希望自己参加了那场致力于将真理的圣墓从侵占者的手里夺回来的圣战。"

从这句话可以看出，在玛丽·安即将背弃基督教时，她并没有放弃对宗教的忠诚。虽然她对基督教的教义与耶稣的神圣地位有所怀疑，但她并没有怀疑上帝的存在，甚至可以说是深信不疑。她之所以站在现实的立场上反对基督教，是因为她不喜欢过于抽象或者捕风捉影的事物，而且她事先查阅了详尽的资料。但是，她的反对并非冷酷无情，也没有借助干巴巴的推理。她对生活充满了世俗的爱，如果有人认为这个世界从属于另外一个遵从不同规则的世界，那么她根本无法接受这个观点。她认为，只要自己在道德上做出正确的选择，过一种有德行、行为严谨的生活，那么无须屈从，就能够蒙受天恩。在这种哲学观的引导下，玛丽 · 安为自己以及自己的行为戴上了一副沉重的锁链。

1842 年 1 月，玛丽 · 安告诉父亲，她再也不会和他一起去做礼拜了。据一位传记作家称，她的父亲听后非常生气，冷冷地从她身边走开了。在父亲看来，玛丽 · 安不仅没有把父亲和上帝放在眼里，而且她的这个选择将使家庭蒙羞，并最终遭到社会的唾弃。在她拒绝做礼拜之后的第一个星期天，玛丽 · 安的父亲去教堂做了礼拜。他在日记里轻描淡写地写了一句话："玛丽 · 安没去。"

随后几周，玛丽 · 安开始了所谓的"圣战"，在家里与父亲展开正面对抗。父亲不再与她接触，却在不同的方面对她进行了回击，比如，他请亲朋好友劝说玛丽 · 安参加宗教活动。他们警告她说，哪怕只是为了谨慎起见，她也应该去做礼拜；如果她不听劝告，她的一生将穷困潦倒，遭到排挤和孤立。这些话听起来合情合理，但对她没有任何效果。父亲还邀请牧师和一些知识渊博的学者，通过摆事实、讲道理的方法，告诉她基督教的教义是正确的。他们来到玛丽 · 安的身边，苦口婆心地劝说她，却被玛丽 · 安一一驳下。他们用来证明自己观点正确的那些书，玛丽 · 安不仅全都看过，而且还有自己的见解。

最后，父亲决定搬家。如果玛丽 · 安根本嫁不出去，那么家里购置大房子帮她寻觅佳婿的做法就毫无意义了。

玛丽 · 安给父亲写了一封信，试图重启对话。她首先阐明了自己不信基督教的理由，她认为《福音书》里的事迹"有真有假"。她告诉父亲："这些教义，我认为是耶稣本人的道德教化。尽管我赞赏、珍视其中的很多内容，但是我认为这些都是以耶稣的生活为基础的。它将严重损害上帝的荣耀，对个人与社会幸福将产生极为恶劣的影响。"

玛丽 · 安说，装模作样地遵循自己认为有害的教义，是一种彻头彻尾的伪善行为。她在信中写道，她希望能跟父亲一起生活，但是，如果父亲希望她离开，“那么我可以心情愉快地满足你的愿望，同时还会对你一直以来给予我的悉心照料与关爱心怀感激。我在不经意间让你蒙受了许多痛苦，如果为了惩罚我，你决定停止对我未来生活的各种支持，转而帮助你认为更应该得到你帮助的其他孩子，那么，我不但不会有任何怨言，还会愉快地接受。”

在她步入成年后，她不仅准备放弃全家人的信仰，而且做好了放弃遗产、丈夫和前途，离开家孤身一人闯荡世界的打算。最后，她用一个爱的宣言结束了这封信：“作为一名得不到任何人支持的女性，我最后一次为自己辩解。如果我曾经爱过你，那么这份爱现在还在，如果我曾经努力地遵守造物主制定的规则并毫不犹豫地履行自己的责任，那么这个决心现在还在。明白了这一点之后，即使所有人都反对我，我也问心无愧。”

如此年轻的一名女性写出这样一封内容深刻的信，的确引人关注，而且后人会发现这封信提及的很多特点在乔治·艾略特的身上都有所体现：对学术的高度忠诚，苦守良知的强烈愿望，勇敢面对社会压力，必要时做出艰难选择以锤炼品格的欲望，一点儿自负，好出风头的习惯，以及希望得到爱的强烈愿望（但是，她的行为使这个愿望难以实现）。

几个月之后，父女俩和解了。玛丽·安同意跟随父亲去做礼拜，但条件是父亲和其他人都必须接受她不是基督徒、不相信基督教教义这一事实。

人们也许会认为这是一种投降的做法，其实并不完全是。玛丽·安的父亲肯定意识到自己对女儿的做法过于残忍，因此他改变了态度。与此同时，玛丽·安也认为自己在表达反对意见时过于强调自己的感受，并因此感到后悔。她发现，自己竟然因为成为丑闻的中心人物而受到全市人民关注暗自高兴，她为自己给父亲造成的痛苦后悔不已。

此外，她认为自己毫不妥协的立场有自我纵容之嫌。不到一个月后，她又写了一封信，向朋友坦承对自己“在理智与情感两个方面的草率”深感遗憾。她说，如果稍动点儿脑筋、对自己的言行加以控制，就完全有可能避免与父亲冲突，她为此感到非常后悔。她认为自己确实有固守个人良知的义务，但在处理自己的冲动时也要兼顾对其他人、对整个社会的组织结构的影响，这是她应该履行的道德义务之一。在玛丽 · 安 · 伊万斯变成小说家乔治 · 艾略特之前，公众普遍认为她是一名赤裸裸的哗众取宠的人。到中年时，她信奉的是社会向善论和渐进主义，认为对人性与社会的改革应徐徐图之，不可能一蹴而就。可以看出，她经常根据自己的信念做出勇敢、激进之举，但是她同样认为社交礼仪的细节与传统具有重要意义。她认为，社会之所以是一个整体，是因为人们被置于同一个道德世界，个人的意愿受到了无数的约束。她相信，如果人们都坚持自己的个人愿望而不做出任何妥协，就有可能在身边引发一股自私自利的不良风气。她把自己激进的人生道路隐藏在体面的陷阱之下，变成了一个相信仪式、惯例和习俗的勇敢无畏的自由思想家。与父亲之间的那场“圣战”，给她上了重要的一课。

没过几个月，玛丽 · 安就与父亲和好如初。在“圣战”结束7年之后，她的父亲去世了。玛丽 · 安在一封信中表达了对父亲的崇敬，并在道德层面捍卫了他的地位：“没有父亲，我会变成什么样呢？我想我的道德底蕴可能就不会完整。昨夜，我仿佛看到由于缺少那些限制因素的净化作用，我开始耽于尘世的肉欲，变得无比邪恶。这实在是太可怕了。”

极度渴盼得到他人的关注和爱

玛丽 · 安在智力方面已经趋于成熟，青少年时期的广泛阅读为她积淀了丰富的文化知识，同时也培养了她的观察与判断能力。在思想方面，她正处于人生的中间阶段，正在由自我关注的青少年向成年人转变，其标志就是她变得非常善于设身处地地考虑他人的感受。

但是，在情感方面，她的情况依然十分糟糕。32 岁时，她的圈子里流传着一个笑话，即玛丽 · 安见到谁就会爱上谁。总的来说，她的这些感情有一个规律。由于渴望爱情，她经常会不顾一切地爱上某位男性，通常是一位已婚或是出于其他原因不可能爱上她的男性。这位男性被她的谈吐所折服，因此对她的关注会有所回应。而她却会把这种接触误以为是爱情，并全情投入，希望两个人的爱情可以填补她内心的空虚。最后，他会拒绝她或者逃之夭夭，又或者他的妻子会迫使玛丽 · 安放弃。玛丽 · 安则会以泪洗面，或者因偏头痛发作而采取不良行为。

如果玛丽 · 安是一位传统意义上的美女，那么她的爱情突袭行动有可能会结出硕果。但是，当时年轻英俊的亨利 · 詹姆斯评价道，“她的相貌之丑陋让人难以忘却”。一连串的男性在面对她肥厚的下颚和不好看的长脸时，都无法做到泰然自若，不过优秀的人最终还是能看出她的内在美。1852 年，美国人萨拉 · 简 · 利平科特说，她们的对话使玛丽 · 安的面容产生了神奇的变化：“第一次看到伊万斯小姐咄咄逼人的下颚和闪烁不定的蓝眼睛时，我觉得她实在是相貌平平。她的鼻子、嘴巴和下巴都不是我喜欢的类型，但是，在聊到兴头上时，她的脸变得容光焕发，甚至整个人的相貌也发生了变化，她难得一见的笑容更是有一种难以形容的甜美。”

男人闯进她的世界，玛丽 · 安坠入爱河，最后男人离开了。这样的情节不断上演。她先是分别与一位音乐教师和作家查尔斯 · 亨内尔发展了炙热的爱情，后来，她又和一位名叫约翰 · 西伯瑞的年轻人纠缠不清。西伯瑞希望当一名牧师，正在学习相关的知识。他对玛丽 · 安的爱没有反应，但是在几次交谈之后，他放弃了牧师这个职业，尽管他没有其他的谋生手段。

之后，她迷上了一位身高4英尺[①]、名叫弗朗索瓦 · 达尔伯特 · 杜拉迪的已婚中年艺术家，她的狂热程度令对方感到不安。有一次，她对一位男性（这一次她喜欢上的确实是一位单身汉）一见钟情，但第二天她就对他失去了兴趣。

朋友们有时会邀请玛丽 · 安到家中小住，不久之后，她就会与这个家庭里的父亲发生某种充满激情的亲密关系。罗伯特 · 布拉班特的年纪比玛丽 · 安大得多，是一位有教养的医生。他允许玛丽 · 安出入他的图书馆，并邀请她与他的家人一起生活。不久之后，两人就彻底纠缠在一起了。玛丽 · 安在写给卡拉的信中说："这里就是我的小天堂，布拉班特医生就是我的大天使。因为时间关系，我不能一一介绍他迷人的品质。我们一起阅读、散步、聊天，和他在一起，我永远都不会感到厌倦。"布拉班特医生的妻子很快就采取了果断行动，提出要么玛丽 · 安搬出去，要么她自己离开这个家。玛丽 · 安只好不光彩地走了。

最奇怪、最复杂的局面出现在《威斯敏斯特评论》（*Westminster Review*）（玛丽 · 安为这份期刊撰稿，并担任编辑）发行人约翰 · 查普曼的家中。玛丽 · 安搬过来时，查普曼已经和妻子、情妇住在一起了。不久之后，这三个女人就开始上演争宠大战。艾略特的传记作家弗雷德里克 · 卡尔说，他们体现出乡村家庭闹剧的所有特点：门"砰"的一声关上，两个人偷偷溜出去散步，受伤的感情，眼泪汪汪或者怒气冲天的场景。如果某一天过于风平浪静，查普曼就会挑起事端，把某一位女性写给他的情书拿出来，给另一位女性看。最后，妻子与情妇结成同盟，一起对抗玛丽 · 安。于是，玛丽 · 安再一次在流言蜚语中离开了。

---

① 1英尺=0.304 8米。——编者注

传记作家们普遍认为，由于玛丽·安缺少父母的爱，因此她一辈子都在拼命挣扎，希望能填补内心的那片空白。但是，我们也能从中看出自恋的痕迹，看到她对自己的爱情、高贵气质以及激情流淌的感觉充满迷恋。她把自己的生活变成了一部戏剧，全身心地投入其中，纵情享受人们的关注，对自己在情感方面的得心应手，以及自己发挥的重要作用感到沾沾自喜。如果人们把自己看成是他们小宇宙的中心，那么他们常常会因为自己可怕但又令人感到愉悦的遭遇而欣喜若狂。如果人们把自己看作广袤世界的一分子、漫漫历史中的一个瞬间，他们就不大可能会产生这种感觉。

玛丽·安写过这样一段文字："要成为一个诗人，必须有一颗敏感的心。不仅可以随时洞察事物的细微变化，而且可以迅速感知一切。因为洞察力只是一只训练有素、善于在感情之弦上弹出各种声调的手，而在这颗敏感的心里，认识可以立即转化为感觉，感觉又像一种新的认知器官，为我们送来新的认识。"玛丽·安就拥有这种敏感的心，她的感觉、行为与思想融为一体，不分彼此。但是她找不到人来寄托自己的激情，也没有办法对自己的激情加以约束和限制。

爱是能战胜一切的终极真理

1852 年，32 岁的玛丽·安爱上了哲学家赫伯特·斯宾塞。这是她有生以来结识的唯一一个智力水平与她接近的男性。他们一起看歌剧，还经常一起聊天。斯宾塞喜欢与她相处，但是无法克服自己的自恋情结，也无法接受她丑陋的容貌。几十年之后，斯宾塞写道："外貌不吸引人是致命的缺陷。尽管理智告诉我应该爱上她，但是本能让我望而却步。"

当年 7 月，她给斯宾塞写了一封大胆而诚恳的信："熟知我的人说过，如果我彻底地爱上某个人，那么我的整个人生将完全取决于那份感情。我发现，他们说的是对的。”她恳请斯宾塞不要抛弃她，“如果你跟其他人在一起，我肯定无法活下去。但是，在这之前，只要你在我身边，我就有勇气付出努力，让我的人生变得有价值。我不要求你做出任何牺牲，我会保持心情愉快，绝不会让你生气……如果你将我从患得患失的恐惧中解救出来，你就会发现我很容易满足。”

最后，她用一个华丽的句子把这封信推向了高潮：“我想，从来没有哪位女性给你写过这样的信。但是，无论那些庸俗的人会怎么看我，我都不会有一丝一毫难为情。因为理智和良好的教养告诉我，我值得拥有你的尊敬和柔情。”

这封信既有低声下气的恳求，又包含着强烈的自信，是艾略特人生之路发生重大转变的一个标志。在断断续续地经历了多年的感情挫折之后，她的内心变得刚强起来，终于可以发表维护自己尊严的宣言了。我们也许可以把这个时刻视为艾略特发挥能动性的时刻。在这一刻，她再也不像以前那样，因为空虚而失去生活的目标，而是按照自己内心的标准去过自己的生活，并逐渐培养出驱动自己人生所需要的激情和能力。

这封信还是未能解决她所面临的问题，斯宾塞拒绝了她的爱。她依旧缺乏自信，对自己的写作尤其如此。但是，她的精力越来越旺盛，内心的力量也不断增强，有时还表现出令人惊讶的勇气。

对很多人来说，这种能动性有可能会来得特别晚。有时候，我们会发现那些穷苦之人就缺少这种能动性。在生活遭遇经济问题、武断的老板或常见的混乱状况之后，他们有可能对投入决定产出的理念失去信心。即使我们制订计划帮助他们改善生活，他们也无法充分把握这个机会，因为他们缺少自信心，难以掌控自己的命运。

而在那些幸运儿，尤其是那些年轻的幸运儿当中，我们可以看到许多人从小就被灌输了不达目的誓不罢休的想法。他们有可能积极主动、非常忙碌、没有时间休息，但他们的内心常有消极被动、失去控制的感觉。因为引导他们人生方向的是他人的期望、外界的标准和对成功的各种定义，而所有这些并不真正适合他们。

能动性不会自动产生，它需要人们的努力推动才会出现。它也不仅仅是行动的信心与动机，而是通过某些铭记于心的标准来引导行为。能动性时刻可能发生在任何年龄阶段，也可能永远不会发生。艾略特与斯宾塞在一起的时候，开始表现出情感能动性的迹象，但是直到她认识乔治 · 刘易斯之后，她的能动性才真正产生。

人们总是从乔治 · 艾略特的角度来讨论她对乔治 · 刘易斯的爱，认为伟大的爱情使她不再是一个自我关注、绝望的女孩，还给她带来了她渴盼的爱情、情感支持和安全感。不过，我们同样可以从刘易斯的角度来讨论他们的这段感情，因为在他从破裂人格发展为完整人格的过程中，这段感情发挥了核心作用。

刘易斯的家族关系十分混乱。他的祖父是一个喜剧演员，一生结了三次婚。他的父亲在利物浦同一名女性结婚后有了 4 个孩子，然后离开了这个家，与伦敦的一名女性组建了一个新家庭，又有了三个儿子，之后他去了百慕大，再也没有露面。

刘易斯出生在一个比较贫穷的家庭里，长大后他前往欧洲求学，并接触到斯宾诺莎、孔德（当时，他们在英格兰几乎籍籍无名）等欧洲大陆知名学者的思想。回到伦敦之后，他靠写作谋生。只要有人付钱，无论让他写什么内容他都会接受。当时的社会已经开始推行专业化和认真负责的职业精神，因此，作为一名提供肤浅的临时性写作服务的人，他受到了冷遇。

美国女权主义者玛格丽特·富勒在托马斯·卡莱尔的家中参加派对时认识了刘易斯，认为他是一个“诙谐有趣的法国人，稍显轻浮，知识浅薄却灵活机智”。大多数传记作家都持同样的看法，认为他是一个投机取巧者和机会主义者，能说会道，但是说的话大多比较肤浅，是一个不太可靠的文字工作者，因此对他不屑一顾。

但是传记作家凯瑟琳·休斯比较欣赏刘易斯，而且她的理由似乎也比较充分。她认为，在一个不苟言笑、自尊自重盛行的社会里，刘易斯却非常风趣，而且笑口常开。当时的社会对不属于英国的事物往往持怀疑态度，刘易斯却对法国人与德国人的生活了如指掌。他发自内心地欢迎各种不同的观点，愿意将遭到忽视的思想家带进公众的视野。在严苛的维多利亚时代，人们大多不愿意表露自己的思想，而刘易斯却是一位自由思想家，充满了浪漫气息。

刘易斯长相丑陋（在伦敦名人中，他是相貌不及乔治·艾略特的唯一一人），但是在与女性聊天时，他能做到安然若素，而且能敏锐地把握对方的心理。这个特质让他受益匪浅。23岁时，他娶了一位名叫艾格尼丝的年轻美貌的19岁少女。他们的婚姻表现出了自由思想的现代特点，在前9年里，他们都对婚姻非常忠诚，但此后情况就截然不同了。艾格尼丝与一位名叫桑顿·亨特的男子长期保持着性关系，而刘易斯并不反对艾格尼丝的这种行为，唯一的条件是她不可以为亨特生孩子。可是后来，艾格尼丝真的为亨特生了几个孩子。为了不让这些孩子被人嘲笑为私生子，刘易斯把他们领回家，对外称他们是自己的孩子。

在结识玛丽·安时，刘易斯正处于和艾格尼丝分居的状态（不过，他可能认为自己还会搬回去住，他和艾格尼丝的婚姻在他去世之前也会一直合法有效）。他认为自己正处在“枯燥乏味、无所事事的人生阶段”。他说：“我放弃了所有理想，有一天没一天地混日子。但是，每天的烦心事仍然无穷无尽。”

与此同时，玛丽·安也感到无比孤独，不过她已渐趋成熟。她在写给卡拉·布雷的信中说：“我的麻烦纯粹是心理方面的——对自我的不满足，渴盼做一些有价值的事情。”她在日记里引用了女权主义作家玛格丽特·富勒的话：“我可以驾驭自己的聪明才智，却无法驾驭生活！唉，生活！主啊，难道我就永远不能拥有甜蜜的生活吗？”

不过，已经30多岁的她再也不像以前那样纠缠于自己的问题了：“当人们年轻时，总觉得自己面临的那些问题是一件大事。世界为我们的人生准备了一个快速延伸的舞台，如果遇到阻挠，我们有权利破口大骂，我年轻时也是这样。但是，至少我们已经发现，这些在我们心中占据重要地位的事情，其实不过是玫瑰花瓣上的小水珠，到了中午就消失得不见踪影了。我的这番话不是矫揉造作，也不是多愁善感，而是每天都会让我受益的一点儿心得。”

1851年10月6日，刘易斯与玛丽·安在一家书店邂逅了。此时，玛丽·安已经搬到伦敦，并且是《威斯敏斯特评论》的匿名撰稿人了（后来，她成为编辑）。他们有相同的人生经历，都与赫伯特·斯宾塞建立了亲密的友谊。

刚开始时，玛丽·安对刘易斯没什么印象，但是很快她就在写给朋友的信中称她发现刘易斯“亲切、有趣”，让“我不由自主地喜欢上了他”。刘易斯似乎也非常了解这位刚刚结识的女性所具备的特点。尽管刘易斯在生活的其他方面总是漂移不定，但自从与这位后来改名为乔治·艾略特的女性厮守之后，他就变得异常坚定，十分值得信任。

他们之间的书信都没有被保存下来。一方面是因为他们写给对方的信本来就不多（他们大多数时间都待在一起），另一方面是因为艾略特不希望后世的传记作家研究他们的私生活，也不愿意让人们发现她的那些令人钦佩的小说所掩盖的其实是一颗容易受伤的心。因此，我们对他们两人爱情的发展过程一无所知，不过我们知道，刘易斯正在逐渐俘获玛丽·安的芳心。1853年4月16日，玛丽·安给朋友写了一封信："刘易斯先生亲切友善、殷勤体贴，在遭到我无数的痛骂之后，他赢得了我的尊重。同许多人一样，他比看上去要优秀得多。他有感情、有良知，不过这些都隐藏在他轻浮的面具之下。"

刘易斯可能在某个场合向玛丽·安介绍了自己破裂的婚姻和糟糕的私生活，对生活中的各种复杂情况颇为熟悉的玛丽·安可能不会对此感到震惊。他们或许还进行了大量的思想交流，他们都喜欢阅读斯宾诺莎、孔德、歌德、路德维希·费尔巴哈等人的著作。而且，玛丽·安当时正在翻译费尔巴哈的《基督教的本质》。

费尔巴哈在书中提出，虽然当前这个时代已经不再信仰基督教，但是基督教伦理道德的精髓仍然有可能得以保留，而爱可能是实现这一目的的有效途径。他认为，通过与所爱之人的爱情与性行为，人类有可能实现超越，从而击败人性里的罪。他在书中这样写道：

> 那么，人在面对自己与完美自我不统一的情况，察觉到自己的罪，以及意识到自己的存在毫无意义而心神不宁时，有什么办法可以把自己解救出来呢？他怎样才能避免罪孽的致命伤害呢？唯一的办法就是，把爱视为最高、最终极的力量和真理；不仅要把上帝看作标准、知性的道德人，还要把上帝看作一个慈爱的、温情的甚至有个人感情的人（也就是说，对个体怀有同情心）。

由于思想相投，玛丽 · 安与刘易斯坠入了爱河。在他们相识之前的那些年里，他们被相同的作家所吸引，他们写作的主题有重合的部分，他们抱着同样强烈的热情追逐真理，他们都不是基督教的信徒，而且他们都认为以爱与同情心为基础的道德可以取代基督教教义。

爱可以升华人的灵魂

我们无从了解他们的心灵碰撞出火花的情景，但是我们知道与他们类似的人是如何坠入爱河的，他们相爱的过程有帮助于我们了解玛丽 · 安与刘易斯的情感历程。类似的爱情中最著名的应该是英国哲学家以赛亚 · 伯林与俄罗斯诗人安娜 · 阿赫玛托娃的爱情了。一夜之间，他们的心就走到了一起，为我们呈现了一部特殊的爱情剧。

这部爱情剧发生在 1945 年的列宁格勒（现圣彼德堡）。阿赫玛托娃比柏林大 20 岁，是俄国革命之前就已成名的伟大诗人。从 1925 年开始，苏联政府严禁她发表任何作品。1921 年，她的第一任丈夫因遭到错误的指控被判处死刑。1938 年，她的儿子被逮捕入狱。阿赫玛托娃在监狱门外等了 17 个月，希望得到儿子的消息，结果却一无所获。

柏林对阿赫玛托娃不是很了解，但当时他正好来到列宁格勒，一位朋友提出为他引荐阿赫玛托娃。这位朋友带着柏林来到阿赫玛托娃的公寓，在那里，柏林看到了一位美丽与影响力不减当年，但是在暴政与战争的摧残下身心俱疲的女性。他们最初的谈话有点儿拘束，话题主要是战争的经历和英国的一些大学。其间，其他客人一个个地离开了。

到了午夜，只剩下他们二人，相对坐在房间的两侧。阿赫玛托娃谈到了她的少女时代、婚姻状况和丈夫的冤死。她又声情并茂地背诵了拜伦的《唐璜》(*Don Juan*)。柏林被深深地打动了，为了掩饰自己的情绪，他转过头望向窗外。她接着朗诵她自己写的诗，中间还停下来讲述了她的一位同事因为这些诗被处死的事。

到凌晨4点的时候，他们开始讨论一些伟人。他们对普希金和契诃夫的看法一致，柏林喜欢屠格涅夫令人轻松的聪明才智，阿赫玛托娃欣赏陀思妥耶夫斯基那包含了强烈愤怒之情的文字。

他们的谈话不断深入，彼此敞开了心扉。阿赫玛托娃承认了自己的孤独，表露了自己的激情。他们阅读同样的书，了解对方所了解的东西，知道彼此的追求。他的传记作家迈克尔·伊格纳季耶夫写道："那一夜，(柏林的人生)第一次与心平气和的完美境界如此接近。"等到他终于回到宾馆时，已经是第二天上午11点了。他扑倒在床上，高呼："我恋爱了！我恋爱了！"

柏林与阿赫玛托娃那个夜晚的促膝谈心是一种完美的交流。交流的双方都认为，最值得注意的知识并非隐藏在数据之中，而是隐藏在伟大的文化作品之中，隐藏在人类继承的道德、情感和既有的智慧仓库之中。在这次交流中，学术上的一致性演变成情感的融合。柏林与阿赫玛托娃能够展开这种有深远意义的对话，原因是他们一直在坚持阅读。他们认为，要体验丰富多彩的生活，我们就必须听一听其他人的妙计，读一读他们的大作。两个人在精神领域都雄心勃勃，他们的共同语言是比我们更了解我们自己的天才的文学作品。

他们的爱情是志同道合的爱的完美代表。这种志同道合的爱需要很多巧合才会发生，即使发生，一生也只有一两次机会。柏林与阿赫玛托娃感觉他们珠联璧合，是天造地设的一对。他们有很多共同点，他们的相处是那么和谐，一夜之间，两个人内心的戒备就完全消失了。

如果你读过阿赫玛托娃描写那个夜晚的诗，你就可以肯定他们发生了性关系。但是，伊格纳季耶夫说他们几乎没有身体接触。他们主要就学术、情感和精神等方面进行了交流，是一种既有友谊又有爱情的交流。人们常说，朋友肩并肩地对抗世界，情人则面对面地生活。柏林与阿赫玛托娃的这次交流似乎二者兼备，他们不仅分享思想，而且增进了对彼此的了解。

对于柏林而言，那个夜晚是他人生中最重要的时刻。阿赫玛托娃正在忍受苏联政府的迫害。苏联政府认为她的丈夫是英国间谍，将她从作家联盟除名，并把她的儿子关进监狱。尽管内心无比凄苦，但是阿赫玛托娃仍然十分欢迎柏林来访，给了他热情洋溢的评价，并且描绘了那个神秘的夜晚。

艾略特与刘易斯的爱也有强烈的学术因素和情感因素在其中。他们都认为爱是一种道德力量，可以使人的思想得到升华，让人们在考虑问题时兼顾他人的利益，并且有助于他们培养乐于奉献的伟大品质。

的确，仔细研究情感最浓时的爱情，我们就会发现爱情经常会通过几个方面改造我们的灵魂。首先，爱情让我们学会谦恭。它让我们明白，我们连自己也无法控制。大多数文化和文明都借助神话或者传说，将爱情描绘成一种外部力量（神或者恶魔）。这种力量一旦进入人的身体，就会停留在那里，然后全面改造人的内心世界。爱情还被描绘成一种令人愉悦的疯狂，难以控制的火焰，美妙绝伦的狂热。爱情是不能培养的，我们只能不由自主地“坠入”爱河。爱情是一种原生事物，显然也是属于我们自己的一种事物。由于无法规划、安排或支配爱情的惊人力量，因此我们对爱情总是心存敬畏。

爱就像一支入侵的军队，提醒你你的身心不是由你说了算。它一点一点地征服你，重新安排你的精力分配、睡眠规律、聊天内容，甚至你的注意力。谈恋爱时，你会情不自禁地想起你所爱的人。在人群中穿行时，没走几步，你就会在恍惚间看到她的身影。你的情绪会跌到低谷，明知道可能微不足道或者是错觉的小问题也会让你痛苦不堪。爱情是最强大的军队，因为没有任何力量可以与之抗衡。当爱情的入侵只进行到一半时，被侵入的那个人会盼望着被爱情俘虏，虽然无比害怕，却只能束手待擒。

爱是一种屈服。你把内心最脆弱的部位暴露出来，放弃了自我做主的幻想，你的脆弱性和希望得到支持的欲望会慢慢呈现出来。艾略特曾经写道："对大多数女性来说，男性那坚实的臂膀似乎拥有神奇的吸引力。女性需要的不是身体上的帮助，而是得到帮助的感觉，以及不是由她身体发出但属于她的所有力量。这种感觉能够满足女性想象力的持续需要。"

爱的基础是人们心甘情愿地表现出脆弱性，而且爱会加剧这种脆弱性。爱之所以有强大的力量，是因为坠入爱河的人都会毫不掩饰地坦露自己的内心，而另一方则会毫不犹豫地迎上去。意大利小说家塞萨尔·帕韦塞说："如果有一天，你把自己的弱点暴露在某个人面前，而那个人并没有利用你的弱点来彰显自己的力量，就说明你将得到爱神的眷顾。"

其次，爱可以让我们不再以自我为中心。爱可以引导我们摆脱自恋的自然状态，爱让他人的形象栩栩如生地投射到你的心中，并且让他人的形象比你自己的形象更加生动。

热恋中的人可能会以为自己追求的是个人幸福，这是一种错觉，他追求的其实是与另外一个人的融合，如果这种融合与个人幸福相矛盾，他很有可能会选择融合。肤浅的人生活在自我的狭小世界里，而恋爱中的人则会发现，最丰富的世界不在于内心，而在于他们的身体之外，在他们所爱之人的心中，在他与所爱之人同甘共苦的过程中。成功的婚姻是经过50年的对话之后，两个人的思想与心灵越来越近，直至融为一体。爱情的表现形式是同欢笑、同流泪，最后还会告诉对方："我已经变成了你。"

很多人通过观察发现，在爱面前，给予与接受之间不再那么泾渭分明。由于恋爱双方的自我已经不分彼此地融合在一起，因此相较于接受，对所爱之人的给予更令人愉悦。蒙田说，接受所爱之人的礼物其实是送给对方的一个终极大礼，可以让他体验到给予的乐趣。说恋爱中的人慷慨大方或者没有私心是没有任何意义的，因为陷入热恋中的人在为所爱之人付出时，同时也是在为自己付出。

在他的那篇谈论友谊的著名散文中，蒙田描述了深厚友谊或者爱改变自我界限的作用：

> 这种友谊没有模式可以参考，只能自己摸索。这不是一种、两种、三种、四种、一千种特别的要素，而是所有这些要素混合而成的一种说不清道不明的东西，它攫住了我的全部意志，使我的意志浸入并融合在它的意志中；它也抓住了它的全部意志，使它的意志浸入并融合在我的意志中，如饥似渴，心心相印。我所谓的“融合”是千真万确的，我们不再有任何属于自己的东西，也分不清是它的还是我的。

再次，爱还会给人输入诗人的禀赋。亚当一号希望根据实用的计算结果去规划人生——体验尽可能多的乐趣，防范痛苦和伤害，让一切都在掌控之中。亚当一号希望你冷静地权衡风险和回报，寻找机会实现自己的利益，并作为一个自给自足的单位走完自己的人生道路。亚当一号会计算成本与收益，并精心制定人生战略。他希望你与世界保持在触手可及的距离之内。但是，爱意味着要放纵自己，让这种有魔力的思维方式驱动自己。

爱会让人连续体验到成百上千种之前不曾有过的细微感觉，就好像人生画卷的另一半第一次在你面前展开一样，让你感受到狂热的崇拜、希望、怀疑、可能性、害怕、狂喜、嫉妒、痛苦……

爱是顺从，而不是决定。爱要求你不惜任何代价，像诗人那样拜服在某种神秘力量的面前。爱让你在思考问题时不考虑条件，毫无保留地将你的爱全盘托出，而不是像挤牙膏一样一点儿一点儿地付出。司汤达说过，爱让你的视野一片清明，所爱之人宛若熠熠生辉的珠宝。在你的心目中，她拥有别人所没有的神奇魔力；在你的心目中，爱情之花第一次绽放的地方具有其他人无法察觉的神圣意义；日历上标记的第一次接吻、第一次示爱的日期也显得很神圣。你的情感很难用文字来描述，只有通过音乐、诗歌、眼神和身体接触才能准确地传递。你们互诉衷肠的言辞是那样幼稚，以至于你们不敢告诉其他人，否则会让别人觉得你们太愚蠢了。

你爱上的那个人可能不是对你来说最有利用价值的人，不是非常富有、非常受欢迎、人缘非常好的人，也不是职业前景最被人看好的那个人。亚当二号爱上的人具有鲜明的特点，除了内心的和谐、启迪、欢乐、激动以外，没有别的原因，爱上一个人只是因为他就是他，她就是她。此外，爱情肯定不会追求效率。令人奇怪的是，阻碍反而有利于爱情的成长，而谨慎却未必能赢得爱情。我们可能曾经警告过两个正在热恋的人要谨慎考虑结婚的问题，因为我们认为他们在一起不会幸福，但是热恋中的人已经陷入了神奇的思维模式，无法像正常人那样看待问题。而且，即使他们可以做出调整，他们可能也不会这样做，因为他们宁愿不幸福地待在一起，也不愿意分手去过各自的幸福生活。他们是在相爱，而不是在买股票，诗人的特质（一部分是理智，一部分是迷人的情感）会引导他们做出自己的决定。爱情是一种有诗意的需要，既存在于比逻辑与推断高的层面上，又存在于比逻辑与推断低的层面上。

因此，爱激发了精神意识。精神意识是意识的一种变化形式，势头强劲、压倒一切，同时又热情洋溢。在恋爱状态下，很多人都有可能遇到某个神秘时刻，感受到一种超出人的层面的、无法用言语形容的神秘意识。他们的爱情散发出纯真爱情的微弱光芒，纯真爱情不同于普通人的爱情，而是来自某个超然的领域。这种感受稍纵即逝，是一种强烈而欢快的神秘体验，让我们超出熟知的范围，窥见无尽宇宙的一点儿真容。

诗人克里斯蒂安·威曼在他的杰作《我的光明深渊》（*My Bright Abyss*）中写道：

> 所有真实的爱（母亲对孩子的爱、丈夫对妻子的爱，以及朋友之间的爱）都包含着一种过量且蠢蠢欲动的活力。而且，这种活力不是简单地从一个人身上移动到另一个人身上，而是通过他们移动至另外一些东西上。（斯宾塞·里斯说：“现在，我明白了，他爱我越深，我就越发热爱我们这个世界。”）正因为如此，在面对这种爱（我指的不仅仅是爱情，事实上，我指的主要是其他类型的爱，是那些更加持久的关系）时，我们有可能感到迷惑、震惊。因为它希望超越自己的极限，它在我们心里大声疾呼，希望我们帮助它超越它的极限。

对于很多人而言，无论他们是否信仰宗教，爱都可以帮助他们超越认知的界限，窥见某些未知的领域。从更实际的意义来说，爱开垦了人们的心灵。对爱的渴望使我们的心灵更加开放、自由。爱就像铁犁一样，翻开坚硬的土壤，让种子发芽、成长。它碾碎了亚当一号赖以生存的硬壳，暴露出亚当二号的松软沃土。我们注意到，一个人的爱会激发另一个人的爱，一个人的爱会增强另一个人的能力，这种现象一直都存在。

自我控制就像肌肉，如果在一天当中经常使用，那么到了晚上，你就会筋疲力尽，自我控制的强度再也比不上白天。但是爱恰好相反，爱得越深，你能付出的爱就越多。在第二个、第三个孩子出生之后，你对第一个孩子的爱并不会因此减少。爱自己家乡的人也会更爱自己的祖国，爱越用越多。

爱会让人性情温和。我们都知道，在相爱之前，人们冷漠麻木，满怀戒心。但是在受到甜蜜的爱的刺激并进入恋爱状态之后，他们的行为就会发生变化，就像被削掉皮的水果一样，露出甜美的果肉。因此，他们更加害怕，也更容易受到伤害，但是同时，他们也变得更和善，更愿意奉献自己的人生。莎士比亚是这方面当之无愧的权威，他曾经写过这样的诗句："我给你的越多，我自己也越富有，因为这两者都没有穷尽。"

爱还能推动人们做出奉献。如果开始时爱是自上而下的，挖掘自我脆弱的一面，毫不掩饰地暴露自己，那么结束时它就是自下而上的，激发出人们的活力，唤起他们奉献的愿望。恋爱中的人会买小礼物，会不顾交通拥堵去机场接自己的爱人。爱意味着一次又一次在半夜醒来哺乳，年复一年地教育孩子。爱意味着在战斗中为了战友甘冒生命危险，甚至牺牲自己的性命。爱使人变得高尚，还会发生其他改变。只有在相爱的状态下，一个人才会按照另一个人所希望的方式生活；只有在爱的承诺中，人们才更有可能超越利己主义逻辑，无条件地做出奉献。

你偶尔还会遇到心灵超凡脱俗的人，这样的人已经尽情享受过最激情、最狂热的爱。他们一度狂热地爱着某个人或某个事物，现在这份爱虽然已经不像以前那么狂热了，但是它非常稳固、愉快、不可动摇。他们甚至不计任何回报，只是自然而然地付出自己的爱。这种爱是馈赠式的，而不是相互的。

乔治 · 刘易斯对玛丽 · 安的爱就是这种。因为爱对方，他们双双发生了变化，变得更加高尚，不过刘易斯的变化更加显著。他公开赞扬玛丽 · 安超凡脱俗的才智，并且通过鼓励与诱导的方式小心翼翼地呵护着这份才智。在他为数众多的书信和其他表达中，他把自己摆在较低的位置上，同时把玛丽 · 安摆在心中最高的位置。

一个了不起的爱的承诺

刘易斯和玛丽 · 安的同居决定具有非常深远的意义。尽管刘易斯与妻子艾格尼丝已经分居，而且后者还怀上了另一个男人的孩子，但刘易斯是法律认定的已婚男子。如果艾略特和刘易斯结为夫妇，在世人眼中，他们就犯下了无耻的通奸罪。上流社会将对他们关上大门，家人将与他们断绝关系，他们将会遭到社会的流放，尤其是艾略特。艾略特的传记作家弗雷德里克 · 卡尔指出："包养情妇的男人被称为花花公子，而被男人包养的女性则被叫作淫妇。"

然而，到 1852 年冬天时，艾略特似乎已经认定刘易斯就是她的灵魂伴侣。1853 年春天，他们有了与社会决裂、彼此厮守的念头。同年 4 月，刘易斯的精神崩溃了，伴随着眩晕、头疼和耳鸣等症状。那时，艾略特正在翻译费尔巴哈的作品。刘易斯认为，从真正的意义上讲，婚姻的本质不是法律上的某种规定，而是道德上的一种协议。刘易斯的这种看法可能推动艾略特做出了这样一个判断：和刘易斯与他分居的法定妻子之间的协议相比，她与刘易斯之间的爱情是一种更真实、更高层次的协议。

最终，她必须判断到底哪种联系对她最有意义。结果，她认为爱情肯定会胜过社会关系。后来，她在一封信里这样写道："迈出这一步之后，我认真考虑了后果。我做好了被所有朋友抛弃的心理准备，而且我既不会因此生气，也不会感到痛苦。因为我决定托付终身的这个人，是一个正确的选择，他值得我为他做出牺牲。我唯一担心的是，人们是否会正确地看待他。"

所有的爱都有狭隘性，是为了某一个选择而放弃其他选择。2008年，利昂·维瑟提耶在卡斯·桑斯坦与萨曼莎·鲍尔的婚礼祝酒词中把这个问题说得非常透彻。

> 成为新郎、新娘的人已经通过爱情发现了幸福的狭隘性。爱情是对幸福规模的革命，是对人的重要性的调整；既是私密的，又是特定的；它的对象具体而明确，要么是这个男人与那个女人，要么是那个男人与这个女人。爱情宜深不宜滥，宜厮守不宜分离，宜轻松获取不宜勉强为之……爱情不关心或者不应关心对方以往的经历，也不应受到它的影响。爱情是一个轻松而牢固的庇护所：当夜幕降临、不见一丝光亮时，只有一颗心会帮助你驱赶恶魔，或者与你一起迎接天使。至于总统是谁，没有人会关心。同意结婚，就是同意被人真正地了解，这预示着一种不妙的前景。因此，人们只好寄希望于爱情可以修正印象不佳的问题，可以催生必不可少的谅解。选择婚姻就是选择暴露自己，我们有可能成为配偶心目中的英雄，但是不大可能会受到配偶的崇拜。

当做出那个决定时，艾略特的思想似乎处于一种骤变的状态，她知道自己的人生即将进入一个不可逆转的新阶段。她似乎认为，到目前为止，她所做出的一系列决定都是有问题的，而现在到了把全部希望寄托于一个正确选择的时候了。她就像W·H·奥登在他的著名诗作《毫不犹豫地跳出来吧》中说的那样，“勇敢地跳了出来”。

> 危险的感觉肯定不会消失，
>
> 因为这条道路很短，而且陡峭，

虽然看上去似乎非常平缓，
你可以观望，但最终还是得勇敢地跳出来。

意志坚强的人在睡梦中也会感伤，
会像傻瓜一样触犯规章，
有可能消逝的不是习俗，
而往往是内心的畏惧……

我们认为适合穿着的衣服，
可能既不实用，也不便宜，
只要我们愿意像绵羊那样温顺，
而且绝口不提那些消失的东西……

在万丈深渊般的孤寂下面，
亲爱的，那是我们存身的床，
虽然我爱你，但你还是得勇敢地跳出来，
我们必须从自以为安全的美梦中醒过来。

1854 年 7 月 20 日，艾略特来到伦敦塔附近的一个码头，登上了前往安特卫普的“雷文斯本”号。她和刘易斯决定远赴国外，共同生活。她把自己的这个选择，写信告诉了几位朋友，为了让朋友们接受这个事实，他们宣称这次出游是同居生活的预演，但实际上他们已经决定共度余生。对他们俩而言，这是一个非常勇敢的行为，也是对爱情做出的一个了不起的承诺。

他们的选择非常正确，因为它拯救了他们的人生。他们携手周游欧洲，大部分时间是在德国境内。欧洲的优秀作家和学者对他们表示了热烈的欢迎。玛丽·安非常愿意以刘易斯夫人的身份公开露面："我一天比一天幸福，而且我发现家庭生活越来越愉快，让我每天都有新收获。"

但是，回到伦敦之后，他们遭到了潮水般的谩骂，而且自此以后，艾略特的社交生活再也没能摆脱这种局面。一些人以竭力贬低她为乐，咒骂她是偷情狂、家庭破坏者、荡妇。还有人认为，虽然刘易斯实际上是处于未婚状态，他们走到一起也是因为彼此相爱，但是，他们仍然不能认可他们俩的这种关系，因为他们担心这种关系有可能诱导其他人在道德上放纵自己。一位之前就认识艾略特的人对她的头颅进行了一番骨相学研究，然后宣布说："我们都觉得这是耻辱，都为之深感焦虑。我想知道伊万斯小姐有没有精神病家族史，因为她的所作所为好像是一种病态的异常举动。"

艾略特毫不退缩地坚持自己的选择。尽管她决定与刘易斯一起生活是一种离经叛道的行为，但是她信奉传统的婚姻形式和婚姻制度，因此她坚持以刘易斯夫人的身份出现在人们面前。她的极端行为是环境作用使然，但是在道德和人生观方面，她仍然坚持走传统的道路。因此，她和刘易斯在生活中分别扮演着传统意义上妻子和丈夫的角色。她有时会感到悲观，但是刘易斯乐观豁达，风趣幽默，积极参加社交活动。两人一起散步、工作、阅读，过着热情、稳重、充实的生活。后来，艾略特在小说《亚当·比德》(*Adam Bede*)中这样写道："两个人的人生交织在一起，同舟共济，相依共存，并在对方的灵魂深处留下一段无声、难言的记忆，有这般情感，夫复何求？"

与刘易斯共同生活导致艾略特失去了许多朋友。她的家人疏远了她，她哥哥艾萨克尤其不理解。但是，正是因为流言蜚语，他们对自己与世界有了更加深刻的认识。他们总是紧张不安，小心翼翼地分辨人们是在羞辱还是在肯定自己。因为他们的行为违背了社会传统，因此他们必须更加小心谨慎。公众的敌意刺激了他们，使他们更强烈地意识到社会力量的强大。

艾略特一直对其他人的情感生活十分敏感。她总是如饥似渴地阅读，接受各种思想，了解不同的人。人们发现她的洞察力十分惊人，仿佛具有某种魔力。在她与刘易斯引起公愤的欧洲之旅过去几个月后，她似乎终于接受了自己禀赋异常的事实，并逐渐形成了一个稳定而独特的世界观。造成这个变化的原因可能是，她终于可以自信地面对这个世界了。她的人生历经多次徒劳的挣扎，艾略特把最后的希望寄托在刘易斯身上。她为此付出了可怕的代价，忍受了烈火般的洗礼，不过，她最终还是到达了成功的彼岸，尽管这个过程比较缓慢。收获了令她心满意足的爱情之后，她认为自己的所有付出都是值得的，正如她在《亚当 · 比德》中所说的："毫无疑问，极度的痛苦有可能帮助我们完成这项历时多年的工作，而且在经历了烈火般的洗礼之后，令我们惊奇或同情的事物将与之前有所不同。"

因爱而生的女小说家

很早以前，刘易斯就开始鼓励艾略特写小说了。他不确定她是否善于小说的情节设计，但是他知道艾略特在描写人物与塑造性格方面是个天才。此外，小说的稿酬更高一些，而他们在经济上一直捉襟见肘。因此，他敦促艾略特："你一定要尝试写本小说。"1856 年 9 月的一个上午，艾略特正在思考小说创作的事，她的脑海里突然蹦出一个小说的标题："阿莫斯 · 巴顿牧师的悲惨命运"。刘易斯立刻表现出极大的热情，"这个题目太棒了！"他脱口而出。

一周之后，艾略特把写好的第一部分读给刘易斯听。听完之后，刘易斯就发现艾略特是一位天才作家。艾略特在日记里写道："我们俩都激动得哭了。随后，他走过来，一边吻我一边说：'我觉得在你的作品中，哀婉悲怆强于趣味性。'"两人都认为玛丽·安将成为一位伟大的小说家，但为了掩藏自己引起公愤的身份（至少暂时不让人知晓），她决定采用乔治·艾略特这个笔名。刘易斯本来怀疑艾略特不善于描写人物对话，结果这反而成为能充分展现她的天赋的一个领域。刘易斯还怀疑她不一定善于设计情节，但他也相信艾略特有自己的办法。

不久，刘易斯就成为艾略特的顾问、经纪人、编辑、公关人员、心理治疗师和写作指导老师。他发现艾略特的才华远远胜过他，他必将生活在她的阴影之下，但是他毫不介怀，反而发自内心地为她感到高兴。

到 1861 年，从艾略特简短的日记可以清楚地看出，刘易斯密切地参与到艾略特的小说情节设计工作中。白天，艾略特潜心写作，到了晚上，她会把写好的部分读给刘易斯听，而且刘易斯是一位善于鼓励她的听众。"我读了……小说开头的几幕，他听了之后非常高兴……之后，我又把写好的第 9 章大声朗读给乔治听。令我惊奇的是，他竟然完全赞同……他就是上帝赐予我的第一个祝福，并且使我有可能收到其他祝福。无论我写的是什么，他听了之后都会发表自己的意见。"

为了找到合适的出版商，刘易斯接触了一个又一个编辑。刚开始的几年里，他谎称乔治·艾略特是一位神父的笔名。在真相大白之后，他又想方设法保护玛丽·安免受批评。即使在艾略特被公认为当代最伟大的作家之一后，他也总是十分留意报纸上的报道，如果哪篇文章中提到玛丽·安却没有对她大加恭维，他就会把那篇文章剪掉。刘易斯的想法很简单："永远不告诉玛丽·安别人对她的书是如何评价的，无论他们的评论是好是坏……我想让她尽可能地集中精神写作，不因为公众的评论而分心。”

生活在一起之后，乔治·刘易斯和玛丽·安仍然不时受到疾病与抑郁症的袭扰，但总的来说，他们是幸福的。他们在那些年里写的书信和日记都表露出对快乐与爱情的肯定。1859年，刘易斯在写给朋友的信中说：“我又欠了斯宾塞一个大大的人情。我是通过他才了解玛丽·安的（了解之后就爱上了她），自此之后，我就获得了新生。我的成功、我的幸福全都要归功于玛丽·安！愿上帝保佑她！”

6年后，艾略特这样写道：“在一起之后，我们都比以前幸福。我亲爱的丈夫给了我完美无缺的爱情，帮助我扬长避短，为此我十分感激他，而且我更加坚信他就是上帝赐给我的最重要的祝福。”

她的杰作《米德尔马契》描写的主要是不成功的婚姻，但在她的其他小说中，我们经常能看到幸福的婚姻和夫妻之间相濡以沫的感情，这与她和刘易斯的生活非常相似。她的一个小说人物说：“我从来没有这样喜欢责备一个人，这通常是一个丈夫所具有的特点。”艾略特在给朋友的信中这样写道：“我一天比一天幸福，我的家庭生活也越来越愉快，让我每天都有新收获。爱、尊重、智识上的共同点与日俱增，我平生第一次产生了这样的想法：‘这是多么美好的时光啊！让它更长久一些吧！’”

艾略特与刘易斯感到了幸福，但他们的生活并非一帆风顺。首先，生活中不如意的事总是接踵而至。刘易斯与前妻的一个患有绝症的儿子找到了他们，他们一直照料他，直到他去世。其次，经常发作的偏头痛和晕眩表明他们的健康状况不佳，还患有抑郁症。尽管如此，他们仍然希望成为更有道德、更有学问的人。1857年，在意识到自己的生活中既有欢乐又有志向之后，艾略特写道：“我非常幸福，因为生活给了我至高无上的祝福，仍然有一个人给了我完美无缺的爱情与同情，并且激励我积极向上。因为我自己人性上的缺陷以及一些外部原因，我在以往的岁月里经受了一些可怕的痛苦。我认为所有这些痛苦的经历，都是让我在离开人世之前从事某项特殊工作所做的准备。这样的祝福令我欣喜不已。”

艾略特还写道说：“冒险不存在于周围的外部世界，而在于我们的内心世界。”

随着年龄增长，她的爱越发强烈，年轻时的自我关注对她的影响力也日渐减弱。写作令她无比痛苦，每写一本书，她就会遭受焦虑与沮丧的折磨。她经常感到绝望，在重新燃起希望之后又再次陷入绝望。她杰出的写作才能来自于她细腻丰富的情感、敏锐的洞察力和严于自律的思想，因此她必须亲身体会悲欢离合的感觉，才能写出深入细致、洞察人心的作品。每写一本书，就仿佛经历一次分娩过程，这令她痛苦万分、筋疲力尽。而且，同大多数从事创作的人一样，她也得忍受这个行当中的不公平待遇。作者分享自己内心深处最细腻、最敏感的东西，而读者却站在远处观望，因此作家们能得到的回应往往是一片沉默。

她反对循规蹈矩，她的写作宛若天马行空、无迹可寻。她在《弗洛斯河上的磨坊》（*The Mill on the Floss*）中称，她鄙视“把格言挂在嘴边的人”，因为“我们的生活无比复杂，用格言引导我们是行不通的。而且，如果让这些条条框框束缚住自己，就无法感受到神通过我们日益增强的洞察力、同情心赐予我们的动力与启示”。

她的作品从来不讲大道理，不同年龄段的读者在进入她创造的世界之后也会得到不同的启迪。丽贝卡·米德说：“我觉得《米德尔马契》培养了我的品格，它已经与我的经历、承受力融为一体了。在我年轻时，它鼓励我勇敢面对背井离乡的烦恼；如今我步入中年，这本书又告诉我，家乡不仅是我们小时候生活，长大后又离开的一个地方，它还有其他深远的意义。”

艾略特创造的是属于她自己的内心世界。她是一名现实主义者，不关心是否崇高或是否有英雄气概的问题。她笔下的人物常常有不同的结局。如果因为一些抽象、极端的想法而排斥混乱不堪的日常生活环境，他们往往就会犯错误；如果立足家乡和现实情况，遵守家乡与家庭的具体生活习惯，他们就会茁壮成长。艾略特认为，智慧源自对现实、事物本身以及自己的研究，而且必须做到始终如一，注意力高度集中，不受抽象概念、模糊情感、思绪跳跃或者宗教遁世观念的影响。

她在《亚当·比德》中写道：“在现实世界中，先知、惊世骇俗的美女、英雄并不多见，因此我不能把所有的爱与崇敬都奉献给他们。我要从芸芸众生中找出在日常生活中与我们朝夕相处、为数不多的优秀人物，然后谦恭有礼地向他们奉献我无尽的爱与敬意。”

她在《米德尔马契》的结尾热情讴歌了那些在生活中默默无闻的人：“但是，她对周围人的影响，依然不绝如缕，不可等闲视之，因为世上善的增长，一部分要归功于那些微不足道的行为。你我的遭遇之所以不致如此悲惨，一部分也要归功于那些不求闻达，忠诚地度过一生，然后躺在无人凭吊的坟墓中的人们。”

同情心在艾略特的道德观念中占有非常重要的地位。在经历了过度关注自我的青少年时期之后，她培养出了令人吃惊的同情心，可以敏锐地洞察他人的想法，并从不同的角度去观察、理解、同情他人。正如她在《米德尔马契》中所说的那样：“如果心灵深处没有对他人的直接同情来发挥制约作用，那么所有的一般性原则都有可能危害我们的道德观念。”

随着年龄的增长，她开始倾听别人的意见。因为她在与其他人相处时会投入强烈的情感，因此他们在生活中经历的那些事情、感情都会留存在她的记忆之中，而且她有着过目不忘的记忆力。尽管她本人的婚姻幸福美满，她的那本最伟大的小说却描写了一连串不幸福的婚姻，而且这些描写都是言之有物、有感而发。

艾略特在《米德尔马契》中写道："每一个界限既是结尾，又是开端。"即使对最不值得同情的角色，她也充满了同情心，例如爱德华·卡索邦这个枯燥乏味、爱炫耀学问的自恋狂（后来他慢慢地意识到了自己的自命不凡）。在她入木三分的笔触下，缺少同情心、不善于交流，尤其是在与家人相处方面表现出来的这些缺点，在她书中的多个故事里被比喻成牢固的道德监狱。

道德天使张开了她的翅膀

艾略特是社会向善论者。她不支持大幅度的变革，而支持日益改进、细水长流、稳定具体的改变。同历史的进程一样，持之以恒、"润物细无声"是品格培养的最佳方式。

她的创作目的是缓慢、稳定地影响读者的内心生活，培养他们的同情心，改善他们理解他人的能力，同时稍稍丰富他们的阅历。从这个意义上讲，她的父亲以及他所代表的谦恭的人生观一直存在于她的心中。在小说《亚当·比德》中，她热情地赞扬了家乡人：

> 他们当中很少有天才，大多是勤恳诚实的普通人，但是他们都积极向上，用他们所掌握的技能，尽心尽力地完成摆在他们面前的各项任务。虽

然他们在家乡之外的地方默默无闻，但你很可能会发现他们的名字与某段路况很好的道路、某栋建筑、矿产品的某种应用、农耕方法的某个改进、对教区不正之风的某个改革措施紧密地联系在一起。而且在离世之后，他们的名字还会向下流传一两代人。

她笔下的很多角色，尤其是《米德尔马契》中极具魅力的多萝西娅 · 布鲁克这个人物，步入成年之后，在道德方面都有非常远大的志向。他们希望像圣女大德兰那样成就至善，但是他们既不了解至善的含义，不清楚他们可能需要完成什么样的使命，也不知道该如何完成。他们的注意力都集中在可望而不可即的纯洁理想上。艾略特生活在维多利亚时代，支持人们提高道德修养的观念，但是她在自己的小说里对那些无比崇高、超自然的道德目标提出了批评。这些道德目标过于抽象，很容易变成不现实的幻想，多萝西娅就是一个典型的代表人物。艾略特认为，对道德最有效的改革应立足于当前，而且指引改革方向的不应该是笼统的仁慈之心，而应该具体到个人的真实情感，因为只有具体的目标才会产生效果，一概而论常会导致怀疑和幻想。对艾略特而言，神圣并非遥不可及，而是隐身于尘世的事务之中。比如，婚姻在对人们加以约束的同时，还为人们每天做出自我牺牲、无私奉献的行为提供了大量切实有效的机会。神圣也可以来自工作，存在于高质量地履行日常工作的态度之中。艾略特充分发挥了道德想象力——责任感、奉献的需要、消除自私心理的强烈愿望等，并且付诸具体行动，使之切实有效。

艾略特告诫我们，我们改变他人的程度和改变自己的速度都是有限的。在人生很大一部分时间里，我们都需要容忍他人的缺点和自身的罪，甚至在我们不急不躁、充满爱心的时候也是如此。她在《亚当 · 比德》中写道："所有这些人，你不能让他们的鼻子更挺直，不能让他们的头脑更灵活，不能改变他们的性情，而只能不加改变地全盘接受。正是这些人（你在人生旅途中与他们擦肩而过）需要你的容忍、同情和爱心；这些多少有点儿丑陋、愚蠢、反复无常的人，一旦做出善举，你就应该不吝给予他们赞美之词。你应该对他们满怀希望，还要尽可能地有耐心。”这是她道德观念的精髓。说起来容易，真要付诸行动却并非易事。她努力做到有容人之心，但同时又不失严格、认真。她有爱心，同时又善于做出自己的判断。

人们经常用一个词来评价艾略特的作品：“成熟”。正如弗吉尼亚·伍尔芙所说的那样，艾略特的作品都是适合成年人阅读的文学作品，从更高、更直接，同时也是更英明、更善良的角度去看待人生。例如，她写过这样的句子：“人们颂扬各种勇气，唯独不敢颂扬为最亲密的朋友主持正义的勇气。”这也许是她最成熟的一个观点吧。

一位名叫贝茜·雷纳·帕克斯的女性认识了年轻的艾略特之后，在她写给朋友的信中说，她不知道自己是否会喜欢这个人（当时艾略特的名字还是玛丽·安·伊万斯）。“我根本不知道你和我是否会喜欢她，是否会和她成为朋友。如果她在道德上有较高的追求，单凭这一点就应该得到我们的喜爱，但是从她给我的印象还看不出她有这样的追求。我认为她定会有所改变。大天使需要很长时间才能展开翅膀，但是一旦展开翅膀，他们就会瞬息万里。伊万斯小姐要么没有翅膀，要么她的翅膀正在慢慢长大。我认为后者的可能性更大。”

玛丽·安·伊万斯在经过很大一番周折之后才变成了乔治·艾略特。她必须克服以自我为中心的心理，培养善意的同情心，最终这个成熟过程取得了满意的结果。尽管她从来没有摆脱抑郁症以及对自己作品质量的担忧，但是她能考虑、感受到他人的思想和感情，践行所谓的“容忍责任”。她一生忍辱负重，终于在生命走到尽头之前受到了大天使般的颂扬。

在这个漫长的过程中，她对乔治 · 刘易斯的爱发挥了至关重要的作用。这份爱使她沉静下来，给了她鼓舞，帮助她修身养性。从她的每部作品的献词就可以看出他们的爱情硕果累累：

《亚当 · 比德》(1859 年)：谨以本书献给我亲爱的丈夫乔治 · 亨利 · 刘易斯。如果没有他的爱为我的人生浇灌幸福，本书永远不可能成稿。

《弗洛斯河上的磨坊》(1860 年)：献给我亲爱的丈夫乔治 · 亨利 · 刘易斯。这是我的第三本书，写于我们共同生活的第 6 个年头。

《罗慕拉》(1863 年)：这是作者——一个忠诚的妻子献给丈夫的书。他完美无缺的爱是她的洞察力和力量的源泉。

《费利克斯 · 霍尔特》(1866 年)：在婚姻步入第 13 个年头之际，谨将本书献给我亲爱的丈夫。13 年来，我越来越深刻地认识到自己的不足，但是我们之间越来越浓的爱情给了我安慰。

《西班牙吉卜赛人》(1868 年)：献给我亲爱的丈夫，我对你的爱与日俱增。

《米德尔马契》(1872 年)：谨以本书献给我亲爱的丈夫乔治 · 亨利 · 刘易斯。写于我们天佑之合的第 19 个年头。

THE ROAD TO CHARACTER

第 8 章 放下自我——把人生搬至更广阔舞台之上的思想者

公元354年，奥古斯丁出生于塔加斯特城（现在位于阿尔及利亚境内）。他出生时，罗马帝国已经摇摇欲坠，但看上去还是万世不朽的模样。他的家乡靠近帝国的边缘，距海岸线200英里[①]，这里的宗教信仰非常复杂，既有罗马异教，又有狂热的非洲基督教。奥古斯丁的前半生一直处于个人抱负与精神本质的冲突之中。

奥古斯丁的父亲帕特里修斯是地方议员和收税员。在他的供养下，全家人过着中等偏上的生活。帕特里修斯是唯物主义者，没有精神世界的追求，他希望才华横溢的儿子能超过他，在事业上取得辉煌的成绩。一天，他在公共浴室里看到了青春期的儿子，就拿他的阴毛（也可能是生殖器）开了个低俗的玩笑，结果伤害了奥古斯丁的感情。后来，奥古斯丁郁闷地写道："他在我身上看到的都是一些肤浅的东西。"

---

① 1英里≈1.609千米。——编者注

奥古斯丁的母亲莫妮卡一直是历史学家（以及心理分析学家）关注的人物。一方面，她语言粗俗，没有文化，抚养她长大成人的那个教堂有点儿原始，被当时的人看不起。她每天早晨都会虔诚地参加宗教仪式，吃饭时会坐在坟墓上，做梦之后就会找人帮她解梦。另一方面，她有很强的人格力量，一旦拿定主意就不会轻易改变，态度之坚决令人吃惊。她在社区里颇有影响力，经常扮演调停人的角色。她从不听信谣言，有一种令人敬畏的威严感。据杰出传记作家彼得·布朗称，她经常用辛辣的讽刺评价那些不光彩的人或事。

整个家庭由莫妮卡负责打理。她经常纠正丈夫的错误，当他有不忠行为时，她会耐心地等在外面，然后再严词谴责。她对儿子的爱，以及她希望帮助他规划人生道路的渴望，有时甚至到了令人难以接受的程度。奥古斯丁承认，她和其他母亲一样，也希望守在儿子身边，掌控儿子的生活，只不过她的这种愿望更加强烈。她警告奥古斯丁要远离其他女人，防止她们诱惑他结婚。作为成年女性，她生活的重心就是照料儿子。如果奥古斯丁朝着她所信仰的基督教方向发展，她就会对儿子宠爱有加；但如果他稍有偏离，她就会勃然大怒，哭个不停。后来，奥古斯丁加入了一个遭到她反对的哲学流派，结果她命令他不准出现在自己面前。

28 岁那年，奥古斯丁已经是一位颇有建树的成年人，但他还是不得不采用欺骗母亲的办法，才登上了离开非洲的轮船。他告诉莫妮卡自己要到码头去送别一位朋友，然后就带着情人和儿子，偷偷地上了一条船。据奥古斯丁称，船开动之后，他看到母亲在岸边一边哭泣，一边打着手势，不由得“心如刀绞”。不出所料，她随后也来到欧洲，赶走了他的情人，还安排他娶了一位年仅 10 岁但继承了大笔遗产的小女孩。她的真正目的是迫使奥古斯丁接受洗礼。

奥古斯丁知道母亲的爱凸显出很强的占有欲，但他无法置之不理。作为儿子，他比较敏感，害怕遭到母亲的反对。即便在成年之后，他仍然为母亲的气魄与明白事理的头脑感到自豪。他高兴地发现，母亲甚至能跟上学者与哲学家的思路。他知道，母亲因为他而吃的苦，比她让他吃的苦多，甚至比她为她自己吃的苦还要多。他说："她深深地爱着我，在我的思想最终成形的过程中，她忍受的痛苦远远多于她生育我时肉体所承受的痛苦。所有这些，我无法用语言来表达。"在忍受痛苦的过程中，她疯狂地爱着自己的儿子，悄悄地靠近他的灵魂。尽管她的严厉几乎令奥古斯丁难以忍受，但与母亲言归于好、进行精神交流的那些时光也给奥古斯丁留下了无比甜蜜的回忆。

欲望与才智之间的较量

奥古斯丁从小身体就不好，7岁时患有严重的胸痛，步态看上去就像一个中年人。他的学习成绩非常优秀，但与老师、同学相处得并不是很好。他对学校教授的课程感到腻烦，而且憎恨以体罚为主要手段的学校纪律。只要逮住机会，他就会逃课，跑到市里去看异教徒的斗熊和斗鸡表演。

虽然还没有成年，但奥古斯丁已经因为经典世界与犹太–基督教义的理想相互冲突而不胜烦恼。正如马修·阿诺德在《文化与无政府状态》(*Culture and Anarchy*)一书中所指出的那样，古希腊文化的主导思想是意识的自发性，而在所谓的希伯来文化中，主导思想则是良心的严格性。

也就是说，受古希腊文化影响的人在看世界时，看到的都是事物的本质，他们会认真研究那些优秀、美好的事物。他们以一种灵活、轻松的心态去接触世界，"消灭自己的无知，看清事物的本质，发掘事物所蕴藏的美，这是古希腊文化呈现在人性面前的一个简单而又诱人的理想"。古希腊文化呈现出一种"虚幻的安逸、清明和光芒”，充满了“甜蜜和光明”。

与之相反，希伯来文化则会“抓住普世秩序的某些明显暗示，然后以无与伦比的热忱潜心观察它们”。因此，受古希腊文化影响的人害怕错过人生的任何阶段，他们牢牢地把控着自己的人生方向。而受希伯来文化熏陶的人则关注更高层次的真理，忠实地遵守一个永恒的指示：“自我征服、自我奉献、弃个人意愿而遵从上帝的意志、顺从，是该文化的基本思想。”

与古希腊文化有所不同的是，受希伯来文化熏陶的人在处世方面不是很自在。由于他们意识到了自身的罪孽，因此他们在通向完美的道路上遇到了重重困难，正如阿诺德所说：“对于一个道德失去活力的社会而言，基督教提供了一个在神的感召下自我牺牲的壮观景象；而对于一个不愿意放弃任何机会的人而言，信仰基督教则意味着他要放弃一切机会。”

从表面上看，在奥古斯丁生活的那个时代，统治者是半神化的皇帝。他们高高在上，令人敬畏，被皇宫里的谄媚者称作“世界光复者”，是“战无不胜”的。奥古斯丁接受了斯多葛学派的哲学观教育，向往过平心静气、压抑情感、自得其乐的生活。他推崇维吉尔和西塞罗，他说，“因为听多了异教徒的神话，我的两只耳朵都发炎了，而且越挠越痒”。

到十几岁时，奥古斯丁似乎已经确定自己将会前途似锦了，他说，“人人都说我是一个前途光明的小伙子”。他的表现吸引了本地贵族罗马尼亚努斯的注意，罗马尼亚努斯同意赞助这位年轻人去外地求学。奥古斯丁迫切希望得到人们的认可和推崇，名垂青史这一经典的梦想让他魂牵梦绕。

17 岁那年，为了继续自己的学业，奥古斯丁来到迦太基。他在属灵回忆录《忏悔录》(*Confessions*) 中暗示，当时的他欲火中烧。在谈到求学的那段时光时，他说：“我来迦太基，是因为我对风流韵事充满了向往。”到了迦太基之后，他心中的欲火并没有就此熄灭。据奥古斯丁自己形容，他就是一个极度兴奋的年轻人，血管里流淌的都是激情、爱欲、嫉妒和渴望。

> 我还没有爱上什么人，但我渴望爱，并且由于内心的渴望，我更恨自己……我追求的是爱与被爱，如果能进一步享受所爱者的肉体，就更甜蜜了……我冲向爱，甘愿成为爱的俘虏……我愉快地戴上了苦难的枷锁，我知道，猜忌、怀疑、忧惧、愤恨、争吵肯定会像一根根烧红的铁鞭，朝我抽打过来。

很明显，奥古斯丁是历史上最难伺候的“男朋友”。他说他爱的不是一个人，而是被人爱的前景，他关心的只是他自己。在《忏悔录》第8卷中，奥古斯丁深刻地剖析了他对情感如痴如醉的渴求。

> 我并没有被他人的意志所束缚，而我自己的意志却像铁链一样，紧紧地捆绑着我。因为意志败坏，遂生情欲，顺从情欲，渐成习惯，习惯不除，便成为自然。这一环一环彼此相扣，把我紧紧捆住，成为意志的奴隶。

在奥古斯丁的心中，他一方面积极追求尘世肤浅的愉悦，另一方面又不愿意沉湎于这种欲望，因此他必须直接面对这一矛盾。他的欲望与才智彼此冲突，他能构想出更加纯洁的生活方式，但是他无法把这种构想变成现实。于是，他感到焦躁不安，茫然无绪。

从他这部充满激情的著作来看，奥古斯丁与沉迷于性欲的卡利古拉有些相似。1 000多年以来，很多人在读完《忏悔录》之后，认为奥古斯丁的这本书其实主要写的是性。事实上，没有人清楚奥古斯丁到底有多么疯狂。从他在那些年里取得的成就来看，他似乎是一个勤奋好学、有责任感的年轻人，在大学里的学习成绩也非常优秀。毕业后，他先是在迦太基从事教学工作，随后又在多份不同工作中都表现优异。之后，他搬到了罗马，最后又来到真正的权力中心——米兰，并在瓦伦提尼安二世的皇宫里找了一份工作。他与一名女子同居了 15 年（这是当时的习俗），生了一个孩子，而且没有任何不忠行为。他潜心研究柏拉图和西塞罗。如果说他有罪在身，那就是他经常去剧院看戏，以及偶尔会调查做礼拜时邂逅的女性。总的来说，他风华正茂，事业有成，是当时的常青藤盟校毕业生，以及罗马帝国晚期的精英之一。按照亚当一号关于职业的论述，奥古斯丁堪称积极向上的典范。

年轻时，奥古斯丁加入了摩尼教这个非常严格的哲学流派，跟一群头脑聪明、意志坚定、深信自己掌握了终极真理的年轻人在一起。

摩尼教徒认为世界一分为二，一个是光明王国，另一个是黑暗王国。在他们看来，所有的善与所有的恶都势不两立，在两者发生冲突的过程中，有的善会陷入黑暗的围困，纯洁的精神也有可能受困于肉体凡胎。

作为一个逻辑体系，摩尼教也有自身的优势。首先，摩尼教认为上帝是站在善这一边的，因此，绝不可以怀疑邪恶是上帝造成的。其次，摩尼教在人们犯下恶行之后帮助他们开脱：这不是我干的，我在本质上是向善的，这是黑暗王国借我之手干的。正如奥古斯丁所说的那样："摆脱罪恶感，在行恶之后无须承认，这让我在骄傲之余感到无比高兴。"最后，一旦接受了摩尼教的思想，就会发现这是一套非常缜密的逻辑体系，可以通过单纯的逻辑推理解决宇宙中的所有问题。

摩尼教徒们常常有高于一般人的优越感，此外，他们在一起时感到非常快乐。奥古斯丁念念不忘他们在一起"聊天，欢笑，听取不同意见，分享措辞优美的书，认真、热烈的讨论，在达成一致前提出不同意见的小插曲，轮流当老师，因某人缺席而难过后又因为他的回归而开心的场景”。他们通过苦修为自己的恶行赎罪，实行禁欲主义，只吃特定的食物。他们尽可能不接触生肉，将烹饪等脏活交给“听道众”来完成（奥古斯丁就干过这样的差事）。

古典文化强调在辩论中击败对手，展示自己在修辞方面的高超技艺。强于理性而感性稍逊的奥古斯丁发现，他可以借助摩尼教的辩论方式轻松地击败对手：“我在辩论中经常超水平发挥，击败那些不会辩论却又试图在辩论中捍卫自己信仰的基督教徒。”

不及乞丐幸福的宫廷演讲家

总的来说，奥古斯丁正在实现古罗马人的梦想，但是他本人并不幸福。他感觉自己的内心世界被割裂得面目全非，精神力量也失去了寄托，正在逐渐消失。亚当二号的生活一团乱麻，他在《忏悔录》中写道：“我颠沛流离，我将自己倾泻而出，于是我沸腾着，朝各个方向流淌。”

奥古斯丁在一个年轻得令人吃惊的年纪就赢得了终极成功，他应邀到皇宫做演讲。他发现，自己的演讲空洞无物，纯粹是在卖弄语言技巧。他编造谎言，只要这些谎言足够高明，人们就会相信他。他的人生中没有任何东西值得他倾注爱心，也没有任何东西值得他为之付出最热烈的爱，“我因缺少精神食粮而饥肠辘辘”。对赞誉之词的渴望不仅没有给他带来欢乐，反而令他束手束脚。他对别人的草率观点兴致勃勃，哪怕是最轻描淡写的批评也让他如临大敌，他也不放过任何可以让他飞黄腾达的机会。这些追名逐利的疯狂行为导致他的生活失去了平静。

在现代社会，许多年轻人对错失机会深感恐惧，他们也必然像奥古斯丁一样茫然无措。因此，这些年轻人自然迫切希望抓住每一个机会，尝试每一种体验，攫取面前的每一种美味，购买货架上的每一件商品。所有看上去激动人心的事，他们都担心自己会错过。但是，这样做只会让他们疲于奔命。更糟糕的是，他们拼命追逐一切，贪婪地尝试所有体验的做法，导致他们无暇关注自身。这样的生活方式会促使你变成一个精明的战术家，做出一系列小心谨慎的承诺，但你不会尽全力去实现这些承诺，也不会全心全意地追求某个更有意义的目标。这样做的结果是在真正的良机尚未到来而不是良机的机会接踵而至时，你无法做到岿然不动。

奥古斯丁发现自己越来越孤立。如果你在安排自己的生活时只考虑自己的意愿，其他人就会变成你实现自己愿望的工具。在你冷静的头脑里，世间万物皆可为你利用。如同工作中的同事会被你视为你职业发展的垫脚石一样，陌生人会被你当作推销的对象，配偶则被你看作爱情的提供者。

我们用"lust"（淫欲）一词来表示性方面的欲望，但它还有一个更广的含义，即私欲。真正的爱情会让一个人愉快地为所爱之人奉献，而私欲则是一种索取。受私欲支配的人亟须其他人帮助填补内心的空虚感。但是，由于他不愿意诚心诚意地为他人奉献，不愿意与他人建立融洽的关系，因此他在情感上的空虚感永远无法消除。私欲始于空虚，也终结于空虚。

奥古斯丁曾经把他那维持了 15 年之久的事实婚姻称作"情欲的廉价交易"，但是，他和他的情人之间不可能没有一点儿感情。像奥古斯丁这样情感丰富的人，很难想象他能轻松地放下一段维持了 15 年的亲密关系。他爱他们的孩子，对于阶级地位低于自己的情人，他也曾经在《论婚姻的益处》一文中对她坚定的性格进行了间接的颂扬。为了让奥古斯丁迎娶一位门当户对的富家小女孩，莫妮卡赶走了他的情人。奥古斯丁似乎为此感到非常痛苦，他说："这位与我共同了生活 15 年的女性，曾经把所有的一切都寄托在我身上，却被视为妨碍我婚姻生活的一个障碍，并被赶出了家门。我的心受了伤，不停地流血。”

为了自己的社会地位，奥古斯丁舍弃了这位不知名的女性。她和他们的儿子一起，被送回了非洲。据说，她发誓终身不嫁。被选中成为奥古斯丁正式妻子的是一名年仅 10 岁的女孩，由于她离法定结婚年龄还差两岁，于是奥古斯丁在这段时间里又与另外一名女子建立了性关系，以满足自己的生理需要。在这个问题上，他选择放弃自我牺牲的承诺，为社会地位与成功让路，这是他一生惯常的做法。

一天，他在米兰散步时看到一名乞丐。这名乞丐显然刚刚美餐了一顿，而且喝了酒，正心情愉快地跟别人开着玩笑。奥古斯丁发现，尽管自己整天辛勤工作，还要想着这样那样的事情，但是这位无所事事的乞丐比自己更幸福。他认为，可能是因为自己有更高的追求，所以才感到痛苦。可紧接着，他又否定了自己的想法。他觉得真正的原因是他和那名乞丐一样，追求的也是尘世间的乐趣，只不过他没有找到罢了。

到二十八九岁时，奥古斯丁的生活已经一团糟了。他生活清苦，得不到所需要的任何营养。他有自己的欲望，尽管这些欲望没有给他带来幸福，但他仍然没有放弃。这到底是为什么呢？

面对这个困境，奥古斯丁开始寻找自身的原因。我们可能会认为，如果某个人因为发现自己是一个以自我为中心的人而感到害怕，那么他肯定会立刻采取措施，朝着忘我无私的方向改变自己——忘记自己，关注别人。不过，奥古斯丁采取的第一个措施却是，以近乎科学考察的方式研究自己的思想。他对自己的灵魂进行了彻底的挖掘，在当时很难找到一个人可以在这个方面与他匹敌。

他发现，自己的内心有一个无法控制的广袤宇宙。他研究自我的深度与复杂程度可以说是前所未有的："在同一个灵魂中，怎会分列着轻重不等、各式各样的爱好呢？人心真是一个无底的深渊！主啊，你知道一个人有多少头发，可是比起计算人心的情感活动，计算头发还是容易得多！"这个广袤的内心世界参差多变，而且很难掌控。他看到了细微感知的轻盈舞步，感觉到在意识之下还有一个深不可测的空间。

这些发现激起了奥古斯丁浓厚的兴趣，大脑超越时空的记忆力令他尤为好奇。"即使我置身于黑暗与寂静之中，我也能随意回忆起各种颜色。即使我不嗅闻花朵，仅凭记忆也能辨别百合与紫罗兰的香气。"记忆的力量令他震惊：

> 我的天父，记忆的力量真是，太伟大了！但记忆力只是我的能力之一，是我天性的一部分，至于完整的我，就更无从捉摸了。那么，我的心灵是否太狭隘呢？它不能收容的东西将被安放到哪里？是否不容于身内，便安放在身外？身内为何不能容纳？这些问题真让我百思不得其解！

通过这次对自己内心世界的考究，奥古斯丁至少得出了两个重要结论。首先，他发现，人先天的品质是好的，但是他们后天被罪引上了歧路。一直以来，奥古斯丁热切地希望得到某些东西，例如名声、地位，这些东西让他郁郁寡欢，但他无法放弃。

如果听之任之，我们的天性也会走上歧途。无论是在自助餐厅的甜点区还是在午夜酒吧里，我们明知道自己应该选什么，最后却做出了其他选择。正如《罗马书》所说："故此，我所愿意的善，我反不作。我所不愿意的恶，我倒去作。"

奥古斯丁若有所思地自言自语道："人是多么神秘啊！"他有自己的意愿却不能付诸实施，他清楚长远利益所在，却被短时的诱惑遮蔽了双眼，他折腾不休，却把自己的人生弄得一团糟！因此，他最后得出结论：人自身就是个问题，我们绝不能信任自己。他在书中写道："躲在暗处的自我让我深感不安。"

微不足道的不当行为何以引发犯罪

在《忏悔录》中，奥古斯丁以自己年少时的一个毫无意义的恶作剧为例，说明了这个现象。16岁那年的一个无聊的傍晚，他和伙伴们在四处游荡时突发奇想，决定去附近的果园里偷梨。他们不饥渴，不需要用梨卖钱，那些梨也不是特别美味。他们只是为了好玩，把偷来梨给猪吃。

回想起这种毫无意义、品德低下的行为，奥古斯丁震惊地说："我竟然想要偷窃，而且真的这样做了，不是因为饥饿或者贫穷，而是由于厌倦正义，受到了罪恶的驱动……罪恶是丑陋的，我却爱它。我爱堕落，我爱我的缺点，不是爱缺点的根源，而是爱缺点本身。我这个丑恶的灵魂，不是在耻辱中追求什么，而是追求耻辱本身。"

普通读者往往会感到疑惑，不知道奥古斯丁为什么会在《忏悔录》中拿一个青少年的恶作剧大做文章。但是在奥古斯丁眼中，这种微不足道的不当行为，恰恰是道德败坏的表现。我们不停地采取这些微不足道的不当行为，已成为我们生活中沾沾自喜的一件事。

奥古斯丁站在更高的高度，认为滑向不道德的爱和罪的倾向是人的重要特性。我们不仅会犯罪，而且对罪怀有一种奇怪的迷恋之情。如果听说某个名人被丑闻缠身，结果却发现这只是一个谣言，那么我们多少会感到有点儿失望。如果让一些可爱的孩子自行其是，用不了多久他们就会惹麻烦。（英国作家G·K·切斯特顿发现，在一个天气晴好的星期天下午，一些孩子会因为无聊、焦躁而折磨一只猫。他认为通过这种行为可以了解罪的真实情况。）

即使是亲密的友情，如果不受更高层次的使命感的约束，也会发生扭曲。偷梨的故事同时还是一个交友不慎的故事，奥古斯丁意识到，如果没有和朋友们在一起，那么他可能不会去偷梨。因此他们偷梨的行为是受到了朋友之间相互欣赏的怂恿而做出的。因为担心自己被朋友们排除在外，所以我们心甘情愿地去做某些不应该做的事情。如果没有正确目标的引导，群体有可能比个体更加野蛮。

奥古斯丁挖掘自己的内心世界得出的第二个重要结果是，人的思想从不进行自我控制，而是无限地向外延伸。其中不仅有奥古斯丁发现的堕落，还包括至善的暗示、超越的感觉、情绪、想法和感受等。或者我们可以理解为，奥古斯丁的思想进入并欣然接受了物质世界，但是接下来，他的思想又展翅高飞并超越了物质世界。

雷茵霍尔德 · 尼布尔说，奥古斯丁对记忆力的研究使他“认识到人的精神在深度和高度两个方面都达到了永恒，同时他还认识到，这种垂直维度对理解人类的重要性，超过了形成一般性概念所需的推理能力”。

人们在试图了解自己时，却发现自己被引向了万能的上帝，甚至可以在自己的脑海里——在上帝创造的一个小小的部件里，感受到上帝的存在和他创造的永恒。很多年以后，C · S · 刘易斯给出了一个与之相关的论述：“在自我深处的僻静之所，有一条道路通向外面的世界，直达某个以纯粹客观的形式出现的事物，而且我们无法通过任何感官、生理或社会需要、想象或者任何大脑活动去识别这个事物。”我们所有人都必须遵守这个永恒的客观秩序，我们在了解个人的人生时也不能将它从中剥离出来。罪（偷梨的欲望）似乎可以在人性与每个个体中通行无阻，而与此同时，对高尚品质的向往、积极向上以及对善和有意义的生活的追求是人类共同的特点。

因此，人们只有通过研究超越自己的作用力才可以了解自己。奥古斯丁探索了自己的内心世界，初步了解到某些普适性的道德观点。他立刻意识到，他可以想象至善至美的境界，但是他无力可及。

尼布尔说过："人这种个体无法自给自足。人性必须遵循的法则是爱，也就是依照他生命的神圣本源与核心意志建立起来的人与人之间的和谐关系。如果他试图充当自己的生命本源与核心意志，就会破坏这个法则。"

改善并提升人生的质量

于是，奥古斯丁开始改造自己的人生。他的第一步是退出摩尼教，他不再认为世界可以泾渭分明地分成善和恶这两种力量。与之相反，每一种美德都有与之对立的邪恶，例如，自信与骄傲，诚实与粗暴，勇气与鲁莽等。伦理学家、神学家刘易斯·斯梅兹借用奥古斯丁的思想来形容我们内心世界的本质：

> 我们的内心世界并没有白天黑夜交替出现的情况，而是分成一片光明和一团漆黑两个区域。在大多数情况下，我们的灵魂存在于阴影之中；我们生活在边界线上，黑暗世界阻挡了照向我们的光，在我们的内心投下一片阴影……我们不知道何时何地光明消失而阴影出现，或者阴影消失而光明出现。

奥古斯丁还认为，摩尼教受到了骄傲心理的影响。用一种普适性的封闭模型来解释现实问题，这种做法满足了他们的虚荣心，使他们误以为自己在学术上无所不能。但是，奥古斯丁认为，这会导致他们对神秘事物缺少热情，在面对“使人的心灵更加深邃”的复杂情况和情感时，他们也不能放下自己的架子。他们不缺理性，独缺智慧。

奥古斯丁从此开始了游移不定的生活。他希望追求真理，但又不想放弃在职业、性等尘世事物上的追求。因此，他希望继续沿用旧的方法，却取得更好的结果。他之前野心勃勃的精英生活一直建立在一个核心假设的基础之上，即你就是自己的人生舵手。现在，他将继续以此为指引，开始改造自己的生活。世界具有延展性，可以任由你改造。要想提高人生的质量，你只需更加努力，或者在意志力、决策能力方面下功夫。

如今，很多人在重新规划自己的人生时，也多多少少采用了这种方法，仿佛是在完成家庭作业或者某个学习任务。他们静下心来思考，阅读诸如《高效能人士的七个习惯》（*Seven Habits of Highly Effective People*）一类的自助书，学习更有效的自我控制技巧。他们甚至照搬他人升职、求学的经验，试图通过阅读某些书籍、定期参加宗教仪式、在精神方面践行自律（如定期祈祷）、完成精神上的家庭作业等方法来征服自己，并建立与上帝的联系。

不过，奥古斯丁最终意识到，循序渐进地改造自己是行不通的。他断定，旧的方法不可能真正地提高他的人生质量，因为这种方法本身就存在问题。他以往的人生所面临的关键问题是，他认为人生的方向掌握在他自己手中。但是，如果你认为你是自己人生之舟的船长，你就会与真理渐行渐远。

自行掌握人生方向无法保证获得高质量的人生，首要的原因是你不具备这方面的能力。精神世界广袤无边、无从了解，仅凭一己之力，你永远也无法了解自己；你的情感变化莫测、异常复杂，仅凭一己之力，你无法安排好自己的情感生活；你的欲望无穷无尽，仅凭仅一己之力，你不可能满足这些欲望；自我欺骗的影响力非常大，即使对自己，你也几乎不会完全坦诚以待。

此外，世界如此复杂，命运如此不确定，你不可能有效地控制他人或是环境，因此你自己的命运你也不可能全权做主。你借助理性的力量所建立的智力系统或模型，不足以帮你准确地理解周围的世界和预测未来。你的意志力也不够强大，无法成功地约束你的欲望。如果你真的拥有无比强大的意志力，你的新年愿望就不会不了了之，节食计划已经成功，书店里也不会有琳琅满目的自助书了，因为只需购买一本，就能帮你实现愿望。你可以采纳这本书中的建议，解决生计问题，然后其余的自助书就全部变成了废纸。但事实上，自助书越来越多，恰恰说明这些书很少能发挥作用。

奥古斯丁认为，这些问题的根本原因在于，如果你认为自己可以制订有效的拯救计划，相信自己可以担任人生之舟的船长，你就会犯骄傲这个罪，而且会越陷越深。

骄傲是什么？如今，“骄傲”这个词也有积极的含义，指对自己和与自己有关的事物所产生的非常满意的感觉。当它表示贬义时，是指自我膨胀、言必称“我”、自吹自擂。但是，这些并不是骄傲的核心含义，而只是它的一种表现形式。

还有一种观点认为，骄傲就是把成就视为幸福，以工作衡量自身价值。骄傲的人相信，凭借自己的努力，就可以实现自我。

骄傲有可能披上得意忘形的外衣，唐纳德·特朗普不可一世的行为就属于这个类型。这个人希望人们认为他高人一等，希望被列入VIP（重要人物）名单。与人说话时，他总是自吹自擂，并且希望从对方的眼睛里看到自己高高在上的形象。他认为，这种高人一等的感觉能让他心安。

这种骄傲比较常见，但是，我们还能看到一些自尊心不足的人表现出另外一种形式的骄傲。他们认为自己的潜力没得到充分发挥，觉得自己毫无价值，想要躲起来疗伤。我们通常不会认为他们有骄傲心理，但是从根本上看，他们确实染上了骄傲这个毛病。他们同样把幸福与成就相提并论，只不过他们给自己打的分数是“D－”，而不是“A+”。他们也常常有唯我主义的表现，只不过他们是自哀自怜、自我孤立，而不是自大自满、自吹自擂。

骄傲是极度自信与极度焦虑的混合体，这是骄傲的一个重要的矛盾性。骄傲的人从表面上看独立、任性，实际上情绪不稳定，极易发怒。骄傲的人试图借助赢得名声的方法获得自尊，但这也意味着他的身份认同必须依赖于爱嚼舌根、立场不坚定的大众。骄傲的人有很强的竞争力，但总有人比他更强。在这场竞赛中，竞争力最强的人制定标准，其余的人则必须达到这个标准，否则就会出局，因此他们被迫像偏执狂一样追逐成功。这样一来，每一个人都不可能有安全感。就像但丁说的那样，“激情四射，仿佛一团怒火在内心燃烧”。

由于急切地盼望得到赞誉，骄傲之人的言行举止有时就像跳梁小丑：他们用来粉饰自己的言辞骗不了任何人，他们把浴室装饰得金碧辉煌却无人喝彩，他们把名人挂在嘴边，而周围的人却无动于衷。奥古斯丁认为，每一个骄傲的人都“听从自己的意见，取悦自己，在自己眼中是一个非常了不起的人物。但是，他们其实是在取悦傻瓜，因为取悦自己的人本身就是一个傻瓜”。

牧师、作家蒂姆 · 凯勒曾经指出，骄傲具有不稳定性，因为在面对自负的骄傲者时，其他人会有意或无意地压抑自己的尊敬之心。于是，在发现自己的感情不断受到伤害之后，骄傲的人也会不停地粉饰自己。取悦自己的人花费无数精力，在脸谱网上贴出靓照，努力装出一副幸福的样子。

奥古斯丁发现，要解决自己的问题，他必须以超出自己想象的力度去改变自己，同时放弃从自己身上找到解决办法的想法。

奥古斯丁在书中写道，上帝让他的生活充满痛苦与不满情绪，是为了让他皈依上帝。“随着年龄的增长，我越发感到空虚，我只能用双眼去看，却无法用头脑去想。”他还说过一句非常有名的话，“我们的心烦躁不安，只有在你的怀抱里才会平静下来。”

在奥古斯丁满怀豪情壮志的那些年里，他所经受的痛苦（至少他自称遭受了痛苦）不仅是那些以自我为中心、情绪不稳定的人常会遭受的痛苦，深切地感受到有一种更好的生活方式（如果他能找到这种生活方式）也给他带来了痛苦。其他皈依者说过，他们对上帝深信不疑，即使没有发现上帝的踪迹，他们也会有上帝只是暂时不在的感受，而这种感受就是上帝存在的证据。奥古斯丁懵懵懂懂地意识到需要满足什么条件才能让自己的心情平静下来，但他无动于衷，这样的表现的确反常。

要让支离破碎的生活重新变得有条理，让一个机会主义者变成一个有献身精神的人，就需要牺牲某些可能的机会。在这种情况下，奥古斯丁同我们大多数人一样，也不希望放弃那些让他心情愉快的选择。而且，自然倾向驱使他认为，如果能够满足更多的欲望，就可以平息自己的焦虑。因此，他的人生仿佛走钢丝，一边是他害怕为之奉献的宗教生活，另一边则是他深感厌恶却不甘放弃的尘世生活。他命令自己离开人生的中心位置，让上帝取而代之，但这个命令很快又被他自己否决了。

他担心自己的名声受损，还担心失去性生活，因为他觉得虔诚的信徒应该不近女色。他后来回忆道：“我内心的矛盾不过是庸人自扰。我心中热爱的是幸福生活这个概念，却对现实的幸福怀有畏惧之心，因此我追求幸福生活的方式就是对它敬而远之。”

面对这个问题，他的主要原则就是一个“拖”字：让我做一个品德高尚的人吧，但不是现在。

在《忏悔录》中，奥古斯丁描绘了他决定不再拖延时的情景。他坐在院子里，听朋友阿利皮乌斯讲埃及的僧侣舍身供奉上帝的故事。这让奥古斯丁感到十分惊讶：化外之民竟然会有那样的惊人之举，而受精英教育的人满脑子考虑的却都是自己。“我们是怎么了？”奥古斯丁怒吼道，“那些没有学问的人都已经行动起来，到达了天堂，而我们满腹经纶，却不思进取，一味沉迷于血肉之躯的享受之中。”

这番言辞激烈的自我否定与自责让阿利皮乌斯目瞪口呆，一句话也说不出来。奥古斯丁站了起来，在院子里大步流星地走来走去。阿利皮乌斯也站了起来，跟在奥古斯丁后面亦步亦趋。奥古斯丁感觉自己的内心深处有一个声音正在呐喊，要他结束这种自我分裂的生活，不再摇摆不定。他一手扯着自己的头发，一手拍打前额，之后又双手紧扣，弯下腰拍打膝盖，就好像上帝在责打他，在用“严肃的爱”、用恐惧悔恨的鞭子抽打他。他自言自语道：“快快解决吧！快快解决吧！”

但是，尘世的欲望不打算轻易放过他。他的脑海里蹦出一些念头扯着他：“你打算把我们抛开吗？你再也不愿意体验我们带给你的乐趣了吗？”奥古斯丁不由得迟疑起来：“没有这些乐趣，我真的能活下去吗？”

这时，纯洁庄严的节制观念出现在他的脑海里。在《忏悔录》中，奥古斯丁把它比喻成一位女性——“节制”女士，但“节制”女士并不是一位清教徒式的苦修女神，而是一位儿女成行的俗世妇人。她没有放弃尘世的欢乐与性生活，而是有更好的方法。她向奥古斯丁介绍那些为了信仰带来的乐趣而放弃俗世乐趣的年轻男女，然后问他：“他们能做到的，难道你做不到吗？为什么你非要特立独行呢？”

奥古斯丁听后羞愧无比，不过他仍然没有下定决心。“巨大的风暴来了，带着倾盆大雨。”为了独自大哭一场，他再次站了起来，从阿利皮乌斯身边走开。这一次，阿利皮乌斯没有跟着他。奥古斯丁来到一棵无花果树下，躲在那里痛哭。这时，他听到邻近一所房屋里有一个孩子的声音（他分不清是男孩还是女孩的声音）在反复唱着：“拿着，读吧！拿着，读吧！”奥古斯丁立刻下定了决心，他打开一本《圣经》，默默读着他最先看到的那一节：“不可荒宴醉酒，不可好色邪荡，不可竞争嫉妒。总要披戴主耶稣基督，不要为肉体安排，去放纵私欲。”

奥古斯丁感觉有一道恬静的光射到他的心中，驱散了阴霾。在那一瞬间，他的意愿发生了改变，想要放弃尘世有限的乐趣，为基督而活。在舍弃了他一度害怕失去的那些东西之后，涌上心头的是一阵愉悦。

不出意外，他立刻找到莫妮卡，把所发生的一切都告诉了她。可以想象，莫妮卡肯定因为上帝回应了她毕生的祷告而欢呼、赞美。奥古斯丁这样写道：“你使我转变而归向你……你把她的哀伤转变为喜乐，这喜乐远胜于她所期望的含饴弄孙之乐。”

上述的这一幕其实并不是一种皈依，因为在这之前，奥古斯丁已经是一名基督徒了，而且在这之后，他也没有立刻全面了解基督教的教义。在经历了这一幕之后，奥古斯丁开始拒绝一系列的欲望和乐趣，转而追求更高层次的欢乐和愉悦。对他而言，这是思想境界的提升。

人生之旅的舵手

尽管奥古斯丁的这次思想境界的提升似乎与拒绝性欲有关，但并不仅限于此，它还关乎对自我修养观念的拒绝。亚当一号所遵循的基本原则是，只要努力就肯定有回报。也就是说，如果你尽心尽力地做好自己的事情，而且没有违反规则，这就是你能过上好生活的原因。

但是，奥古斯丁认为这个观点并不完整。他并没有逃避尘世事务，而是将自己的余生积极地投入到政治事务之中，并参与了那些野蛮，有时甚至很残酷的公开辩论活动。不过，他在公开场合的所作所为都是以完全顺从为前提的。他认为，内心的快乐无法通过自身的能动性和行为来实现，只有顺从上帝、敬仰上帝才可以获得。因此，你必须放弃（至少要压抑）想凭一己之力取得成功的想法、志向和愿望，承认上帝才是你人生之旅的舵手——上帝已经为你制定好人生规划，准备好你人生中应当追求的真理。

而且，上帝已经为你的存在提供了正当的理由。在一生当中，你可能会有被审判的感觉，认为自己只有努力工作、取得成就、名留青史，才会得到有利的判决结果。有时，你提供的证据有利于你为自己的价值进行辩护；而有时，你提供的证据则有利于人们指控你毫无价值。但是，正如蒂姆·凯勒所说的，审判已经结束了。在你开始进行自我陈词之前，判决就已经做出了。耶稣代替你接受了审判，承受了死刑。

想象一下，如果你目睹你最爱的人因为你犯的罪而遭到惩罚，被钉在十字架上，你会有怎样的心情？在基督教徒的眼中，这个场景只是耶稣为你所做出牺牲的缩略版。正如凯勒所说："上帝把基督的完美表现归功于我们，好像这些都是我们自己的表现，他还把我们纳入了他的大家庭。"

詹妮弗·赫特在她的著作《假装的美德》中说，我们都有一种任性固执的心态，"上帝希望送给我们一个礼物，我们却希望掏钱购买"。我们一如既往地想要通过工作与成绩来获得救赎和价值，但是，只有举白旗投降，允许天恩渗透你的灵魂，你才会真正地获得救赎和价值。

这暗示了一种顺从的姿态：双手外展，高高地举过头顶，头向上仰，眼睛盯着天空，心平气和、不急不躁却又满怀激情地等待着神的救赎。奥古斯丁希望你采取这种姿态，而它的前提是你意识到自己的需求以及自身的不足。能够把你的内心世界安排得井井有条的只有上帝，而不是你；能够引导你的欲望、调整你的情感的也只有上帝，而不是你。

对奥古斯丁以及此后的基督教思想而言，这种姿态源于人们在感知到令人畏惧、无所不在的上帝后所产生的谦卑感与罪孽感。当你每天都会不由自主地想到自己一团糟的内心世界时，谦卑感可以把你从要求自己必须优于常人的可怕压力中解救出来，它会改变你视线的方向，把我们通常俯视的东西提升到较高的高度上。

从人生早期开始，奥古斯丁就一直想方设法爬到更高的位置上。他离开塔加斯特，前往迦太基、罗马，最后来到米兰，就是为了进入社会地位更显赫的圈子和找到更杰出的伙伴。就跟现在一样，在那个时代，所有人在阶级差别的驱动下，都有很强的进取心。但是根据基督教教义，崇高并不存在于声望和骄傲之中，而存在于平常心与谦卑感之中；存在于洗足礼中，而不存在于凯旋门中。欲窥崇高境界，必先谦虚恭敬；谦虚恭敬者，必入崇高殿堂；欲腾空而起，必先屈膝弯腰。奥古斯丁说道：“有谦虚，就必有雄伟庄严；有弱点，就必有强大力量；有死亡，就必有蓬勃生机。如果希望得到已之所欲，就不可鄙视己之不欲。”

这种保持谦卑心的英雄不会反对赞扬所带来的愉悦感，但是，你为自己挣来的微薄荣誉并不足以体现你作为人的基本价值。上帝拥有无所不能的才智，因此对于上帝而言，最聪明的诺贝尔奖得主与最愚钝的傻瓜也只是智力水平不同而已。最重要的是每个人都是平等的。

基督教教义要求人们摈弃主人向仆人发号施令的盛气凌人，代之以自下而上、甘愿服务的姿态。尘世的成就与公众的赞誉未必是坏事，但是要知道，取得这些成就、赢得这些赞誉时我们所在的地方，只不过是我们人生旅途中的一个歇脚之处，而不是最终目的地。如果以不道德的手段在这里获得成功，就有可能导致终极成功变成镜花水月，而且，与他人展开竞争是不可能帮助我们实现终极目标的。

奥古斯丁认为，人作为独立的个体，单凭一己之力是不可能生活美满的，因为他们无法掌控好自己的欲望。只有遵从上帝的意志，他们才能找到秩序和合适的爱。这并不意味着人一定是可悲可怜的，而是人只有投入上帝的怀抱才能获得安宁。

从天而降的爱的恩典

奥古斯丁还在另一个重要方面对自我修养的准则提出了质疑。在奥古斯丁看来，人们得到的与他们应当得到的并不相称，否则，人生就会像地狱般可怕。实际上，人们得到的远远多于他们应得的。上帝赐给我们的恩典就是他不计功过的爱。上帝赐给我们恩典，并不是因为我们在工作上表现优秀，或者是为子女、朋友做出了巨大牺牲，而只是一份无偿的礼物。

要想得到这份礼物，你需要满足两个条件。首先，你不能认为自己可以挣得这份礼物。你必须放弃精英分子的想法，以为自己可以通过努力得到上帝的奖赏。其次，你必须敞开怀抱，做好得到这份礼物的准备。你不知道这份恩典何时会落到你的头上。但是，那些敞开了怀抱并对恩典十分敏感的人已经证明，他们在非常偶然的情况下或在最需要的时候得到了上帝的恩典。

保罗·蒂利希在其文集《根基的动摇》(*Shaking the Foundations*)中写道:

> 当我们陷入巨大的痛苦与不安时,当我们的人生掉入无聊、空虚的黑暗低谷时,当我们因为自己的存在、麻木、软弱、敌意、迷失方向、不够沉着而感到无比厌恶时,当长期渴盼的完美生活年复一年地不见踪影时,当旧的欲望几十年如一日地统治我们的内心时,当绝望摧毁了所有的快乐与勇气时,恩典突然从天而降,落在了我们头上。在恩典降临的那一刻,有时我们黑暗的内心世界会有一道光波闪现,仿佛有一个声音在告诉你:"你被接纳了,被一个比你伟大的存在接纳了。你现在还不知道他的名字,也不要问,以后你或许就会知道。现在你什么也不要做,或许以后你会有大量的事情要做。不要搜寻,不要有任何动作,也不要想任何事情,你只需要知道你已经被接纳的这个事实即可。"当这种情况发生时,我们就会感受到恩典。得到恩典之后,我们的善不一定比以前多,我们的信仰也未必比之前更加坚定,但是,一切都改变了。在那一刻,恩典征服了罪,和解填补了疏远的空洞。这种体验不需要你在宗教、道德或者智力上满足任何先决条件,你唯一要做的就是接受恩典。

在主流文化中,因和善、风趣、有魅力、聪明或者体贴而获得爱的故事屡见不鲜,我们甚至已经习以为常了。相比之下,不做任何努力就会得到从天而降的爱,似乎难以想象。但是,一旦你接受自己已被接纳的事实,获得这种爱并付出回报的强烈欲望就会在你的心头产生。

如果你疯狂地爱上了某个人,你自然会每时每刻都想取悦她,给她买礼物,站在她的窗外傻傻地唱歌。同样,那些获得恩典的人也想取悦上帝,愉快地接受可能会让上帝高兴的任务,不知疲倦地做着他们认为可以让上帝荣耀的工作。

他们希望站起来迎接上帝的爱，而这个欲望可以让他们充满力量。

当人们准备接受上帝的爱时，他们心中的欲望就会慢慢地发生改变。在做祷告时，他们之前想得到的是他们认为可以给自己带来愉悦感的东西，而从这一刻起，取而代之的是他们认为可以让上帝感到高兴的东西。

因此，对自我的终极征服不是通过自律或者在内心进行一场可怕的战争等方式实现的，而是需要放下自我，与上帝建立联系，去做那些在获得上帝的爱之后我们应该做的事情。

在这个过程中，我们的内心会发生变化。总有一天，你会发现，你的内心世界已经变得井然有序了，你整个人都与以前不同了。这并不是因为你遵从了某种道德规范，也不是因为你严格要求自己或者养成了某些习惯，而是因为你对自己的爱重新做了安排。正如奥古斯丁一再强调的那样，你变成了自己所爱的人。

由此，我们对行为的动力有了一种不同的理解。概括起来讲，奥古斯丁的这个转变过程源于他对自己广袤的内心世界的探索。这种由内而外的探索可以帮助你意识到外在真理和上帝的存在，让你变得谦卑，摆出虚心接受、放空自我的姿态，从而为接受上帝的恩典做好准备。上帝的恩典会让你无比感恩，激发出你以爱来回报、以付出来回报以及取悦上帝的欲望。这种欲望进而会唤醒你内心的巨大动力，多年以来，无数人因为想取悦上帝而干劲儿十足。与金钱、名声和权力等带来的巨大动力相比，这种动力毫不逊色。

这一观点的高明之处在于，随着人们对上帝的依赖性日益增强，他们的内在动力与行动能力也将不断增强。依赖性带来的不是被动性，而是动力与成就。

一切都归于寂静

在院子里有所顿悟之后，奥古斯丁的生活并没有就此安宁下来。因为他猛然发现自己的罪并没有就此消除，自己的那些不合适的爱也没有就此消失。传记作家彼得 · 布朗说："过去的经历有可能并不遥远，那些强烈、复杂的情感虽然已离我们而去，但透过刚刚萌生的、依然比较单薄的新感觉，我们还能依稀看到前者的轮廓。"

在奥古斯丁撰写《忏悔录》（从某种意义上讲，这是关于他在这次顿悟之前的人生的一部回忆录）时，他没有把这部著作看作对往事的回忆，而是希望通过重新考虑这些往事，来应对自己人生的低潮。布朗认为："他必须改变对自己的看法，并在此基础上考虑自己未来的人生。他过去的人生在那次顿悟时达到了巅峰，而且在此之前，他一直对皈依基督教寄予厚望。因此，除了重新解读过去的人生，他还能通过其他办法正确地了解自己吗？"

奥古斯丁提醒信徒们，他们的人生并不是以他们自己为中心的。物质世界十分美丽，有待他们去品尝、享受，但是，只有以接受上帝恩赐给他们的超然的爱为前提，才能最大程度地体验到这个世界带给他们的愉悦感。在祷告与冥想时，奥古斯丁对这个世界的赞美甚至已经超越了这个世界。比如，在一篇非常优美的冥想文中，奥古斯丁问道："我爱我的天父，究竟爱的是什么？"

> 我爱的不是容貌的秀丽，不是暂时的荣耀，不是粗俗之人喜好的光明灿烂，不是各种歌曲的优美旋律，不是花卉膏沐的芬芳，不是甘露乳蜜，不是乐于接受拥抱的肉体。我爱我的天父，并非爱以上种种。我爱天父，爱的是另一种光明、饮食、拥抱，以及我内心的光明、音乐、馨香、饮食、

拥抱。他的光明照耀我的心灵而不受空间的限制，他的音乐不随时间而消逝，他的芬芳不随气息而散失，他的饮食不因吞啖而失去美味，他的拥抱不因久长而松懈。我爱我的天父，就是爱这一切。

这表明，奥古斯丁把人生搬到了一个更广阔的舞台之上。神学家丽萨 · 弗拉姆说过：“谦虚是通过以其他主体为中心的行为了解自我的一种美德。”

在院子里的那次顿悟后，奥古斯丁勉为其难地继续教授他不再相信的修辞学。 一个学期的授课工作结束之后，他带着母亲、儿子和一群朋友去米兰的一位朋友家（这位朋友的妻子是一个基督教徒），在他家的别墅里住了 5 个月。他们举行了一系列学术讨论会，其实更像是一群学者围绕某些高深的问题展开的集体冥想。其间，奥古斯丁发现他的母亲莫妮卡的天赋足以跟得上他们的交谈，有时甚至还可以主导他们的谈话。他为此感到非常高兴，决定返回非洲，避开尘世，与母亲一起祈祷、冥想。

一行人开始了他们的南行之旅。据传记作家们的考证，他们走的是在两年前奥古斯丁的情妇被送回非洲时的路线。结果，由于遇到军事封锁，他们刚刚走到奥斯蒂亚就没办法继续前行，并停留下来。一天，奥古斯丁一边看着窗外的院子（他的很多人生大事似乎都发生在院子里），一边与母亲聊天。那一年，莫妮卡 56 岁，她感觉到自己时日不多。

在回忆自己与母亲的那次谈话时，奥古斯丁说他们同时感受到“肉体感官的享受不论如何美妙，所散发的光芒不论如何灿烂，都不能与他们当时的生活相比”。不过，当母子俩的亲密谈话涉及上帝时，他们“神游物外，甚至凌驾于日月星辰丽天耀地的苍穹之上”。然后，经由这些物质的东西“我们来到了灵境，继而超越并进入了纯粹的精神世界”。

在回忆录中，奥古斯丁用了一个很难翻译或理解的长句。在某些译本中，“hushed”（寂静）一词在这个句子中反复出现：肉体的烦恼归于寂静，江河湖海与空气的喧嚣归于寂静，一切梦幻、一切想象、一切言语、一切动作都安静下来，已经过去的一切归于寂静，自我在超越自我之后也归于寂静。母子俩不由得惊呼：“我们不是自我创造出来的，而是永恒存在者创造了我们。”说完之后，他们的声音也消失于寂静之中，“只有创造者在说话，不是通过其他人，而是他自己的声音”。奥古斯丁和莫妮卡听见上帝的“声音并非出自尘间的喉舌，不经由天使的传播，不借助空中霹雳的响声，也不使用晦涩难懂的比喻”，而是“他自己”的声音。在一刹那的觉知之后，母子俩不由得发出了一声感叹。

奥古斯丁通过这个长句描述了一个不断提升的完美时刻：寂静……寂静……寂静……寂静。世界上所有的喧嚣都归于寂静，随后赞美创造者的欲望占据了他们的内心。接着，就连这赞美声都归于寂静，然后是听见永恒智慧（奥古斯丁称之为“令人快乐的深邃的奥秘”）的幻想。我们可以想象，母子俩肯定会因为心灵的碰撞而无比快乐。经过多年的眼泪与怒气、自律与逃避、破裂与和解、追求与操控、友谊与斗争之后，他们终于携起手来，一致对外。在冥想他们所爱的到底是什么的过程中，他们共同进退，步调一致。

莫妮卡告诉奥古斯丁：“我的孩子，对我而言，此生已无可留恋……之所以要暂留世间，只是想让你在我去世之前成为基督教教徒。天父的恩赉已经超出我本来的愿望。”

要被治愈先要被打破，正确的次序是由内及外。C · S · 刘易斯认为，如果你参加派对时希望给人们留下一个好印象，那么结果很有可能事与愿违，除非你还考虑到了房间里的其他人。如果你在艺术创作伊始就想努力创作出一件有独创性的艺术品，那么最后的成品很有可能并不具有独创性。

内心的平静也具有同样的特点。如果从一开始就希望实现内心的平静，产生一种神圣感，那么很有可能会事与愿违。只有你将注意力集中在外界的某个事物上时，你才会获得意想不到的成功；只有你集中精力追求更大的目标时，成功才会作为忘我状态的副产品不期而至。

对于奥古斯丁而言，这个变化具有重要的意义。仅有知识还不足以保证安宁与善，因为知识不会为行善提供动力，只有爱才会催生善行。我们不会因为获取了新信息而行善，我们不会因为知道善是什么就去行善。上学时，学校应该教你如何付出爱。

几天之后，莫妮卡一病不起，9 天后便去世了。她告诉奥古斯丁，对她而言，是否回非洲家乡安葬已经不再重要，因为对于上帝而言没有远近之分。她还告诉奥古斯丁，在他们经受磨难时，她从来没有听到上帝对自己横加指责。

在她死亡的那一刻，奥古斯丁弯下腰，为她合上双眼。“巨大的悲痛涌上心头，化为泪水。”在那一刻，虽然奥古斯丁还没有完全脱离斯多葛学派，但他仍然觉得应该控制自己，不可哭泣。“在意志力的作用下，我站在那里，没有哭泣。我的内心异常难受，因为我从此失去了她给我的巨大安慰。我的灵魂受到重创，我的人生支离破碎，因为她的人生和我的人生曾经合而为一。”

奥古斯丁的朋友们围拢在他的身边，他在努力地抑制悲痛的心情：“我为深受人类情感的影响而无比惭愧……我感觉到另一种痛苦，有双重痛苦在折磨我。”

奥古斯丁洗了个澡，让自己从悲痛的状态中平静下来，然后上床睡觉。睡醒之后，他觉得好多了。“然后，我又逐渐回想起我与‘你’的侍女之间的感情，想到她与我说话时的爱与真诚。而现在她已溘然长逝，我忍不住在‘你’面前想到她而为她痛哭，想到我自己而为我自己痛哭。”

在莫妮卡生活的那个时代，罗马皇帝统治着欧洲，理性主义人生观统治着人们的思想。奥古斯丁在书中以母亲为例，描写了信仰与纯粹理性主义、精神上的残酷无情与尘世间的雄心壮志之间的对抗。在他的后半生，作为一名主教，他要么在抗争、布道、写作，要么在抗争、辩论。他实现了自己年轻时追求的目标，不过这个过程出乎人们的意料。起初他相信可以控制自己的人生，但后来他被迫放弃这个信念，并放下身段、敞开心扉、摆出谦卑的姿态。之后，他尽可能地敞开怀抱，以承接上帝的恩典并心怀感激。这是一种前进—后退—再前进、生—死—复活、下降—触底——飞冲天的人生模式。

THE ROAD TO CHARACTER

第 9 章

反躬自省——用手中的笔让世界变得更美好的文学家

1709年，塞缪尔·约翰逊出生于英国的利奇菲尔德。他的父亲是一位生意做得并不成功的书商，他的母亲虽然没有文化，却认为丈夫的地位与自己不相称。约翰逊回忆说：“我父母的婚姻生活不怎么幸福。他们很少交谈，因为父亲不能容忍别人对他的事情指手画脚，而母亲不识字，她对生意也知之甚少，因此她的话语中充斥着牢骚、担心和怀疑。”

约翰逊从小就身体羸弱，大家甚至为他的顺利出生而感到吃惊。出生后不久，他就被交给奶妈喂养，结果奶妈的乳汁让他感染了淋巴结核，导致他一只眼睛永久失明，另一只眼睛弱视，一只耳朵失聪。后来，天花又在他的脸上留下了永久的疤痕。为了给他治病，医生在没有使用麻醉药的情况下给他的左胳膊施行了切开术。在随后的6年里，他们利用马鬃让切口保持打开状态，并定期挤出他们认为是致病原因的液体。此外，他们还切开了约翰逊的颈腺。由于这次手术做得非常马虎，在约翰逊的左脸上留下了一道深深的疤痕，从耳朵一直延伸至下巴部位。这些疤痕伴随着他，直到他走完自己的一生。因此，从外表上看，约翰逊体型庞大、相貌丑陋、满脸疤痕，就像一个魔鬼。

面对疾病缠身的状况，约翰逊与之展开了猛烈的抗争。一天，在放学回家的路上，他发现自己看不见路边的排水沟。由于担心会掉到沟里，他趴在地上，一边观察路缘石，一边小心翼翼地朝前爬行。一位老师走过去想要帮助他，他却勃然大怒，把她赶走了。

约翰逊认为慢性病患者易于养成自我放任的毛病，因此他一直小心地提防着。他在晚年时说过："生病会让人的自私自利心理急剧膨胀，遭受痛苦折磨的人往往向往安逸。"沃尔特 · 杰克逊 · 贝特认为，约翰逊"本着严格要求自我、全面履行个人责任的态度"直面疾病缠身的困境。他还说："让我们尤为感兴趣的是，当他还是一个年幼的孩子时，他很快就发现自己的体质不同于常人，并且早早地开始摸索独立的人生道路，肆意地把将伴随他一生的身体残疾问题抛在脑后。"

约翰逊接受的教育细致深入，要求极严。通过学校课程，他接触到了奥维德、维吉尔、贺拉斯和雅典文化。从文艺复兴时期开始直至 20 世纪，这些一直是西方教育的核心内容。他还学习了拉丁语和希腊语。学生们在学习中稍有懈怠就会挨打，老师会命令孩子们趴在椅子上，然后用教鞭狠狠地抽打他们，嘴里还念念有词："今天我打你，是为了防止你日后走上绞刑架。"后来，约翰逊对于体罚提出了不同的看法。但是他也认为，与心理压力与情感操控（现在的家长在教育子女时经常使用的手段）相比，棍棒还是仁慈得多。

自学在约翰逊的教育中发挥了不可替代的作用。虽然他从来不喜欢上了年纪的父亲，但是父亲的藏书他一本不落地看完了。他如饥似渴地阅读游记、浪漫小说和历史书，江湖游侠的英雄故事他更是读得津津有味，爱不释手。9 岁时，他开始读《哈姆雷特》。当读到鬼魂出现的那一幕时，他害怕得要命，发疯一般地跑到大街上，确认自己还活在这个世上。他的记忆力极强，祷文只需读一两遍，余生都能倒背如流。他似乎有过目不忘的本领，晚年的他在聊天时经常提及他几十年之前读过的不知名作者的作品。小时候，父亲常带他去赴宴，向宾客炫耀儿子的背诵能力，但父亲的虚荣心让年幼的约翰逊极为反感。

约翰逊 19 岁那年，母亲继承了一笔数额不大的遗产，但是足够支付他在牛津大学一年的学费。约翰逊抓住了这次机会，满怀自信与豪情壮志，来到牛津大学。他那时对名声充满了渴望，还憧憬着“荣誉接踵而至的美好未来”。但是，由于他已经习惯了独立的自学生活，同时感觉到自己在经济与社会地位上不及同学，因此他无法很好地适应牛津大学的各项规章制度。面对这些懒散的管理制度，他不是温顺地全盘接受，而是粗暴、嚣张地予以抨击。他后来回忆说：“那时候的我疯狂、粗暴，人们都以为我无忧无虑，其实我无比苦恼。我因为贫穷而感到痛苦，而且我已经下定决心，利用自己的学问与才智打开一片新天地。因此，我藐视一切权力。”

作为一名优秀的学生，约翰逊赢得了人们的认可。他将亚历山大 · 蒲柏的一首诗翻译成拉丁语，得到人们的交口称赞，就连蒲柏本人都说约翰逊的译文与原作相比难分伯仲。但是，约翰逊也有桀骜不驯、粗暴无礼和懒散的毛病。他告诉导师，他不去上课是因为他更喜欢滑雪。他喜欢断断续续的工作方式，而且一生如此。他可以连续几天懒散地坐在那儿，什么也不干，两只眼睛盯着时钟，却不知道究竟几点了。在任务快到截止日期时，他会突然风风火火地行动起来，不需要打草稿就能写出一篇杰作。

在牛津大学上学期间，约翰逊随大溜，开始信奉基督教。有一天，他坐下来阅读威廉 · 劳的神学著作《呼召过圣洁生活》。他回忆道：“（我原以为）这是一本枯燥乏味的书（这一类书通常如此），甚至有可能嘲笑它，结果却发现劳比我高明。自从我学会理性探究的方法以来，这是我第一次认真地思考宗教问题。”同约翰逊后期在道德方面的论述一样，劳的这本书内容翔实具体，有很强的实际意义。劳通过虚构的人物对忽视精神需要的几种人进行了讽刺，他强调追名逐利的行为无法填补人们心灵的需要。基督教并没有真正地改变约翰逊，却使他的特点越发鲜明：严密防范自我纵容的毛病，在道德方面严格要求自己。

在清楚地了解了自己的智力水平之后，约翰逊认真研读了《圣经》中那些关于天才的寓言故事，看到“又恶又懒的仆人”因为没有充分发挥上帝赐予他的才智而被“扔进外面的黑暗里，任由他在那里痛哭流涕、咬牙切齿”，他深受启发，终生引以为戒。约翰逊的天父不仅爱他、为他治疗创伤，更会对他提出严格的要求。在他的一生中，他不断地接受审判，在了解自身不足的同时胆战心惊，唯恐遭到天谴。

在牛津大学学习了一年之后，约翰逊花光了所有的钱，只好狼狈地回到利奇菲尔德。有一段时间，他可能患上了严重的抑郁症。他的传记作者詹姆斯·博斯韦尔这样写道：“他觉得自己被一种可怕的疑心病缠住了，经常生气、烦躁、不耐烦，而且感到灰心、沮丧、绝望。对他而言，活着是一件非常痛苦的事。”

为了不让自己闲下来，约翰逊经常进行32英里的远足。他可能有过自杀的打算，他似乎完全不能控制自己的肢体动作。在众多现代的医学专家看来，他的那些痉挛症状与肢体动作似乎是图雷特氏综合征的临床表现。他经常扭绞着双手，身体来回晃动，以一种无法控制的奇怪方式摇晃着脑袋，还会发出一种奇怪的口哨声。在街道上行走时，他会用手杖敲出各种奇怪的节奏；在走向房间的过程中，他会数步数，如果数错了，他就会折回去重走一遍。同他一起吃饭简直是一种折磨，他总是狼吞虎咽，嘴巴里塞满食物，食物常会掉落在他无比邋遢的衣服上。小说家范妮·伯尼这样形容他：“（他的）脸十分难看，动作笨拙，举止怪异到超乎你的想象。他的双手、嘴唇、双脚、膝盖总是无法控制地痉挛，几乎从不间断，有时甚至会抽搐起来。”陌生人在酒馆看到他，都会误以为他是村子里的白痴或是精神病人。而这时，他会突然大段大段地朗诵用渊博的学问与典故装点得花团锦簇的文章，让对方目瞪口呆。他似乎非常享受这种效果。

约翰逊的痛苦伴随他很多年。他当过老师，但是由于身体痉挛，学生们嘲笑他，而不是尊重他。一位历史学家说，他创办的那所学校“可能是教育史上最不成功的私立学校”。26 岁那年，他与 46 岁的伊丽莎白 · 波特结婚，在许多人看来，他们是特别奇怪的夫妇。传记作家们一直不知道该如何形容波特（约翰逊叫她特蒂）。她是貌美如花还是形容憔悴？待人接物时她是明达还是轻浮呢？波特值得赞许的地方就在于，她透过约翰逊丑陋的外表看到了他伟大的未来，约翰逊值得称赞的地方则是他对波特的忠诚终生不渝。他是一位温情脉脉、讨人喜欢的情人，富有同理心和爱心。但是，结婚之后，他们过了多年的分居生活。约翰逊办学校用的是波特的钱，结果打了水漂儿。

在 30 岁之前，约翰逊的生活无异于一个灾难。1737 年 3 月 2 日，约翰逊与他以前的学生戴维 · 加里克（后来成为英国历史上最著名的演员之一）一起前往伦敦。约翰逊在格拉布街附近安顿下来，靠写作谋生。他的作品涵盖所有内容和文体，包括诗歌、戏剧、政论、文学批评、趣闻逸事、随笔等。雇佣文人往往只能勉强糊口，生活杂乱无序，苦不堪言。一位名叫塞缪尔 · 博伊斯的诗人把他的所有衣物都送进了当铺，他坐在床上，身上除了一床毯子不着寸缕。他在毯子上挖了一个洞，将胳膊从洞里伸出来，然后把纸铺在膝盖上写诗。如果他写的是一本书，他就会在写好前几页之后把它们当掉，以便填饱肚子，再接着往下写。虽然约翰逊从未沦落到那样的悲惨境地，但是在大多数时间里，尤其是一开始的几年，他也仅能勉强度日。

然而，就在这段时间里，约翰逊完成了新闻史上最了不起的伟业之一。1738 年，英国下议院通过了一项法律，规定公开发表议会言论的行为是“对议会权力的侵害”。于是，《绅士杂志》（*The Gentleman's Magazine*）决定将这些议会言论稍作修改，以虚构报道的形式发表，以便让公众了解议会中发生的事情。在两年半的时间里，约翰逊是他们的专用作者，尽管他只去过一次议会。负责提供消息的人会告诉约翰逊有哪些人发言、他们发言的顺序、立场以及理由，然后，约翰逊就发挥想象，写出一篇篇雄辩的发言稿。这些发言稿都写得非常好，以至于没有哪位发言人不愿意将它们归入自己的名下。至少在接下来的 20 年里，人们一直以为这些都是真实的议会发言稿。直到 1899 年，一些优秀演讲集中还收录有这些发言稿，并且署名作者不是约翰逊，而是所谓的发言人。一次，约翰逊在晚宴上听到有人在极力称赞老威廉 · 皮特的一个演讲，便说了一句：“那篇演讲稿是我在埃克塞特大街的阁楼里完成的。”

约翰逊总是需要自谋出路的生活方式与我们现代人相似，但议会发言在他的那个时代显得过于特立独行。他没有从事农业、教育等稳定的职业，又远离家庭，过着居无定所的生活，因此他不得不做一名自由职业者，靠自己的聪明才智谋生。他的命运，包括经济保障、社会地位、友谊、作为一个人应有的观点与价值，全部取决于他脑海里灵光一现的创意和想法。

德语中有一个词可以形容这种状况，即 Zerrissenheit，它大概的意思是“四分五裂的状态”。这是内在连贯性缺失的表现，如果一个人的生活艰辛、发展方向不确定，就有可能出现这样的状况。克尔恺郭尔称之为“对自由的迷茫”。当人们失去外在约束而为所欲为，同时还面临无数的选择时，如果没有极强的内在连贯性，他们的人生就会四分五裂，失去方向。

约翰逊的本性使他内心的矛盾越发激烈。博斯韦尔说："他在言行举止方面（包括说话、饮食、阅读、爱、生活方式等）无比暴躁。"而且，他的很多特点还会相互冲突。由于受到痉挛等病症的折磨，他无法完全控制自己的肢体；由于患有抑郁症及情绪不稳定，他无法完全控制自己的思想。他有强烈的社交欲望，一生都惧怕孤独，但是，他被迫为之的文字工作要求他远离人群，安静地写作。他的婚姻生活有名无实，而他的性冲动又非常强烈，因此他的一生都在与所谓的"有害思想"进行搏斗。此外，他很难长时间集中注意力。他坦承："几乎没有一本书我能从头读到尾。这些书大多令人厌烦，我没有办法全部读完。"

与此同时，约翰逊还因为自己丰富的想象力而苦恼。对于生活在后浪漫主义时代的我们而言，想象力常常意味着一种天真纯洁的能力，可以增强我们的创造力，让我们看到美好的前景。但是，想象力让约翰逊爱恨交加。对他而言，午夜时分是最可怕的时刻，因为他的想象力让他不胜烦恼，他感受到黑夜的恐怖，嫉妒他人的成就，感叹自己毫无价值的人生，还会对肤浅的赞誉之词产生不切实际的期盼。约翰逊消极地认为，想象力会让我们对婚姻等人生阅历充满幻想，然后在这些幻想破灭之后，给我们留下无尽的失望。想象力是造成疑心病、让我们杞人忧天的原因，它让我们妒忌别人的成就，还让我们幻想击败对手的情景。想象力使我们无穷的欲望变得非常简单，让我们以为它们可以轻松实现。即使在取得成就之后，由于它让我们想到还有未竟之业等待我们继续完成，因此愉快的心情会大打折扣。它让我们不要满足于当前的愉悦，而是迫不及待地迎接未来生活中的各种可能。

由于想象力不受控制，约翰逊一直情绪低落，并感到迷惑、害怕。他认为，我们所有人都与堂吉诃德有点儿相似，同自己想象的恶人搏斗，生活在自己幻想的世界而不是现实之中。约翰逊的思想总在变化，而且经常自相矛盾。他在一篇题为“冒险家”的散文中说：“当别人的观点与我们不一致时，我们没有理由惊讶或生气，因为我们自己的观点也经常不一致。”

在心理恶魔面前，约翰逊并没有一味地顺从，而是进行了还击。他生性好斗，斗争的对象包括其他人和他自己。一次，一位编辑指责约翰逊浪费时间，身高马大、孔武有力的约翰逊一把就把那位编辑推倒在地。他说：“他傲慢无礼，所以我揍了他。我还告诉他，他是一个傻瓜。”

在他的日记里，随处可见自我批评与发誓要更好地安排时间的字眼。1738年，他写道：“啊，主啊，让我弥补那些在懒惰中虚度的光阴吧。”1757年，他写道：“万能的主啊，让我改掉懒惰的毛病吧。”1769年，他写道：“我决定，同时也希望自己能在8点钟起床，并逐步提前到6点钟。”

一旦克服了懒惰的毛病并提起笔，他就会文思泉涌，一口气完成12 000个单词或者30页的写作任务。在这种时刻，他每小时可以写出1 800个单词，也就是每分钟写出30个单词。有时，送稿件的人就等在他旁边，约翰逊每写完一页，这个人就会把这页稿子送给负责印刷的人，以至于约翰逊根本来不及修改。

约翰逊的传记作家沃尔特·杰克逊·贝特为我们提供了一条有价值的信息：尽管约翰逊作为自由职业者写出了数量惊人的优秀作品，但是在头20年里，这些作品都没有署他的姓名。这既是他自己的决定，也是格拉布街出版界当时的规章制度要求的。即使进入中年之后，约翰逊仍然没有任何值得他自己引以为豪的壮举。他碌碌无名，焦躁不安，心情也十分糟糕。用他自己的话说，他的人生一度“极为不幸”。

我们对约翰逊的了解几乎全部来自博斯韦尔的权威著作《约翰逊传》（*Life of Johnson*）。博斯韦尔是一位享乐主义者、教士助手，直到约翰逊年老之后才与他结识。博斯韦尔笔下的约翰逊从来没有遭遇过不幸，而是一个快乐、风趣、完美无缺、令人肃然起敬的人物。从博斯韦尔的描述来看，约翰逊在一定程度上已经实现了和谐统一的状态。但是，这种和谐统一是约翰逊自己营造出来的。通过写作和思考，他建立了一个和谐的世界观，并不折不扣地实现了内在连贯性。于是，他变成了一个值得信赖的人。

约翰逊还利用手中的笔为读者服务，提升他们的修养。约翰逊说过："让世界更美好，是作家永恒的责任。"到成年时，他已经找到了履行这个责任的办法。

从矛盾和悖论中获得新知识

他找到了什么样的办法呢？同我们一样，他也不是凭借一己之力履行这个责任的。同讨论其他所有内容一样，在讨论品格时，我们大多会强调个人的作用，但是品格的形成也离不开我们周围的人。在约翰逊成年之时，英国涌现出了一批作家、画家和学者，包括亚当·斯密、乔舒亚·雷诺兹、埃德蒙·伯克。他们才华横溢，都是常人远不能及的天才。

他们都是人本主义者，他们的知识来自对西方文明经典著作的深入阅读。他们都是英雄，不过不是战场上的英雄，而是以知识为武器的英雄。人类虚荣与任性的本性往往会导致自我欺骗，但是他们抵制住了这种倾向，并睁大双眼，希望看清楚周围的世界。他们寻求的是有实际意义的道德智慧，希望自己成长为一个有操守、有追求的人。

约翰逊是他们之中最典型的代表人物。传记作家杰弗里·迈耶斯认为，约翰逊"是一个矛盾体。他有时懒散，有时充满活力；有时极富侵略性，有时和蔼可亲；有时愁云惨雾，有时谈笑风生；有时明晓事理，有时丧失理智；有时因宗教而感到欣慰，有时因信仰而不胜烦恼”。据詹姆斯·博斯韦尔的描述，约翰逊就像罗马角斗场里的角斗士，同内心的冲动展开了殊死搏斗。“角斗场中的那些野兽非常疯狂，试图踩着他的身体冲出场外。在一番搏斗之后，他把这些野兽赶回了兽笼。但是，由于他并没有杀死它们，这些野兽仍然会攻击他。”在整个人生中，他在学术上表现出了阿喀琉斯式的坚韧，在信仰上又像拉比、牧师和毛拉那样富有同情心。

约翰逊处理人情世故的工具无外乎他仅剩的那只眼睛（尽管视力较弱），与他人的对话和他手中的那支笔。作家通常不会因为道德品格出众而为人所知，但是约翰逊的美德多多少少与他的写作有关。

约翰逊的工作地点是旅馆和咖啡馆。虽然身材臃肿、仪容不整、相貌丑陋，但他特别喜欢交际。在与人聊天的同时，他还在思考，并不时地说出一些道德箴言和俏皮话。可以说，他兼具马丁·路德和奥斯卡·王尔德的特点。小说家、剧作家奥利弗·哥尔德斯密斯说过：“和约翰逊争论是没有意义的。即使手枪哑火，他也能用枪托击倒你。”为了让论战更有趣，约翰逊无所不用其极，甚至会在辩论过程中彻底改变自己的立场。他的很多名言似乎都是在旅馆聊天时脱口而出的，或者是经过润色却让人们以为他是随口说出来的。“爱国主义是流氓无赖们最后的藏身之地……能否给穷人提供像样的生活条件，是对文明社会的真正考验……知道自己两周后将会被绞死，能有效地促使一个人集中注意力……如果你厌倦了伦敦，你就厌倦了生活。”

他的写作风格具有流畅对话中“你来我往”的特点。他先提出一个观点，然后提出一个与之相对的观点，之后又提出一个与第二个观点相对的观点。上述那些被争相引用的格言，经常会让人们误以为约翰逊在表达观点时语气都非常肯定。他通常会采用对话式的写作体裁，先提出话题，例如打扑克牌，再列举相关的优缺点，然后暂时性地选择一个立场。从他对婚姻的论述可以看出，他每提出一个好的方面，就会再提一个坏的方面。“我在笔记本中画了一张女性优缺点表格，列出了与每一个优点相关联的所有缺点，以及与每一个缺点相关联的所有优点。我认为风趣就是挖苦，宽宏大量就是傲慢专横，贪婪者常节俭，而无知者好奉承。”

约翰逊信奉二元论，认为只有矛盾、悖论和嘲讽才能表现现实生活的复杂程度。他不是理论家，因此对立（看似不相干而实际上彼此联系密切的事物）对于他来说不难接受。文学批评家保罗·福塞尔指出，他的文章中充斥的“但是”“然而”已经成为他的作品必不可少的组成部分，反映了他的部分感悟。要理解其中的意义，你必须从多个视角看清所有相互矛盾的部分。

我们肯定可以想象到约翰逊经常漫无目的地四处闲逛，就像想方设法打发时间的人一样，也会做一些无伤大雅的傻事。有一次，约翰逊听说某个河段淹死过人，他立刻跳了进去，看自己能否逃生。还有一次，他听说如果装填的弹丸过多，枪就有可能炸膛，约翰逊立刻拿来一支枪，在枪管里装进7颗弹丸，然后朝着墙壁开火。

约翰逊彻底地融入了伦敦的生活。他采访过妓女，还与诗人一起在公园里露宿。他认为，独自一人探索并不是获取知识的最佳方法。他还指出：“幸福无法通过自省获得，只有借鉴他人的经验才能得到。”他利用肉眼可以观察的现实世界来检验自己的观察结果，从而间接地了解自己。他认为：“如果哪一天没有收获新知识，我就会觉得自己在虚度光阴。”他害怕独处，总是最后一个离开酒吧。他宁愿与酒肉朋友理查德·萨维奇在大街上彻夜游荡，也不愿意回家之后独自忍受可怕的孤独。

他说："从普通平民的生活状态可以窥见一个国家的真实状况。要了解一个民族的风俗习惯，最适合的场所不是教授文化知识的学校，也不是华丽气派的宫殿。"约翰逊与各个阶层的人都能打成一片。到了晚年，他经常收留流浪者。面对显贵，他有时取悦他们，有时又会冲撞他们。在约翰逊历尽艰辛完成了他的那部伟大的字典之后，查斯特菲尔德勋爵试图把赞助人的功劳归为己有，结果约翰逊写了一封世界上最著名的抗争信，拒绝了勋爵迟到的赞助要求。在信的最后，约翰逊这样写道：

> 勋爵阁下，有的人眼见落水者在拼命挣扎而无动于衷，却等他安全上岸之后，才多余地伸出"援手"，难道这就叫赞助人么？拙作蒙阁下抬爱，本属美意一桩，奈何来得太迟。如今，我心灰意冷，无意消受厚爱；孑然一身，无人分享成功；而且我已经略有薄名，不敢再有其他奢望。

把不足之处变成长处

约翰逊认为，人类社会的主要问题不可能仅通过政治手段或者改变社会环境来解决。我们都知道，他是一组著名对句的作者："人的忍耐力强大无比，法律与权贵的影响不值一提。"他既不是形而上学者，也不是哲学家。他爱好科学，但他认为我们最应该关注的并不是科学。他不相信学究们在"空谈"的乌烟瘴气中完成的研究，对于试图用某一个逻辑结构解释所有存在的学术体系，他更是极度怀疑。他率性而为，游走于各处，仿佛是一位知识渊博的多面手，试图将不同领域连接到一起。约翰逊赞同这样的观点："只能应对某一类问题，或者只能在某一个部门任职的人，很少是社会急需的人才，甚至有可能永远不受欢迎。而知识面宽的人常常占有优势，并且春风得意。”

约翰逊不相信神秘主义。他通过阅读历史与文学作品以及直接观察建立起来的人生哲学的基础扎实，关注的焦点也一直是他所谓的“活生生的世界”。据保罗·福塞尔观察，对于决定论，约翰逊一概持否定态度。他不认为人的行为会受到不带有任何感情的意志力的影响，总是用挑剔的眼光密切关注每个人的特别之处。拉尔夫·沃尔多·爱默生认为，“拯救灵魂不能批量地进行”，约翰逊也坚定地认为，每个人都具有神秘的复杂性和内在的尊严。

总的说来，约翰逊是一名实至名归的道德家，他认为大多数问题都是道德问题。他在著作中指出：“社会的幸福取决于美德。”与同时代的其他人本主义者一样，他也认为人类的基本行为就是在道德问题上绞尽脑汁的决策行为，而且，文学是改善道德水平的一支重要力量。文学不仅可以给人提供新信息，还可以传递新体验；文学不仅可以拓展人们的意识，还可以为评估活动提供一个平台。此外，文学还可以借助愉悦感实现一定的指导意义。

现在，很多作家仅仅从美学的角度来看待文学，而约翰逊则把它视为道德培养的伟大事业。他认为作家应当激发人们“对道德的热情和对真理的信心”，而且希望他自己可以发挥这样的作用。他还说：“让世界更美好，是作家永恒的责任。”福塞尔说：“那时候，在约翰逊的心目中，写作同基督教的圣事一样神圣。圣公会教义问答手册中对圣事的定义是：‘那内在而属灵恩典的外在而可见之记号’。”

在那个时代，很多文人因生活所迫，专门替人写文章赚钱。但是约翰逊非常重视写作质量，尽管他也为钱写作，而且写作速度非常快。他追求的理想是对文字的绝对忠诚，“诚实是迈向伟大的第一步”是他的座右铭之一。

他认为人性既可恨又可怜。古希腊有个说法，认为狄摩西尼如果不结巴，就不会成为伟大的雄辩家，或者说他之所以是一名伟大的雄辩家，恰恰是因为他结巴。在缺点的刺激下，相关技能反而得到了完善。英雄常常可以把自己的不足之处变成自己的长处，约翰逊因为自己的那些缺陷而成长为一名伟大的道德家。他逐渐意识到自己无法彻底消除这些缺陷，自己的人生经历不会变成人们常讲的美德战胜恶行的故事，充其量是瑕不掩瑜的人生的一个注脚。他用文字告诉人们，他并不奢望能彻底消除那些缺陷，而希望找到能应对这些缺陷的方法。他认识到这种抗争将永远不会结束，因此他对他人的缺陷怀有同情之心。他是一名道德家，一名有爱心的道德家。

治疗悲伤和消除妒忌的良药

塞缪尔·约翰逊散文的主题包括负疚、羞愧、沮丧、无聊等，我们从中可以清楚地看出他正在承受哪些折磨。据贝特观察，约翰逊在《漫谈者》发表的一系列散文中，有1/4的主题涉及妒忌。约翰逊知道自己特别容易因为别人的成功而发怒：“人类最主要的错误是对生活中被赋予善的条件感到不满。”

约翰逊在智力上得到的补偿是清晰的思维。正是由于思路明确，他的很多论断被人们广泛引用，其中很多都反映了他洞悉人类不可靠性的敏锐视角。

- 天才很少会沦落，除非自身原因导致。
- 无所事事时不可独处，独处时不可无所事事。
- 有的人，我们非常希望与之断交，却不希望他们与我们断交。
- 所有的自我谴责都是间接的自我表扬，目的是表明自己非常宽容。

• 人类最大的美德在于抵制冲动的本性。

• 公立图书馆最有力地反映了人类愿望的虚幻性。

• 自夸敢于向自己敞开心扉的人非常少。

• 完成一篇稿子之后读一读，如果觉得哪一段文字写得尤其好，就把它删掉。

• 每个人都自然而然地相信自己可以坚守所下的决心，除非经过很长时间并反复验证，否则他不会相信自己非常愚蠢。

借助道德散文，约翰逊为世界制定了秩序。为了客观地观察世界，他必须让自己平静下来。当人们感到沮丧时，他们常常觉得一种涉及方方面面却难以言状的悲伤征服了自己。不过，约翰逊直接以痛苦为目标，通过仔细分析、深入研究，消除了它所产生的部分影响。在讨论悲伤的那篇散文中，他指出，大多数激情都会驱使你采取行动，而这些行动最终却会让激情烟消云散。饥饿会引发进食行为，害怕会让人逃跑，淫欲会诱使人们发生性行为。但悲伤是一个例外情况，悲伤不会引导你实施自我治疗行为，而是愈演愈烈。

原因在于悲伤是“沉迷于过去而没有展望未来的思想状态，对某个事物的不切实际、连续不断的期望，对已经失去的欢乐或财物的令人苦恼、烦闷的渴盼”。许多人在生活中谨小慎微，以躲避悲伤的袭扰。还有许多人勉为其难地参加社交活动，希望可以缓解悲伤对他们的影响。凡此种种，均遭到了约翰逊的否定。相反，他提出建议：“治疗悲伤的安全性较高的常规良药是就业……悲伤是一个个新想法在流经我们身体时给灵魂留下的锈蚀，是人生因为停滞不前而生出的脓疮，通过运动和锻炼就可以治愈它。”

约翰逊还利用他的散文来演练自我对抗。福塞尔说：“对于约翰逊而言，人生就是战斗，战斗就是道德。”在写作散文时，约翰逊经常直接以自己的烦恼为题，如绝望、骄傲、对自己与众不同的渴盼、无聊、贪吃、负疚感和虚荣心。他从来没有幻想通过说教来帮助自己培养美德，但是他可以设计、制定意志力训练方案。例如，在刚刚步入成年时，他不断遭到妒忌的袭扰。他了解自己的天赋，也知道在自己失败的同时，别人却取得了一个又一个成功。

为了消除妒忌之心，他想出了一个办法。他说，他一般不相信以恶制恶的策略，但是妒忌的危害极大，因此，以任何一种品质来取代它都是值得的，他选择了自我肯定。他告诉自己，妒忌他人就是承认自己的不足，与其屈服于妒忌，不如强调自己的长处。当受到妒忌的诱惑时，他就敦促自己多想想自身的优势所在。

随着他对基督教的信仰不断加深，他开始竭力推崇仁慈与宽容这两种品质。世界充斥着罪与悲伤，因此“所有人都不值得妒忌”。每个人的人生都麻烦不断，由于欲望总是超前于现实，用美好的幻想折磨人，因此，没有人会在取得成就之后真正地感到欢欣鼓舞。

约翰逊对随笔作家约瑟夫 · 艾迪生有过一番评论：“他的眼睛容不得沙子，对任何不对或者荒谬的事都非常敏感，而且会毫不犹豫地予以揭发。”其实，这番评论也同样适用于他自己。

通过不断观察、反省，约翰逊的人生真的发生了一些变化。年轻时的约翰逊体弱多病，心情沮丧，一事无成，但是到中老年时，他在尘世取得的成就不仅赢得了人们的赞誉，而且被人们奉为拥有伟大灵魂的人。一个在童年时期尝尽痛苦的人，为什么可以用容忍和宽容的眼光来评判这个世界呢？传记作家珀西 · 黑曾 · 休斯顿为我们解释了其中的原因：

他的灵魂已经变得无比刚强。以往的可怕经历放射出自信与洞悉一切的光芒，直射人的深层次动机，指引他去破解人类行为的各种疑难问题。在深切地了解到人类的渺小和人类知识的局限性之后，他心满意足地把神秘的终极原因归属于强于自己的力量。因为上帝的意图神秘莫测，所以他人生早期的目标是寻找那些可以帮助他为迎接主的慈悲做好准备的规则。

约翰逊苦苦思索，最后，他对这个复杂的、有缺陷的世界的信念终于稳定了下来。为了看清事物的真实面目，他严格地要求自己，认真地进行自我批评，并对道德问题充满热情。

坦诚面对自己的缺点和痛苦

在理解约翰逊借助道德探究进行自我塑造的方法时，我们可以将他与另外一位伟大的、深受人们喜爱的16世纪法国作家米歇尔·德·蒙田做比较。我的学生黑利·亚当斯说，约翰逊就像东海岸的说唱歌手，热情、认真、好斗，而蒙田则好比西海岸的说唱歌手，虽然他也关注现实问题，但是比较放松、稳健、阳光。作为作家，蒙田比约翰逊更伟大，他的优秀作品开创并确定了散文这种体裁。在蒙田的一生中，他对道德问题的态度与约翰逊一样认真，对了解自己、追求美德的决心也与约翰逊一样强烈。约翰逊通过直接攻击和认真不懈的努力，尝试改造自己，而蒙田则以更加轻松愉快的态度面对自己与自己的缺点，并以自我认同和乐于自我完善的愉快姿态来追求美德。

蒙田的童年生活与约翰逊大不相同。他出生在波尔多附近的一个庄园里，他家非常有钱，并且颇有名望，蒙田自出生之日起，就成了全家人心目中的宝贝。他的父亲（蒙田认为他是天底下最优秀的父亲）亲自制订了一份人本主义培养计划，按照名门望族的教育标准抚养蒙田，包括每天早晨用乐器演奏出优美的音乐来叫蒙田起床。父亲希望把蒙田培养成一个有文化、全面发展的绅士。蒙田毕业于一所名声显赫的寄宿学校，后来到市政府工作，成为当地法院的一名法官。

蒙田的生活非常惬意，但他生活的那个时代并不平静。当时法国国内发生了一系列的宗教战争，作为一名公职人员，他经常需要做调解工作。38 岁时，他辞去了这份工作。他决定回到庄园里，一边做学问，一边悠闲地生活。约翰逊在格拉布街上一边享受丰富多彩的酒吧生活，一边写作，而蒙田则把自己锁在自家塔楼的图书馆中，在装饰有古希腊、古罗马和《圣经》格言的大房间里埋头创作。

蒙田最初打算研究古罗马和古希腊的经典作家（普卢塔克、奥维德、塔西佗等），并从宗教信仰中获取知识（至少在公众眼中，他是一名正统的罗马天主教徒。但是，由于他倾向于研究现实而不是抽象问题，因此他从神学中汲取的学识似乎没有从历史中得到的多）。他认为自己可以就战争和政府政策写一些有见地的文章。

但是后来，他的思想发生了一些变化。同约翰逊一样，步入中年的蒙田也怀疑自己的人生出现了某些重大错误。在辞职并开始反思人生之后，他发现自己的内心无法平静下来，支离破碎，甚至变成了一团糨糊。他用从水面反射到屋顶的摇曳不定的太阳光来形容自己浮躁的想法，在他的脑海里，各种各样的念头和感悟层出不穷。

蒙田感到万分沮丧，用文字描述了他的痛苦遭遇。他写道："不知为何，我的内心中有两个自我。"他感觉自己的想象如同脱缰的野马，难以控制。"我无法静下心来思考，思绪飘移不定，仿佛醉汉一般踉踉跄跄……我描述的不是现在的情形，因为它已经成为过去……我必须把描述的事物与时间结合起来，因为我的想法正在不断变化。”

蒙田发现，自己的想法的确难以控制，控制自己的身体也不是件轻而易举的事。他甚至因为自己的生殖器而感到绝望：“在我不需要它时，它蠢蠢欲动，令人厌烦；在我需要它时，它却按兵不动，令人恼火。”而且，经常违背他意志的不仅仅是他的生殖器。“请大家想一想，我们有哪个身体部位不是经常违抗我们的意志而自行开始或停止发挥它的功能呢？”

写作是一种自我整合的行为。蒙田认为，人们之所以狂热、暴躁，大多是因为他们无法掌控自己难以捉摸的内心世界。试图借助外在手段实现内心宁静并与自己和解的人，通过不懈地追求世俗的辉煌成就和永恒的荣耀而取得了丰硕的成果。他说：“没有人能真正了解自己，因此所有人都选择了其他目标，迫不及待地冲向未来。”蒙田决定通过散文写作来深入了解自己，为内心支离破碎的自我建立秩序，使其平静下来。

约翰逊与蒙田都希望实现深刻的自我意识，不过他们采取的方法不同。约翰逊描写其他人和外部世界，希望以此实现自己内心的平静。有时，他会替他人撰写传记，字里行间却隐隐表露出他自己的特点，甚至让人误以为这其实是他的自传。蒙田的切入点则正好相反，他描写的是他本人以及他对事物的反应，希望借助自我反省来找到所有人的共性。他认为：“每个人都是人类整体状况的缩影。”

约翰逊的散文给人一种颐指气使的感觉，而蒙田的写作风格则较为谦虚，给人一种不确定、迟疑不决的感觉。两人都不强调条理性，文章没有明确的逻辑结构。蒙田会先提出一个论点，几个月之后，如果他想到某个与之相关的论点，就会潦草地写在页边，并在最终稿里纳入这个论点。这种随意的方式掩盖了严肃的写作态度，他的作品看似轻松随意，但是对于写作，他一直秉持严肃认真的态度。他知道自己的文章新颖，因为其内容全都是真实的自我揭示，以及对道德生活的展望。他知道自己正在创造一种塑造人物的新方法，而且男主人公对自己的了解诚实客观，同时还不失同情心。尽管他抱持一种无忧无虑的态度，但要完成写作任务并非易事，“只有让灵魂疲于奔命，我们才会知道自己经常犯错误”。写作不仅是为了扩充自己的知识，在内心嬉戏打闹，博取名声、引起关注或者获得成功，写作的真正目的是与自己抗争，开启一个有条理、严于自律的人生。“精神的伟大不在于向上和向前的驱动力，而在于让我们知道如何使自己具有条理性，如何约束自己。”

蒙田希望借助自我了解、自我改造来解决自己的道德问题。他认为，要实现这种形式的自我对抗，甚至比成为亚历山大大帝或苏格拉底式的人物还难。后者身处公众视野里，可以得到荣誉和名声的奖励，而试图诚实地了解自我的人则需要离群索居，默默无闻地工作。“每个人都可以在人生舞台上扮演一个正人君子，但是在私下里，在内心中，在可以为所欲为而且不会暴露的时候，仍然能做到循规蹈矩，这便是道德的极致了。”

由于感觉到内心深处的斗争与自尊更加重要，因此在尘世事业风生水起的时候，蒙田却决定隐退，转而勇敢地面对真实的自我。多少年来，他在自我对抗过程表现出来的那种沉稳的姿态，让许多人为之倾倒。他勇敢地面对自己不尽如人意的地方，而且不加辩解。在大多数情况下，对于自身的缺陷，他微笑面对，坦然处之。

他把自己摆在一个低却安全的位置上。他承认自己身材矮小，缺乏吸引力。如果他和仆人们一起骑马出行，别人根本看不出他的主人身份。如果他的记忆力不佳，他会向你坦承；如果他玩象棋或其他游戏的水平不高，他会向你坦承；如果他阴茎短小、年老体衰，他也会向你坦承。

他发现自己同大多数人一样，有点儿贪财，“扪心自问，我们就会发现，我们内心中生机勃勃的那些欲望，在大多数情况下都需要牺牲他人的利益才能得到满足。”他认为，我们为之奋斗的目标大多是短暂的，而且非常脆弱。哲学家有可能创造出史上最伟大的思想，但是只要患有狂犬病的狗咬他一口，他就会变成一个胡言乱语的白痴。蒙田说：“即使登上全世界最高贵的宝座，不靠自己的屁股，也无法坐稳。”这个论断足以让所有骄傲的人低头自省。他还说：“倘若别人像我一样注意审视自己，就会像我一样发现自己极端空虚、无聊。我不摆脱自己就不可能摆脱空虚，我们每个人都被无聊和空虚淹没了。谁意识到这一点，谁就会受益匪浅。但是，我不知道他们是否已经意识到了。”莎拉 · 贝克韦尔在她的著作《蒙田别传》（*How to Live*）中指出，他的最后一句话“但是，我不知道……”最能体现蒙田的特点。

一天，他带着一群仆人骑马出行。突然，其中一个人骑的马狂奔起来，冲撞到蒙田身上。蒙田被撞飞到离马有十步远的地方，手脚张开躺在地上，人事不省，仿佛死去了一般。仆人们吓坏了，赶紧抬起没有任何意识的蒙田，回到庄园。之后，蒙田慢慢苏醒过来。仆人们把他当时的反应告诉了他，很明显，他的身体非常痛苦。然而，蒙田内心的感受却大不相同。他回忆说：“我感到无比快乐，无比平静。”他甚至感到“在疲倦中慢慢逝去”是一件愉快的事，他觉得自己好像躺在一块魔毯上，非常舒适地飘浮在空中。

蒙田想，外在表象与内在体验是多么不同啊！从这件事中他得到了一个积极乐观的经验，即人们无须考虑如何死亡的问题。“如果你不知道会如何死亡，那么你无须担心。造物主会在现场给予你全面的指导，‘他’会帮助你完美地解决这个问题，因此你无须费脑筋考虑这个问题。”

蒙田的秉性似乎可以简化为一个方程：低调、准确地看待自己的天性＋对稀奇古怪的宇宙万物感到好奇＝平静沉稳、安宁的心。贝克韦尔说，蒙田“获得了解放，从此无忧无虑”，进入了不以物喜、不以己悲的境界。他开创了一种以优雅淡定为特色的散文体裁，他还试图让自己也变得像这种文体一样沉着冷静。有一次，他写了这样一句话：“我只希望自己更加无动于衷，更加放松。”显然，这句话并不完全可信。他还说：“我尽量避免自己受到责任义务的约束。”我们可以从他的一篇又一篇散文中，看到他努力用意志力促使自己降低自我接纳的标准：“我可能在总体上希望自己是另一个样子。我对自己不满意，祈求上帝让我脱胎换骨，并宽恕我天性的软弱。然而这种心情似乎不能被称为后悔，同样，遗憾自己生来既不是天使又不是加图的心理也不能被称作后悔。我的行为有其准则，符合我的身份和地位。我已尽我所能。”他用一个口号提醒自己：“我会克制自己。”

他的阅读速度较慢，因此他只关注几本书。他有点儿懒，因此他放松对自己的要求。（约翰逊通过充满激情的说教实现自我完善，但是蒙田不愿意这样做。约翰逊在道德问题上十分苛刻，而蒙田也与他不同。）蒙田的思想天马行空，因此他喜欢从多个不同的角度看待问题。每个缺陷在给你造成麻烦的同时，也会给予你一定的补偿。

感情强烈与自我要求严格的人都不喜欢蒙田，他们认为蒙田的情感寄托过于狭隘，他的志向不够远大，他的稳定生活枯燥乏味。然而，他们难以驳斥他（因为他的写作不遵循传统的逻辑结构，因此难以找到攻击点），但他们断定蒙田作品中充斥的怀疑主义与自我接纳必然导致他自鸣得意，甚至还隐约有虚无主义的味道。于是，他们把蒙田贬斥为情感疏远、逃避矛盾的人。

这种观点有一定道理，如果蒙田知道，他肯定也会表示赞同。“我发现，当痛苦占据心头时，与其强行消除这种感觉，不如尝试改变它，因为后一种方法更简单快捷。我通常会用一种相反的感觉来替代痛苦，即便做不到，我也会代之以不同的感受。这样做可以给人安慰，消除、驱散痛苦。既然无法战胜痛苦，我就努力摆脱痛苦，同时我还会注意保护自己。我的办法很灵活。”

蒙田的例子告诉我们，如果我们把期望值降至切实可行的程度，大多数情况下我们都会得到愉快的结果。但是，蒙田不仅是16世纪的一个拥有庄园、在沙滩上懒洋洋地晒太阳的人，有时他还会故意装出一副无动于衷的样子，甚至常常把自己强烈的希望掩藏起来。实际上，他对优质生活和完美社会也抱有幻想。志向远大的人把自己的愿望建立在终极救赎或终极正义的基础之上，而蒙田依托的却是友谊。

他的那篇讨论友谊的散文是他所有文章中最令人感动的一篇。蒙田写这篇文章的目的是颂扬他与艾蒂安·德拉博埃西缔结的深厚友谊（艾蒂安在两人相交5年之后去世）。他们都是作家、思想家，用我们今天的话说，他们是真正的灵魂伙伴。

在这样的友谊中，意志、思想、观点、财物、荣誉、生活，乃至一切，都是共享的。“我们的灵魂紧密相连，能感受到彼此之间强烈的感情，并借助这份感情感知对方心灵深处的秘密。我不仅十分了解他，而且对他的信任胜过自己。”蒙田认为，要建设完美社会，必须大力倡导这种友谊。

培养优秀品格的两种方法

蒙田和约翰逊都是杰出的散文家，都善于灵活转换观察视角。从某种意义上看，两人又都是人本主义者，都勇敢地拿起了文学这个工具，怀着一颗谦虚、同情和仁慈的心，去探索他们认为人类可以理解的伟大真理。两人都试图借助散文准确地表现生活的无序性，并在内心世界里建立秩序和纪律。不过，约翰逊的情感极为强烈，蒙田则较为温和；约翰逊严格要求自己，蒙田则力求平静，以令人啼笑皆非的方式实现自我接纳；约翰逊的一生充满了挣扎与痛苦，蒙田则以微笑面对人生的瑕疵；约翰逊探索世界以实现自我成长的目标，而蒙田则研究自己以期看清世界；约翰逊生活在一个物欲横流、竞争激烈的城市里，是一名要求极高的道德家，希望点燃道德的烈火，煽动有抱负的资产阶级关注终极真理；蒙田则生活在乡下，他的出现有助于平息内战与宗教激发的狂热情绪；约翰逊想让人们变成英雄，蒙田则对那些试图摆脱现实的羁绊、上升到更高高度的人充满担心，害怕他们最终会坠入深渊。

我们每个人都可以考虑一番，想想自己更像蒙田，还是更像约翰逊，应该选择谁作为自己的榜样。就我个人而言，我认为约翰逊通过不懈的努力，把自己培养成一位无与伦比的伟人，他更适合有活力的世界。蒙田心境平和，部分原因是他家境殷实，有稳定的工作，可以随时辞职躲进自己舒适的庄园里。最重要的是，约翰逊知道品格的雕琢需要无情的锤炼。面对物欲的阻挡，必须有强大的内在驱动力，还要勇于披荆斩棘、阔步前进。在遭遇现实世界中的极端事件时，必须勇于对抗，而不是落荒而逃。蒙田天性和善，或许他可以通过和风细雨式的观察，成功地塑造自我。但是，如果我们采取蒙田的方法，则大多会流于平庸，对自己也会过于宽容。

一个善于观察的杰出思想家

1746 年，约翰逊签署了一份编纂英语辞典的合同。在他的内心世界渐趋平静的同时，他的语言水平也日渐提高。法国科学院在17世纪曾经启动过类似的项目，40名学者耗时55年，终于编出了一部辞典。而约翰逊一行7人只用了8年时间就完成了同样的任务。他为42 000个单词下了定义，为了解释这些单词的用法，他引用了大约116 000个例句，此外，还有10万条例句最终没有被采用。

为了解释单词的用法，并配以合适的例句，约翰逊仔细研读了可以找到的所有英语文献。他把这些内容都抄录在纸条上，然后分门别类地加以整理。这项工作单调乏味，约翰逊却从中发现了价值。他认为这部辞典将为国家做出贡献，也会让他自己平静下来。他"满怀着美好的憧憬"开始了这项工作。他说："虽然我对它的期望值不高，但它绝不会让我失望。我被这项工作的前景吸引住了。虽然这项工作不是一个伟大壮丽的工程，但它很有价值；虽然它不足以给我的人生带来令人妒忌的荣誉，但它有利于我保持内心的纯真；虽然它不会唤醒我的激情，但它也不会让我卷入论战，不会诱惑我对别人横加指责，打扰他们平静的生活，也不会因为受到奉承而让自己的生活激起波澜。"

在编纂这部辞典期间，约翰逊的妻子特蒂去世了。由于身体欠佳，她的酒瘾一年比一年厉害。一天，她因病卧床不起，躺在楼上。突然，门外有人敲门，女佣应门之后，告诉特蒂，她和前夫生的儿子来找她了。他已经成年了，自从特蒂与约翰逊结婚之后就与她疏远了，多年来从未看过她。听说儿子站在门外，特蒂赶紧穿上衣服，冲下楼去找他。但是他已经离开了，从此以后特蒂再也没有见过他。

特蒂的离世让约翰逊深受打击，他以各种各样的方式缅怀自己的妻子。"让我按照对她承诺的那样开始并完成自我改造……今天是特蒂的忌日，我眼含热泪，整天不停地祷告……我决定在特蒂的棺木旁下定决心……想到特蒂，我亲爱的特蒂，我不由得眼泪汪汪。”

这部辞典使约翰逊成了名人，虽然没有给他带来巨额财富，但也让他的生活有了经济保障。他成为英国文学界的一位重要人物。然而，同以前一样，他还是整天混迹于咖啡馆与小酒馆。他加入了俱乐部，定期同一群学者、艺术家朋友聚在一起吃吃喝喝，讨论问题。在英国历史上，这个圈子成员的知名度可能是空前绝后的，除约翰逊外，还包括政治家埃德蒙 · 伯克、经济学家亚当 · 斯密、画家乔舒亚 · 雷诺兹、演员（约翰逊曾经的学生）戴维 · 加里克、小说家兼剧作家奥利弗 · 哥尔德斯密斯和历史学家爱德华 · 吉本。

在公众场合，约翰逊的社交对象都是达官显贵与知识分子，但是在个人生活中，他交往的却是那些穷困潦倒的人。一个由穷人和被边缘化的人构成的奇怪群体一直住在他家，其中包括一个获得自由的奴隶、一个贫穷的医生和一个双目失明的女诗人。一天晚上，他看到一个生病的妓女虚弱地躺在大街上，然后他就把这个妓女背回了家，还给她安排了住处。然而，这些受惠者不仅彼此之间打斗不停，他们与约翰逊也不能友好相处，把他家弄得乌烟瘴气、鸡飞狗跳，约翰逊却不愿意把他们赶走。

他还帮助朋友写作了数量惊人的文稿。这个宣称“除非为了赚钱，否则傻瓜才会从事写作”的人却写了成千上万页文稿，而且分文不取。一位 82 岁的物理学家曾经花了好多年的时间，试图找出一种在海上航行时更有效的确定经度的方法，可是他的研究毫无进展。约翰逊十分同情这位老人，于是开始学习航海知识与老人的航海理论，然后以这位老人的名义写了一本题为“一种尝试确定海洋经度的方法”的书，只是为了在这位老人在生命走到尽头时，让他感受到自己的思想将永存于世。约翰逊的另外一位朋友是 29 岁的罗伯特 · 钱伯斯，他当上了牛津大学法学院的教授。遗憾的是，钱伯斯既不是著名律师，也不擅长写作，约翰逊便同意帮他撰写法学课讲义。约翰逊一共帮钱伯斯写了60次课的讲义，内容长达1 600多页。

约翰逊的写作热情一直保持到他临终前。在68岁到72岁之间（在当时，70岁已经算高龄了），他完成了《诗人传》（*Lives of the Poets*）一书的写作，全书包括52名诗人的传记，总计37.8万字。豁达似乎是蒙田思想成熟的标志，而约翰逊从未达到这个境界，也没有练成平静、矜持的心态（其他人身上表现出来的这个特点令他倾钦不已）。在约翰逊的一生中，绝望、沮丧、羞愧、自虐、负疚等感觉交替出现，周而复始。老年时，他请朋友为他准备一把锁，留着等他发疯后需要限制身体自由时使用。

不过，在生命的最后几年里，约翰逊毫无疑问地拥有了博大精深的学问。他的晚年是与他的朋友、传记作家博斯韦尔一起度过的。约翰逊成为有史以来最健谈的名人，可以就任何主题，针对任何场合，滔滔不绝、妙语连珠地发表长篇大论。他的那些观点并非脱口而出，而是经过一生辛勤思考的产物。

此外，在看待问题时他的观点从来不会前后矛盾。他知道自骄自大、以自我为中心、自我欺骗等问题将不断发生，而且，他自己的叛逆精神也起到了积极的作用。从童年到上大学再到成年，他一直对权威有一种本能的反感。利用这种叛逆精神，他同自己的本性、同外在与内在的邪恶以及自我展开了斗争。

与自我的斗争是他获得救赎的手段。他表现出了一种不同的勇气，即诚实的勇气（蒙田也表现出了这种勇气）。他认为，如果文字工作者发自内心地遵循道德规范，那么文学的表现力就有可能战胜恶魔。真理是他挣脱束缚的工具。贝特说："约翰逊经常谈到人类所能感受到的各种焦虑与恐惧。他的文字揭开了表象，直达本质。我们常常发现，威风的狮子皮下面其实是一头驴子，甚至是一个木头架子。因此，我们在阅读约翰逊的作品时，常常会不由自主地大笑起来，部分原因是我们感到如释重负。”

约翰逊把所有问题都视为道德冲突，它们既是我们完善自我的良机，也有可能让我们堕落或后悔。他的话，即使是那些非常有趣的话，也抱有自我完善的目的。步入老年之后，他回忆起自己年轻时遇到的一件事。他的父亲让他去尤托克西特市的集市广场照看他家的书摊，结果，看不起父亲的约翰逊没有答应。年老之后，一直为这件事感到惭愧的约翰逊特意来到尤托克西特集市广场，在父亲书摊的原址驻足。他说：

> 那次拒绝源于我内心的骄傲，留给我的却是痛苦的回忆。几年前，我希望补救这一过错。于是，在一个风雨如晦的日子里，我来到尤托克西特集市广场，长时间站在那里，任由雨水将我淋湿……我站在那儿，悔恨交加，希望可以以此赎罪。

约翰逊从未取得辉煌的成就，但是他突破了支离破碎的本性对自己的限制，并构建了一个更加稳定的自我。2012 年，亚当 · 高普尼克在《纽约客》杂志撰文指出：“他通过对自己的攻击，实现了自我的回归。”

约翰逊 75 岁那年，死神正在悄悄地走近他。他非常担心自己死后会下地狱，便在手表上写下“黑夜来临”的字样，提醒自己不要犯罪，以免在最后的判决中受到惩罚。但是，这种担心仍然萦绕在他的心头，而且非常强烈。博斯韦尔记录了约翰逊与他的朋友的一次对话：

> 约翰逊（神情郁闷地）：我担心遭天谴的人当中有我。
>
> 亚当斯医生：你所说的遭天谴，指的是什么？
>
> 约翰逊（急切地大声说道）：下地狱，接受永恒的惩罚。

在他生命的最后一周，医生肯定地告诉他，他即将离开人世。约翰逊请医生停止对他使用鸦片，因为他不希望“以一种白痴的状态”去见上帝。为了排出脓液，医生要切开他的双腿。约翰逊大声说：“切深一些，切深一些，我只希望能延长寿命，而不在乎疼痛，因此你无须担心。”后来，为了更快地排出脓液，约翰逊拿起剪刀，扎进自己的大腿。他面对死亡时的宣言与他的人生态度一致：“我可以被打败，但我绝不会投降。”

现在，约翰逊被人们奉为人类智慧的代表人物。尽管年轻时思想不稳定，但是后来，他多种多样的才智凝聚在一起，形成了一种才能，即以兼顾理智与情感的方式去看待和判断世界。特别是到了晚年，他的不同作品之间的界限越来越模糊。日记上升到了文学的高度，传记里蕴含着关于伦理道德的思考，神学研究里充斥着对现实生活的建议。因此可以说，他变成了一个全方位的思想家。

这一切都建立在他强烈的同情心的基础之上。从出生开始，他就遭受身体上的折磨。从十多岁开始直至青年时期，由于命运给予了他一副丑陋的外貌，他遭到了社会的排挤。他似乎一直无力改变身体上的缺陷，但他仅凭辛勤工作，就成功地把身体上的残疾与缺陷变成了优势。对于一个不断指责自己懒散的人而言，能这样辛勤地工作确实不容易。

他不停地斗争，在对处世之道有重要意义的方面从不妥协。他在一篇散文里写道：“同困难做斗争并成功征服这些困难的人是最幸福的人。而有能力战胜困难，但是整个人生波澜不惊，没有任何成功或功劳值得炫耀，回顾往事时发现自己毫无价值的人，其幸福程度不及前者。”

约翰逊不停斗争的目的，就是为了坚定地维护自己的诚实品质。维多利亚时期的作家约翰 · 拉斯金说过：“在这个世界上，人类能完成的最伟大的事情就是观察，再以一种简单朴素的方式说出看到的东西。我越想越觉得拉斯金的话很有道理。好几百个能说会道的人当中才会有一个善于思考的人，而好几千个善于思考的人当中才会有一个善于观察的人。”

约翰逊之所以善于写警句和简练的论文，是因为他对周围的世界特别敏感。此外，这还得益于他对自己的怀疑——对自己动机的怀疑，看穿自己的文过饰非，嘲笑自己的虚荣，告诉自己并不比其他人聪明。

约翰逊去世之后，全英国人民都深切地哀悼他。威廉·杰拉德·汉密尔顿说：“他的身后是一个断层，不能也无法被填平。约翰逊已经故去了，像他这样的人再不可求，没有人可以与约翰逊相提并论。”汉密尔顿的这番话被人们广泛引用，它准确地表达了约翰逊的成就，以及他去世后留下的空白。

THE ROAD TO CHARACTER

第 10 章

“大我”时代的道德难题

1969年1月，两名伟大的橄榄球四分卫约翰尼·尤尼塔斯与乔·纳马斯，正站在第三届“超级碗”赛场两侧的边线上，即将开始对垒。他们都是在宾夕法尼亚西部的钢铁城市里长大的，但是年龄相差10岁，而且他们成年后生活在不同的道德文化之中。

尤尼塔斯的童年是在强调不出风头与战胜自我的道德文化中度过的。5岁那年，他的父亲去世了，他的母亲接手管理他家的运煤处生意，监督着唯一一名司机的工作。尤尼塔斯念的是要求严格、固守传统的天主教学校。那里的老师对学生要求较高，极为严厉，甚至非常暴力。粗暴专横的巴里神父亲自给学生们发成绩单，他会一边把成绩单扔给一个个孩子，一边毫不留情地说：“总有一天你会成为一名优秀的货车司机，你未来要去挖沟渠。”他的这些“预言”令孩子们胆战心惊。

宾夕法尼亚西部的橄榄球运动员们常以吃苦耐劳而自豪。在中学球队里当四分卫时，尤尼塔斯体重66公斤，几乎每场比赛都会受伤。他生活的核心内容就是打橄榄球，每次比赛之前他都会去做礼拜，对教练也是言听计从。被圣母大学拒绝之后，尤尼塔斯去了路易斯维尔大学，在这所以篮球见长的大学里继续当橄榄球队的四分卫。他曾经得到匹兹堡钢人队的短期试用机会，但很快就被淘汰了。之后，他一边在一个建筑队工作，一边参加半职业橄榄球比赛。其间，他幸运地接到了巴尔的摩小马队的加盟邀请电话。于是，他加入了小马队，并把他早期的职业生涯奉献给了这支屡尝败绩的球队。

尤尼塔斯并没有在美国国家橄榄球联盟（NFL）一夜成名，而是球技逐渐成熟，同时还帮助队友不断取得进步。职业生涯趋于稳定之后，他在马里兰州陶森市购置了一套错层式房子，还在哥伦比亚集装箱运输公司找了一份周薪 125 美元的长期工作。他脚穿一双黑色高帮运动鞋，双腿内弯，佝偻着背，一脸沧桑感，再加上理着平头，给人一种朴实无华的印象。从他随队征战的照片看，他穿着一件有领扣的白色短袖衬衫，打着一条黑色窄版领带，就像一个 20 世纪 50 年代的保险推销员。乘汽车和飞机出行时，他和队友们几乎总是穿同样的服装、留同样的发型，还经常凑到一起打桥牌。

尤尼塔斯不爱出风头，行事低调。他说："我一贯认为，职业球员的生活肯定会有点儿乏味。无论比赛输赢，我在走出球场之前，都会先想好一些无聊的话，以便应付（媒体提问）。"他对球队和队友们都非常忠诚。在全队集中听取战术安排时，他会对着跑错路线导致球队失利的接球手大吼："如果你不吸取教训，我再也不会传球给你。"但是比赛结束后，他会对媒体说："这是我的错，给他传球时传过了。"这是他面对记者时常挂在嘴边的一句话。

尤尼塔斯对自己的橄榄球技术充满信心，但是在比赛时，他并不会因此自鸣得意。NFL 电影公司的史蒂夫 · 萨博尔对尤尼塔斯的职业态度深有体会："我的职责是歌颂这项运动。由于受浪漫主义影响，我总是从电影创作的角度去看待橄榄球。我考虑的不是比分，而是赛场上的拼搏状况，以及在电影中应该使用什么样的配乐。但是，在遇到尤尼塔斯之后，我发现他与所有这些都格格不入。对他来说，参加橄榄球比赛与水管工铺设水管没有任何不同。他是一个诚实的人，忠诚于他的工作。除此之外，其他一切都无法激发他的兴趣。他看上去一点儿也不浪漫，但他才是真正的浪漫主义者。”同打棒球的乔·迪马吉奥一样，尤尼塔斯在一个崇尚谦虚的时代，以一种特殊的方式成为体育界的英雄。

纳马斯是尤尼塔斯的同乡，但比后者小10岁，而且成长的道德文化环境也有所不同。乔·纳马斯是一位引人注目的明星，他常穿白色的鞋子，留着一头飘逸的中长头发，是球队取胜的砝码。与“百老汇乔”待在一起，就意味着欢声笑语不断。他身穿价值5 000美元的皮大衣，留着连鬓胡须，一副花花公子的样子，无论在赛场内外，他都是人们关注的焦点。他根本不在乎别人的眼光，至少在口头上如此。1969年，他通过刊登在《纽约》杂志上的那篇名为“属于纳马斯的夜晚”的著名文章告诉记者吉米·布雷斯林：“有的人不喜欢我的形象，认为我过于时髦。但我本来就不是一个刻板的人，我喜欢追赶潮流。我不知道这是对还是错，但这才是真实的我。”

纳马斯在宾夕法尼亚西部的贫穷童年生活与尤尼塔斯的差不多，但是他后来的人生与尤尼塔斯完全不同。纳马斯7岁时，父母离异，他以镇定冷酷的姿态反抗来自他的那个移民家庭的管束，整天在台球室里晃荡，穿着詹姆斯·迪恩式的皮夹克，走起路来大摇大摆。

纳马斯在橄榄球方面的天赋令人瞠目结舌。他误以为马里兰州位于美国南方，想去那里上大学，但是他的高考分数太差，只好去亚拉巴马大学就读。大学期间，他成为美国最优秀的大学四分卫之一。他以巨额签约金签约加盟纽约喷气机队之后不久，收入水平就远超所有队友。

他个人的品牌效应甚至超过他的球队。他不仅是一位橄榄球明星，在生活方面也是潮流引领者。为了能在球场上留“傅满洲”胡子，他甚至不惜交罚款。他还挑战了过时的男子汉气概理念，为连袜裤做广告代言人。他在单身汉公寓里铺的6英寸地毯人人皆知。在他的带领下，人们普遍接受了用“foxes”（狐狸）这个词来形容女性的做法。他把自传的题目定为“我迫不及待地期待明天，因为我一天比一天好看”，换作约翰尼 · 尤尼塔斯的话，他绝对不会选择这样的传记题目。

在纳马斯成名的时候，新新闻主义正在挣脱旧式新闻报道的束缚，纳马斯成为其理想的采访对象。他似乎缺少沉默寡言的基因，在比赛前夕，他经常一瓶接一瓶地喝着苏格兰威士忌，并接受记者的采访。他公开夸奖自己是一名伟大的运动员，而且相貌英俊。他的自我表扬已经到了毫无顾忌的程度。1966年的一个晚上，《星期六晚邮报》的一位记者在科帕卡巴纳跟拍纳马斯时，发现他在浴室里对着镜子里的自己大喊：“乔，你是全世界最帅的男人！”

纳马斯极度重视独立自主，因此他不想对任何女性做出郑重的承诺。他是现在的所谓“勾搭文化”（hook-up culture）的创始人。1966年，他告诉《体育画报》（*Sports Illustrated*）的记者：“伙计，我不是那么喜欢约会，要知道，我更喜欢不期而遇的邂逅。”从他身上我们可以看到正在席卷美国的自治精神潮流。他说：“我认为我们不应随意干涉他人的生活，除非他会伤害到其他人。我觉得我的所作所为没有问题，不会影响任何人，包括与我约会的那些女孩。你看，我喜欢与人和平共处，从不讨厌任何人。”

纳马斯为职业运动员的生活开创了一种新的模式：创建个人品牌，无私地支持球队和队友。通过这种模式，明星运动员表现出了自己充满活力的个性。

道德文化的变迁

文化不仅会发生一些肤浅的变化，也有可能在深层次发生某种变迁。散文家约瑟夫·艾普斯坦年轻时发现，在杂货店里，香烟被摆放在开放式货架上，避孕套则被放在柜台后面。现在，当我们走进杂货店时，会发现避孕套占据了开放式货架，而香烟则被放在柜台后面。

传统观点认为，由尤尼塔斯式的谦虚向纳马斯式的傲慢的转变发生于20世纪60年代后期。其大致发展过程为：“最伟大的一代”首先登上历史舞台，他们勇于牺牲，不爱出风头，关心社会；之后登场的是20世纪60年代的人和“婴儿潮一代”，他们自恋，喜欢自我表扬，自私自利，道德观念不强。

但是，这个观点与事实并不相符。这个转变过程的真实情况是：从《圣经》时代开始，便有了一种道德现实主义传统，即崇尚谦虚品质的“人性曲木”说。这种传统或者世界观，竭力强调罪与人性的弱点。其代表人物有摩西（这位性格温顺的人却成为一个民族的领袖）和《圣经》中的大卫等（他们都是伟大的英雄，但缺点也非常明显）。《圣经》中的这种形而上学主义后来在奥古斯丁等基督教思想家的身上得到了体现。奥古斯丁强调罪，拒绝世俗的成功，认为我们必须接受上帝的恩典。随后，这种道德现实主义又在塞缪尔·约翰逊、米歇尔·德·蒙田和乔治·艾略特等人本主义者的身上得到了体现。他们强调我们的知识有限，难以了解自己，必须经过长期的辛勤工作才能养成美德。艾略特写道：“我们大家生来就处在道德愚昧的状态中，以为世界将哺育我们至高无上的自我。”此外，它还在不同的时间、以不同的方式体现在但丁、休谟、伯克、雷茵霍尔德·尼布尔和以赛亚·伯林的思想中。所有这些思想家都认为我们个人的理性力量是有限的，同时，他们还对抽象思维和骄傲心理表示怀疑，并强调我们每个人的天性都有局限性。

有的局限性涉及认识论。理性有其欠缺的一面，而世界又非常复杂，我们无法真正掌控世界，也不能全面了解自己的真实情况。有的局限性涉及道德。我们灵魂的瑕疵会导致我们染上自私和骄傲等毛病，当面对不同层次的爱时，还会导致我们舍本逐末。有的局限性涉及心理。我们的内心也存在分歧和矛盾，大脑中的冲动有很多都是下意识的，我们对此只有模糊的感知。有的局限性涉及社会问题。我们人类不会自我充实，想健康发展就必须依靠他人、组织或者上帝。局限性是“人性曲木”说的一个重要组成部分。

在 18 世纪前后，道德浪漫主义成为道德现实主义的对手。道德现实主义强调内心的脆弱性，而让–雅克 · 卢梭则把关注的目光投向了我们内心中的善。道德现实主义不信任自我，而信任自我以外的制度和风俗；道德浪漫主义相信自我，而怀疑外部世界的传统。道德现实主义相信后天因素、文化和谋略，而道德浪漫主义相信先天因素、个人和以诚待人。

这两种文化一度并存于社会，两者之间的对峙与对话极富创造力。除了在艺术领域，道德现实主义几乎全部占据上风。如果你出生于 20 世纪初的美国，那么在成长过程中，影响、熏陶你的就会是由道德现实主义的语汇汇编而成的注重实效的世俗和宗教类型。在帕金斯的成长过程中，对她产生影响的语汇是使命，以及压抑自己的某些感受以便为更伟大的事业做出贡献。伴随艾森豪威尔成长的语汇是击败自己。戴伊年轻时学到的语汇是简单、贫困与顺从。马歇尔学会了从机构的角度考虑问题，目的是把自己奉献给一个超越生命的组织。伦道夫和拉斯廷学会了保持沉默和自律的逻辑，为了发起那场伟大的民权运动。这些人虽然不知道自己正在践行某些现实主义传统，但是他们的一言一行、一举一动，无不受到它的影响。

不过，随后道德现实主义轰然倒塌，它的语汇与思维方式也被人们遗忘了。道德现实主义与道德浪漫主义之间的平衡被打破了。一种道德语汇就此消失，随它而去的是一种塑造灵魂的方法。这个转变过程并不是发生在20世纪六七十年代，尽管这一时期的浪漫主义呈现出一派繁荣昌盛的景象。其实，早在20世纪四五十年代，这个变化就已经发生了，抛弃道德现实主义的是“最伟大的一代”。

到1945年秋，全世界人民已经在贫困和匮乏的境况中煎熬了16年之久，首先是大萧条，然后是战争。他们急切地渴盼放任、享受、改善生活、享受生活，因此，他们一头扎进商店，疯狂购物，消费品与广告自然受到了他们的欢迎。冷战之后，人们都希望摆脱自我克制的镣铐，忘记罪、堕落的天性等令人沮丧的话题，把对纳粹大屠杀和战争的恐惧抛在脑后。

战争结束后，只要是乐观向上、积极看待生活和各种机遇的书，人们都会争相阅读。1946年，拉比约书亚 · 罗斯 · 李普曼出版了一本题为“通往内心安宁之路”（*Peace of Mind*）的书，敦促人们抛弃自我压抑的想法，转而培养一种新的道德理念。他认为，人们应当“爱自己……不应为内心的冲动而感到害怕……尊重自己……信任自己”。李普曼深信，每个人心中都有无限的善：“我相信人的潜力是无限的，只要加以适当的引导，就几乎不存在他无法完成的任务、无法掌握的工作、无法实现的爱。”他的观点打动了读者，这本书跻身《纽约时报》畅销书榜，并在榜首停留了58周时间。

同一年，本杰明 · 斯波克出版了他的那本著名的育儿指南。在这本内容充实、经常受到诋毁的著作中，作者提出了十分乐观的人性观（在早期版本中更加明显）。斯波克说，如果孩子偷窃，你就应该送给他一件与他所偷物品类似的礼物，让孩子知道你关心他，“他合理的心愿也应该得到满足”。

哈利 · 奥弗斯特里特的《成熟的思想》(*The Mature Mind*)进一步发展了斯波克的观点，于1949年出版后受到了热烈欢迎。奥弗斯特里特认为，圣徒奥古斯丁等人强调人性中的罪，是把“上帝赐予我们人类的自尊心拒之门外”。对内心软弱的关注，会导致人们“不相信自己，甚至妄自菲薄”。

1952年，诺曼 · 文森特 · 皮尔开创性地写了一本乐观向上的书《积极思考的力量》(*The Power of Positive Thinking*)，并在书中鼓励读者抛弃头脑中的消极想法，成就伟业。这本书在《纽约时报》畅销书榜上的停留时间长达令人瞠目结舌的98周。

随后，人本主义心理学在卡尔 · 罗杰斯等20世纪最有影响力的心理学家的引领下粉墨登场。这些人本主义心理学家抛弃了弗洛伊德悲观的无意识概念，对人性给予了很高评价。罗杰斯认为，最主要的心理问题在于人们对自己的爱不够深，因此心理疗法掀起了自我怜爱的热潮。罗杰斯指出：“人的行为具有高度的理性，在微妙复杂而井然有序的过程中，朝着正在努力实现的目标前进。”他还说，最能表现人性的词语是“积极，向上，有建设性，现实，值得信任”。人们无须同自己做斗争，他们只需敞开心扉，解放自己的内心，内心中自我实现的驱动力就会发挥作用。自我怜爱、自我称赞、自我接纳，都是通向幸福的路径。只要“能自由地触及内心的评估过程，我们的行为就可以实现自我提升。”

人本主义心理学的影响几乎涉及所有学校、课程、人力资源部门和自助书籍。很快，学校的墙壁上便到处可见“IALAC”(我很可爱，而且我很能干)的标语，自尊运动从此拉开了序幕。时至今日，我们现代人在交谈时都会沉浸在这种浪漫主义的幻想之中。

崇尚自尊的文化

道德文化之间的交替并不是一味地从高尚的自我抑制到堕落的自我放纵的转变。每种道德文化都是对当时问题的集中反应。在维多利亚时代，人们在宗教信仰方面有所减弱，因此，作为补偿，他们在道德品质方面就有所加强。而到了20世纪五六十年代，人们面临的又是一系列不同的问题。由一种道德文化向另一种道德文化的转变，是人们针对不断变化的环境做出的反应。由于正统的真理彼此之间的关系并不和谐，因此无论好或不好，每种道德文化的侧重点都会有所不同，于是，某些美德赢得了人们的好感，某些信念被人们推崇，而某些重要的真理和伦理道德都在不经意间被人们遗忘了。

20世纪五六十年代发生的那次道德文化的转变，使人们越来越推崇骄傲与自尊。这次转变产生了很多的积极效果，比如，解决了很多不公正的深层次社会问题。在那之前，很多社会群体——尤其是妇女、少数群体和贫困人群——都被视为下等人，饱受羞辱，导致他们过分地看低自己。推崇自尊的文化则鼓励这些受压迫群体要相信自己，眼界放得更宽，志向树立得更远大。

例如，很多女性所接受的教育要求她们应该无条件地顺从和服务社会，甚至达到了自我贬损的程度。凯瑟琳·格雷厄姆的一生就很好地诠释了为什么众多女性热烈欢迎由谦虚低调向自我表现的道德文化转变。

凯瑟琳的童年是在华盛顿特区度过的。她出生于一个从事出版业的殷实家庭，就读的学校是玛黛拉女子中学。该中学是一所较为开明但强调贵族气质的私立学校，向学生们灌输的都是“历经苦难，方能成就高贵品质”之类的格言。在家里，父母亲对她和她的姐妹们有绝对的支配权。她的父亲为人冷淡，难以接近，她的母亲则要求她和她的姐妹们达到思特福德式妻子的标准。多年以后，她在那部杰出的自传中写道："我觉得，我们可能都认为自己没有达到她期望的标准，她在我们脑海里种下的不安全感与不自信，久久难以消除。"

那时，人们要求女孩们做到安静、内敛、不犯错误。因此，凯瑟琳小时候经常进行痛苦的自我反省："我有没有说错话？我穿的衣服有没有问题？我漂亮吗？这些问题无时无刻不在我的脑海里盘旋，令我备感压抑。"

1940 年，凯瑟琳与菲利普 · 格雷厄姆举行了婚礼。格雷厄姆风度翩翩，诙谐风趣，但性情有点儿反复无常。他似乎有些蔑视妻子的观点与能力，有时甚至毫不掩饰自己的这种态度。凯瑟琳回忆说："我越来越觉得自己生活在他的阴影之下，成为他的附庸，而且这种感觉越来越真实。"格雷厄姆多次发生婚外情，凯瑟琳发现之后，十分悲伤。

1963 年 8 月 3 日，患有抑郁症的格雷厄姆自杀身亡。6 周之后，凯瑟琳被推举为《华盛顿邮报》的董事会主席。起初，她认为自己只是暂时性地代替亡夫担任此职，最终她会把这个职位交给自己的孩子。她咬紧牙关，接受了这一重任，先是接手了管理工作，随后又接手其他工作，结果发现自己完全能够胜任。

随后的几十年里，周围的环境鼓励凯瑟琳坚定信心，充分地发挥自己的才能。就在她接掌《华盛顿邮报》的同一年，贝蒂 · 弗里丹出版了《女性的奥秘》(*The Feminine Mystique*) 一书，对卡尔 · 罗杰斯的人本主义心理学进行了声援。格洛丽亚 · 斯泰纳姆随后出版的《发自内心的革命》(*Revolution from Within*) 一书也十分畅销。当时声名显赫的专栏作家乔伊丝 · 布拉泽斯博士直言不讳地宣扬这一思潮："至少在某些场合，女性应该把自己放在首位。社会迫使女性相信，在考虑自己的需要之前，应先考虑丈夫和子女的需要。社会告诉男性，把自己放在首位是人性的需要，却从未对女性进行过同样的教育。我不鼓励自私自利，我在这里讨论的是女性人生的基本需要。你不仅需要决定生几个孩子，还需要决定与什么样的人交往，以及如何与家人相处等问题。”

对自我实现、自我尊重的强调，为成千上万名女性创造了坚持己见、坚定信念、获得身份认同的机会。凯瑟琳·格雷厄姆最终成为世界上最令人钦佩、最有影响力的出版人，她把《华盛顿邮报》做成了一家影响力显著而且赢利颇丰的全国性报纸。在水门事件中，她挺身而出，勇敢地面对尼克松率领的白宫和滥用特权风暴，为鲍勃·伍德沃德、卡尔·伯恩斯坦以及其他报道这一事件的记者提供了坚强的后盾。虽然她从未克服自己的不安全感，但她成功地树立了一个令人钦佩的形象。她的自传是一部非常优秀的作品，朴实无华但不失坦诚，令人信服却没有一丝自哀自怜和矫揉造作的感觉。

同众多女性和少数群体一样，凯瑟琳·格雷厄姆也需要一个更高大、更准确的自我形象，从“小我”向“大我”转变。

本真文化

对人性与人类生活状态的基本假设，随着“大我”时代的到来也发生了变化。在过去60年里出生的任何人，都有可能受到哲学家查尔斯·泰勒所谓的“本真文化”的影响。这一思想的基础是一种浪漫主义理念，它认为自我的深处有一个金光闪闪的身影——天性中存有善念的真实自我，值得信任，可以接触，并为你提供建议。你的个人感受是判断对错的最佳标准。

按照这种理念，你应当信任自己，而不应产生自我怀疑。你的欲望是在你内心深处帮助你判断对错的使臣。如果内心感觉良好，你就知道自己的行为没有问题。那些你自己制定或者接受并且让你感觉良好的规则，都是有效的处世良方。

泰勒在描述这种文化时说："只有恢复与自我之间的本真性道德接触，才能救赎我们的道德社会。"我们必须遵从那个发自内心的声音，而不可与这个正在堕落的世界同流合污。泰勒指出："这个世界上肯定有一种属于我的为人之道。我受到感召，要以这种方式走完我的人生道路，而不是模仿其他任何人……否则，我就会错失人生的意义，与属于我的做人之道失之交臂。"

我们可以借助自我解放与自我表现来了解更早的自我斗争传统。道德权威不再存在于某些外在的、客观的善中，而存在于每个人特有的原始自我之中。作为判断对错的标准，个人感受得到了更多的重视。我知道我的行为是正确的，是因为我的内心十分和谐。如果我觉得内心受到威胁，或对自己不够真诚，那么我知道肯定有什么地方出了问题。

在这种思想体系中，罪并非在每个人的自我之中，而存在于外部社会结构之中，以及种族主义、不平等现象和压迫之中。要改造自己，你先要学会爱自己，真诚对待自己，不可怀疑自己，不可与自己抗争。在某一集《歌舞青春》（*High School Musical*）里，一位角色这样唱道："答案都在我的心中，我唯一需要做的就是充分相信自己。"

经济技术的进步加速了这种以"大我"为最终目标的学术与文化转变。现在，我们所有人都生活在一种技术文化之中。很多排斥高科技的人担心社交媒体会对社会文化产生灾难性的影响，而我并不这样认为。因为没有证据证明人们在技术的诱导下放弃了现实生活，转而投入虚构的网络世界。但是，当前的道德生态学抬高了人性中强调"大我"的亚当一号，而贬低谦虚的亚当二号。究其原因，信息技术在三个方面产生了一定的影响。

首先，社交媒体使人们使交流的速度与信息量都有所增加，这导致人们更难听到来自内心深处的平静柔和的声音。纵观人类历史，我们发现，只有在静修时，或在离群索居时，或在平静地交流时，人们才能更清楚地了解自己内心深处的感受。如今，这样的平静时刻已经很少见了，智能手机就在你伸手可及的地方。

其次，社交媒体为我们提供了一个更加以自我为参考的信息环境。人们有了更多的工具和时机，可以创造出为自己量身定制的文化和心理环境。拥有现代信息技术之后，一家人即使身处同一个房间，也可以在各自的电子屏幕上尽情观看不同的节目、电影或玩各种游戏。在《小城名流》刻画的大众传媒世界中，每个人都是配角。而在根据自己的需要，用程序、应用软件和网页搭建而成的自媒体太阳系中，每个人都是占据中心位置的太阳。雅虎在一次广告宣传活动中信誓旦旦地宣布：“互联网现在已经拥有了自己的个性，它就是你！”Earthlink公司（一家网络服务提供商）的广告语是：“Earthlink网络以你为中心。”

第三，社交媒体会助长我们四处宣扬的个性。在意社会认可是我们的天性，社交网络让我们参加一场异常激烈的“战斗”，以“喜好”为通用手段，去赢取他人的关注。人们有更多的机会完善自己，可以借鉴名人的各种特点来管理自己的形象，通过“阅后即焚”照片分享应用去抓拍最有感染力、最能取悦世人的照片等。在社交网络中，人们都变成了个人品牌的管理者。他们可以利用脸谱网、推特、文本信息和Instagram，创造出一个虚构的外在自我，以乐观向上、朝气蓬勃的形象，在一个小圈子里成为明星，如果运气好，还可以在更大的圈子里出尽风头。社交媒体达人往往耗费大量时间，以漫画的形式，为自己设计一个比真实自我更幸福、更上镜的形象。人们不由自主地会拿自己与别人精心设计的古怪形象做比较，然后不可避免地感到失落。

精英制度下追名逐利的我们

精英制度让人们坚信每个人的内心世界都非常美好，同时还助长了自我扩张的势头。如果你的年龄超过60岁或70岁，你就是竞争激烈的精英制度的产物。就像我一样，你肯定一直在为取得成功而努力，试图产生某种影响力，或取得尽可能大的成绩。这意味着你经历了很多竞争，非常关注个人的成就，比如，上一所好大学，找到一份好工作，不断向着成功迈进。

这种竞争压力意味着我们都必须在外在的亚当一号身上投入更多的时间、精力和注意力，向着成功的巅峰不断攀爬，同时它也意味着我们只能把较少的时间、精力和注意力放到内在的亚当二号身上。

我在自己身上发现了某种精英心态，它存在的基础是浪漫主义传统中的自信和自我表扬式的洞察力，但这同时也让我缺少诗意，灵魂无法得到净化。我还发现，这似乎不是我一个人特有的现象。如果说道德现实主义者把自我看作需要驯服的猛兽，“新时代”（20世纪70年代）的人把自我视为现实世界中的伊甸园，那么生活在精英制度的高压之下的人则更有可能把自我看成是需要加以培养的人力资源储备库，其中有需要谨慎有效地加以培养的各种才智。因此，在精英制度下，决定自我的是任务和成就，自我跟才能有关，而与品格无关。

苏斯博士在1990年出版的《哦，你要去的那些地方！》（*Oh, The Places You'll Go!*）一书中淋漓尽致地揭示了这种精英心态，这本书曾在《纽约时报》畅销书榜上排名第五，至今仍然是大受欢迎的毕业礼物。

这本书讲的是一个小男孩的故事。有人告诉他，他拥有所有必需的才能与天赋，而且有选择自己人生道路的终极自由。“你有头脑，也有脚力，想去哪儿就可以去哪儿。"人们还告诉他，他的人生目标就是满足自己的欲望。"独自上路，你自持自知，路在何方，你自己做主。"男孩在生活中遇到的挑战大多是外在的难题，他追求的人生目标全都是亚当一号的人生目标。"名声！你想多出名，就会有多大的名气。"他人生的终极目标是成功，即对外在世界产生不可忽视的影响力。"你会成功吗？当然会！你的成功率高达98.75%。"这个成功故事里的主角其实就是你。"你"这个其貌不扬的词在整个小故事里出现了90次。

在这本书中，小男孩完全独立自主，可以按照个人意愿做出任何决定。他认为自己非常棒，可以通过努力和成功来证明自己拥有优秀的品格。

精英制度具有无穷的活力，它会以各种方法（无论好坏）为人们排座次，还会对品格、文化和价值观造成某种微妙的影响。以优秀品格为基础的激烈竞争机制，会不断驱动人们考虑自己的利益，培养自身的技能。工作成为评估你的生活质量的决定性标准，尤其在你找到了一份工作并因此步入社交生活时更是如此。这种竞争机制潜移默化地将某种功利主义的衡量方法灌输给了所有人，促使我们把所有场合（派对、晚宴等）和所有认识的人都视为提升地位、推动职业生涯发展的工具。人们更有可能以经济思维来思考问题，言必谈机会成本、可量化性、人力资源、成本效益分析，甚至在考虑如何打发个人时间时也是如此。

"品格"一词的含义一直在变化。现在，它不再强调无私、慷慨、自我牺牲等有可能妨碍我们追名逐利的特点，而强调自我控制、勇气、适应能力、顽强等有助于我们功成名就的特点。

精英制度希望你在看待自己时不要谦卑，而要表扬自己，相信自己能得到应该得到的东西（只要这些东西是有价值的）。精英制度希望你维护自己的利益并宣传自己，希望你展示并赞许自己的成就。如果你能证明自己具有优势（比如，你可以用肢体动作、说话方式或穿衣风格证明你比周围的人更聪明、更时髦、更有成就、更老练、更有名气、更熟悉电脑、更新潮，等等），成就评估制度就会给予你奖励，激励你变成一只精明的动物。

为了更快速地爬上成功的巅峰，这只精明的动物已经简化了体内的人性。他小心翼翼地管理自己的时间和情感，曾经充满诗意的事情，例如上大学、遇到一位心仪的对象，或者与雇主建立雇佣关系，现在都充满了职业的味道。这个人、这个机会或者这种体验是否对我有益？在某项任务或者某种爱上投入触及灵魂的情感是要付出代价的。如果致力于某一个重大事项，就会在其他重大事项上失去选择权，你很可能会因此患上“错失焦虑症”。

由“小我”文化向“大我”文化的转变并没有任何不妥，但它超出了应有的限度。强调限制与道德斗争的现实主义传统被边缘化，抛在一边。这件事的始作俑者是繁荣发展的浪漫主义积极心理学，社交媒体打造个人品牌的思想紧随其后，推崇激烈竞争的精英制度则给其最后一击。随后，登上历史舞台是着力打造外在的亚当一号而忽视内在亚当二号从而导致不平衡局面的道德生态学。在这种文化中，评判人的标准是他们外在的能力和成就。因此，忙碌的节奏受到了人们的欢迎，每个人都说自己很忙。我的学生安德鲁 · 里夫斯说过，这种文化让所有人产生了一种不切实际的期待，认为人生是一个线性发展过程，一个个小的进步自然会累积成最后的成功。它还鼓励人们“见好就收”，只要按时完成工作就可以了，对任何任务都不用全情投入。

这种传统可以告诉你如何才能出人头地，但它不会鼓励你去思考这样做的原因。至于在面临不同的职业发展道路或使命感时该如何选择，如何选出最符合道德标准、最有价值的方案，它却几乎无法给出任何有益的指导意见。它鼓励人们变成寻求认可的机器，以外界的赞誉作为衡量人生的标准——如果人们都喜欢你或肯定你，那么你所做的事情肯定是对的。精英制度本身就存在自相矛盾的地方。它鼓励人们充分发挥自己的能力，但它会导致道德能力的弱化，而在找出有意义的人生发展方向时，道德能力必不可少。

当父母对子女的爱变得有条件时

在某些情况下，精英制度的功利性、工具性心态有可能会严重扭曲父母与子女之间的关系。下面，我仅从一个方面为大家说明这个问题。

如今，父母养育子女主要呈现出两大特征。第一个特征是，父母对子女的表扬已经达到了史无前例的程度。多萝西·帕克曾经俏皮地说，美国儿童不是被父母抚养长大的，而是被父母用食物、住所和掌声激励长大的。现在，这种情况更加明显。孩子们被不断告知，他们有多么与众不同。1966年，只有19%的中学毕业生的平均成绩是A或A－，而到了2013年，根据加州大学洛杉矶分校对大一新生所做的调查，得到A或A－成绩的中学毕业生的比例为53%。在赞誉之词的包围之下，年轻人都树立了宏伟的志向。安永会计师事务所的一项调查发现，有65%的大学生想要成为富豪。

第二个主要特征是，孩子们受到的磨炼也达到了史无前例的程度。父母——至少是受过良好教育、经济条件良好的父母——在培养子女的能力、敦促子女学习等方面花费的时间远远多于过去的父母。哈佛大学的理查德·默南发现，与1978年相比，父母们每年在每个子女的校外辅导课程方面的投入增加了5 700美元。

更多表扬、更多磨炼这两大趋势交织在一起，产生了一个非常有趣的结果。孩子们享受着父母的爱，但这种爱是有方向性的。父母用爱去浇灌孩子，但这不是简单的爱，而是英才教育式的爱，掺杂着望子成龙的欲望。

在表达自己的爱时，有些父母不知不觉就会有所侧重，希望把孩子的行为引导到他们认为能取得成就、过上幸福生活的方向上去。如果孩子学习刻苦，取得第一名，上了一所有影响力的大学，或者加入了某个荣誉团体（在当今的学校，“荣誉”一词往往意味着成绩名列前茅），父母就会十分高兴。父母的爱变成了视孩子表现而给予的爱，不再是一句简单的“我爱你”，而是“如果你能站在我为你选择的人生道路上，我就会爱你，毫不吝啬地表扬你、关心你”。

20 世纪 50 年代的父母更希望他们的孩子听话，而民意调查显示，现在的父母更希望孩子多为自己考虑。不过，他们希望孩子听话的欲望也没有消失，而是被隐藏了起来，从直截了当的制定规则、训斥、奖惩变为半遮半掩的赞同或不赞同。

当孩子的表现令父母失望时，这种视孩子表现而给予的爱有可能会受到影响。父母很可能不会承认这一点，但只要爱是有条件的，就必然会受到负面因素的影响。有条件的爱会让孩子们担心能否顺利地得到父母的爱，也让人们担心年轻人能否找到一个绝对安全的地方，放下所有伪装，诚实地做回自己。

一方面，父母与孩子之间的关系可能比以前更加亲密。面对周围这种无所不在的唯成就论，尽管孩子们心中存有疑虑，但他们还是接受了这种方式，因为他们希望得到他们所爱的成年人的认可。

另一方面，有的孩子以为这种与自己的表现关联在一起的爱是本来就应该有的状况。不知不觉地，不起眼的赞同与反对就深深地融入了父母孩子的交流之中。孩子们越来越肯定地认为，要得到父母的爱，就必须有某种表现。因此，他们心中会产生巨大的压力，担心他们会失去自己最看重的关系。

有的父母不自觉地把抚养子女视为艺术品创作，运用心理和情感工程技术对孩子加以雕琢。这其中有父母的自怜情绪，认为自己的孩子必须上大学，孩子的生活必须让父母拥有某种身份地位，孩子的表现必须让父母感到高兴。因为感到不一定能得到父母的爱，孩子们就会越发渴望得到这份爱。这种有条件的爱就像硫酸，会腐蚀孩子们内心的各种标准，导致他们在关于自己的兴趣、职业、婚姻乃至人生方方面面的问题上，无法做出自己的决定。

父母–子女关系的基础理应是无条件的爱，这是无法用金钱购买也不可能通过努力赚取的礼物。它不属于精英制度的逻辑体系，而是最接近于上帝恩典的人类情感。这种关系应该遵从亚当二号的道德逻辑，但它遭到了亚当一号世界中成功压力的袭扰，其结果就是在社会的各个角落，有很多孩子受到了深深的伤害。

漠视道德难题的时代

尽管这种由浪漫主义文化、高科技与精英制度构成的环境并没有把我们变成一个道德败坏的野蛮民族，却让我们更难清楚地表述道德问题。我们很多人都对辨别是非和培养品格有本能的认识，但是这种认识非常模糊，也不会通过缜密的思考去寻找合适的方法。我们对外在的、跟职业相关的事情了如指掌，但对内在的、涉及道德的事情却不甚了了。维多利亚时代的人们在谈到性的时候往往羞于开口，同样，我们在淡及道德问题时也常常遮遮掩掩。

这种文化转变也改变了我们。首先，我们变得更关注物质利益。现在的大学生们更加看重金钱与事业。加州大学洛杉矶分校的研究人员每年都会在全美大一新生中做抽样调查，分析他们的价值观与人生追求。1966 年，80%的新生迫切希望建立有意义的人生观。而今天，有同样追求的大一新生不到 40%。1966 年，42%的新生说拥有大量财富是一个非常重要的人生目标。到 1990 年，

74%的大一新生抱有这样的想法。经济上有保障，曾经是位居中游的价值观，现在却被视为首要目标。换言之，1966 年，大一新生们认为他们至少应该表现出一副有人生观、有追求的样子，而到了 1990 年，他们认为已经没有这个必要了，完全可以坦诚地说出自己最感兴趣的就是金钱。

我们这个社会更重视的是个人主义。如果你足够谦虚，认为你自己的力量太弱，不足以战胜你的缺点，你就会选择依靠外界的帮助来弥补自身的不足。但是，如果你非常骄傲，认为最可靠的答案来自你自己，以及发自你内心的那个声音，你就不大可能与其他人打成一片。几十年前，人们在被问及愿意与其分享一切的亲密好友的人数时，调查人员得到的答案通常是四五个，而现在的常见答案仅为两三个，一般朋友的人数则是以前的两倍。现在有 35%的老年人说他们长期感到孤独，而 10 年前，这一比例仅为 20%。与此同时，社会信任度也有所下降。对于调查人员提出的“一般而言，你认为大多数人是可以信任的，还是在与人交往时你会尽可能小心呢”这个问题，在 20 世纪 60 年代初，绝大多数人认为人是值得信任的，到了 20 世纪 90 年代，认为人不可信任的人数比持相反观点的人高出 20 个百分点，而且这个差距还在逐年增加。

人们的同理心也有所减弱，至少从他们自己的回答来看是这样。密歇根大学的一项研究发现，在感知他人感受方面，现代大学生的得分比 20 世纪 70 年代的大学生低 40%，而且，自 2000 年起，得分下降的速度更快。

社会公共用语的道德标准也降低了。谷歌的词频统计工具 Google Ngrams 可以通过扫描几十年以来的各类报刊、书籍等出版物，统计不同单词在出版物中的使用频率。你可以输入某个单词，查看多年来该单词的使用频次。几十年来，“自己”“个性化”“我排第一”“我可以自己搞定”等与个人有关的单词和短语的使用频率急剧上升，而“社区”“分享”“联合”“公益”等与集体有关的单词的使用频率则急剧下降。与经济和商业有关的单词使用频率上升，而与道德及品格培养的单词使用频率则有所下降。在整个20世纪，“品格”“良知”“美德”等单词的使用频率都在下降，“勇敢”的使用频率下降了66%，“感激”下降了49%，“谦虚”下降了52%，“亲切”下降了56%。

亚当二号类词汇的使用频率下降，进一步加剧了道德标准下滑的程度。在崇尚道德自治的现代，每个人都需要建立自己的世界观。如果你是亚里士多德，那么你也许可以做到这一点，否则，你可能很难完成这项任务。2011年，圣母大学的克里斯蒂安·史密斯在他的著作《迷失在转型中》(*Lost in Transtion*)中谈到了美国大学生的道德生活。他让一些大学生描述他们最近遇到的道德难题，结果，有2/3的大学生不会描述道德难题，或者所描述的根本就不是道德难题。例如，有一位大学生说，他最近遭遇的道德难题是，在把车放进停车场之后却发现自己没有足够的零钱。

史密斯和他的合著者说：“我们询问的道德难题有很多种，但是在这之前，对这些问题非常关心，甚至多少有点儿关心的大学生并不多。”而且，这些大学生不知道道德难题是由两个合理却彼此冲突的道德标准所引起的，他们误以为道德问题就是内心感觉是否良好、情感是否舒适的问题。某位大学生的回答非常具有代表性：“我的意思是，一件事是对是错，关键要看我有什么样的感受。但是，每个人的感受都各不相同，因此，我无法代表任何人就对错发表意见。”

如果你认为终极神谕是你内心的真实自我，那么你可能会变成唯情主义者(emotivist)，你判断对错的依据是你内心的感受。你也有可能会变成相对主义者(relativist)，你内心的真实自我无从判断对错，也没有道理可讲。你还有可能变成个人主义者，因为终级裁决者是你内心的本真自我，而不是任何外在的社会标准。当然，你再也无法接触到讨论这些问题时所必需的道德语汇。而且，你的内心世界会变得更加波澜不惊，既没有令人欢欣鼓舞的顶峰，也不会有令人沮丧绝望的深渊，道德决策只不过是绵延起伏的小山丘，根本不会激起你多大的兴趣。

一度被道德斗争占据的心理空间，逐渐被以取得成功为目标的斗争所占领，道德主义被功利主义替代，亚当二号则被亚当一号取代。

重新实现外部世界与内心世界的平衡

1886 年，列夫 · 托尔斯泰发表了著名的中篇小说《伊凡 · 伊里奇之死》。（*The Death of Ivan Ilyich*）这部小说的主人公伊凡 · 伊里奇是一位成功的法官。一天，他在自己精美漂亮的新房子里挂毯子，结果重重地栽了下来。起初，他以为没什么事，但是后来他的嘴里出现了一种怪味道，并且病倒了。最后，他知道自己虽然才 45 岁，但即将离开人世。

伊里奇的一生颇有成就，他一直在追逐上层社会的生活。托尔斯泰告诉我们，伊里奇“能干、乐观、厚道、随和，又能严格履行他自认为应尽的责任。他心目中的责任就是达官贵人们公认的职责”。换言之，他是当时的道德生态学和社会身份体系的成功产物。他有一份不错的工作，也小有名气。虽然他的婚姻枯燥乏味，但他很少跟家人在一起，而且已经习以为常了。

伊里奇希望把自己的心态调整到出事之前的状态，但是由于死神正在迅速逼近他，他的头脑里不时闪现出一些新的念头。他想起自己的童年，觉得童年生活特别幸福，但当他回想成年以后的生活时，他觉得很不满意。他匆匆忙忙地步入了婚姻的殿堂，整个过程就好像一场梦。年复一年，他脑子里想的都是拼命赚钱，可是回头再看，他觉得自己在职业上取得的那些成功似乎根本不值一提。“是不是我的生活有些什么地方不对劲？”他忽然想道。

整个故事阐述的是上与下的概念。他在外部世界爬得越高，他的内心就沉得越低，他感觉自己以前的生活就像“一颗掉落的石头，下降的速度越来越快”。

他忽然回想起他以前有过冲动，试图反对社会认可的善和体统。不过，这种冲动非常微弱，很难察觉，因此他并没有付诸行动。现在他意识到“他的职责、他的生活、他的家庭、他的追求，这一切可能都不对劲。他试图为这一切辩护，却发现没有什么可辩护的”。

在贬斥伊凡的亚当一号生活时，托尔斯泰可能有点儿过激了，伊凡的亚当一号生活并非毫无价值。但是，托尔斯泰刻画的绝对是一个内心世界一片空白，直到临死前才有所改观的人。在生命的最后时刻，这个人终于窥见了他早该知晓的道理。“他掉到深渊。在深渊的底部有一道亮光……就在这时，伊凡 · 伊里奇掉了下去，看见了光。他领悟到，他的生活过得不对劲，但还可以纠正。他问自己：‘什么才是对的’，然后便一动不动地等着听答案。”

我们很多人的状况都与伊凡 · 伊里奇相似，也认识到我们所在的社会体系会迫使我们过一种有缺憾的生活。不过，我们有纠正的时间，伊里奇却没有。关键的问题在于，我们应该如何纠正。

答案肯定是逆着文化盛行之风而行，加入反主流文化阵营。要过上体面的生活，要锤炼灵魂，我们可能必须承认，尽管鼓励“大我”的做法是有必要的，可以解除我们思想上的束缚，但是目前的做法过犹不及了。我们的发展失去了平衡，因此，我们可能需要让一只脚踏进关注成就的世界，同时让另一只脚踏进反主流文化的阵营。我们应该在亚当一号与亚当二号之间再次实现平衡，明白亚当二号总体说来比亚当一号更重要的道理。

培养优秀品格的 15 条行为规范

每个社会都有自己的道德生态。道德生态就是一系列标准、假设、信念和行为习惯，以及一系列自然形成的制度性道德要求。道德生态鼓励我们成为某种类型的人。如果你的行为与社会的道德生态保持一致，人们就会对你笑脸相迎，你也会受到鼓舞，再接再厉。任何特定时刻的道德生态都不可能赢得所有人的尊重，总会有人反对它、批评它或者对它冷眼旁观。但是，每种道德生态都是由当时的社会问题引发的集体反应，并影响到社会中的所有人。

几十年以来，我们满怀着对内心深处那个散发着金色光芒的自我的信任、以“大我”为中心建立起来的道德生态，引发了自恋与自我吹捧的热潮，促使我们把注意力集中的在人性中的亚当一号上，而对亚当二号视而不见。

多年来，我们在不经意间把反传统的道德现实主义（我称之为“人性曲木”说）抛在脑后。要想恢复平衡，重新找回亚当二号，培养“悼词美德”，我们就必须把道德现实主义重新拾起，并用它来指导我们的行为。我们可能需要以道德现实主义为基础构建道德生态，并在此基础上回答以下问题：我的人生方向在哪里？我是谁？我的天性是什么？天性如何锤炼才会日益完善？哪些美德亟须发扬光大？哪些缺点最需要小心防范？在抚养孩子时，如何才能真正了解他们？在他们踏上漫漫的品格之路时，我能给出哪些有实际意义的建议？

写到这里，我发现对道德现实主义传统的论述散布于全书的多个章节，因此有必要加以归纳。下面，我用列清单的形式进行集中论述，尽管清单的形式很有可能使这些理论看起来过于简单，但它们构成了谦虚的行为规范，这是我们在生活中应当不断遵循的标准。

1. 生活的目的不是幸福，而是神圣。我们日复一日地寻找快乐，但在我们的内心世界，人类被赋予了道德想象。所有人追求的不仅是人生的快乐，还有人生的目标、正义与美德。约翰·斯图尔特·穆勒说过，人有随时提高道德标准的责任。以不断完善灵魂为中心的人生最有意义，支撑这种人生的是合乎道德标准的快乐，是道德斗争取得胜利后随之而来的无言的感激和平静的心情。有意义的人生才是永恒的，包括一系列的理想和一些为实现这些理想而奋斗的男女老少。从本质上看，人生不是一枕黄粱，而是一部道德剧。

2. 漫长的品格之路始于我们对自己天性的准确把握，其中最重要的就是认识到我们都是有瑕疵的。我们天生就有自私与过于自信的倾向，常常把自己看作宇宙的中心，觉得万物都在围绕自己运转。我们下定决心去做一件事，结果我们的行为却与决心正好相反。我们知道生活中有哪些东西具有重要的意义，却不断追逐那些肤浅、无意义的目标。此外，我们经常过高地估计自己的能力，失败后又拼命找借口推脱责任。我们所知有限，却总以为自己学富五车。我们经常屈从于眼前的欲望，尽管我们知道自己应该追求的是长远目标。我们想当然地以为，社会身份和物质财富可以满足我们的精神与道德需要。

3. 尽管我们并不完美，但是我们也有得天独厚的优势。我们的内心一分为二，这种分裂状态既令人担忧，又令人高兴。我们会犯罪，但是我们也知道自己犯有哪种罪，会因为犯罪而感到羞耻，还可以战胜各种罪。我们有时软弱，有时坚强，有时束手束脚，有时自由自在，有时目光短浅，有时高瞻远瞩。因此，我们有能力与自己做斗争。在与自己做斗争时，有的人即使被送上良知的拷问台，承受各种折磨，但只要还有一口气在，就会越发坚强。为了内心世界的胜利，他们甘愿牺牲俗世的成功，凡此种种都体现出一种英雄气概。

4. 在与自己的缺点做斗争时，谦虚是最重要的美德。所谓谦虚，就是准确地评估自己的天性和自己在社会中的位置。谦虚会告诉你，在与自己的缺点做斗争时，你是不可能获胜的一方。谦虚会告诉你，单凭你个人的才智，你是无法完成这项任务的。谦虚会告诉你，你并不是宇宙的中心，而是在为一个更宏大的秩序奉献你的力量。

5. 骄傲是最危险的恶习。骄傲让我们对自己天性的分裂状态视而不见，对自己的缺点视而不见，让我们误以为自己非常优秀。骄傲使我们过于自信，过于保守。骄傲使我们难以展现自己柔弱的一面，难以得到所需要的爱。骄傲有可能使我们变得冷酷无情、残忍粗暴。由于骄傲，我们总希望证明自己比周围的人更加优秀。骄傲还会欺骗我们，让我们认为自己就是生命的创造者。

6. 一旦生存的必需条件得到满足，防止犯罪、培养美德的努力就会占据我们人生舞台的核心位置。在重要性或者剧烈程度上，没有任何外在矛盾可以与内心世界针对自身缺点展开的战斗相提并论。与自私、偏见、不自信等缺点的斗争为人生赋予了意义，并对人生产生了深远的影响，其重要性超过外在世界中出人头地的人生之旅。与罪的斗争是一个非常重要的挑战，它可以保证我们不虚度光阴。在做斗争时，我们可能非常严肃，也可能心情愉快，而斗争的过程有可能非常顺利，也有可能十分艰苦。与缺点做斗争时，我们常常需要做出取舍，考虑哪些方面需要发扬，哪些方面需要加以限制。与罪和缺点做斗争的目的不是为了“赢”，因为我们永远无法取胜。我们做斗争的目的是为了逐步完善自己。至于你是在对冲基金公司工作，还是在一家慈善机构为穷人服务，这些都不重要，因为无论在哪个领域，都有可能出现英雄，也都有可能出现蠢材。最重要的是你是否愿意参加这场斗争。

7. 品格是在内心世界与缺点及罪做斗争的过程中形成的一系列倾向、欲望和习惯。通过无数次微不足道的自我控制、分享、服务、友谊、有品位的享乐等行为，你会变得更加自律、体贴、有爱心。如果你在做决策时严格自律、关心他人，某些倾向性就会慢慢地铭刻在你的大脑中，久而久之，你的欲望与行为就不大可能出现问题。如果你做出的决定都比较自私、残忍或者没有条理，那么长此以往，你的内心世界就会堕落、变化无常或者混乱不堪。只要产生了卑鄙的念头，哪怕你没有伤害到任何人，你的内心世界也会受到玷污。某些抑制行为，即使别人都看不见，也有可能让你的内心世界为之一振。如果你不采用这种方式，持之以恒地培养你的品格，你的生活迟早会变得一团糟，你也会论为激情的奴隶。但是，如果你习惯性地严于律己，你就会成为一个忠诚可靠的人。

8. 把我们引入歧途的欲望、担心、虚荣、暴饮暴食等，对我们的影响较为短暂，而构成品格的勇气、诚实、谦虚等对我们的影响则较为长久。有品格的人可以长时间坚守某个人生发展方向，无论艰难险阻，都会一如既往地热爱他人、事业和使命。在理智方面，他们始终坚信一系列基础真理；在情感方面，各种各样无条件的爱在他们周围编成一张纵横交错的网；在行为方面，他们长期从事那些就算花一辈子时间可能也无法完成的任务。

9. 没有人可以凭一己之力成为自己的主宰。个人的意志、理性、同情心和品格不足以长期压制自私、骄傲、贪婪和自我欺骗的缺点。每个人都需要借助外部力量，比如上帝、家庭、朋友、祖先、规则、传统、制度和榜样，实现自我救赎。要取得斗争的胜利，你必须有丰富的感情，依靠外在的力量来抗衡你内心的力量，借助文化传统的力量滋养你的心灵，培育某些价值观，让你知道在某些情境中会有什么样的感受。我们在做斗争的过程中，还要与那些正在同自身缺点做斗争的其他人联合起来。在我们之间，并不存在明确的分界线。

10. 最终拯救我们的是上天的恩典。我们同缺点的斗争之路经常常呈"U"形。在日常生活中，一个突如其来的变化（要么是势不可当的爱情，要么是失败、疾病、失业或者命运的转折），就会让你的人生方向发生变化，因此，你的人生轨迹会呈现出"前进—后退—前进"的特点。后退时，你接受自己的需要，同时交出自己获得的荣誉。你敞开心胸，恩典从天而降。这些恩典可能是亲朋好友的爱，可能是陌生人出乎意料的帮助，也可能是命运的恩赐。它们承载着同样的信息，即你被认可了。你无须在绝望中徒劳挣扎，因为有一双双手在支撑着你。你无须为得到一席之地而努力挣扎，因为你得到了认可，受到了欢迎。你只需接受自己已被认可的事实即可。当我们的灵魂充斥着感激之心，我们便会产生为他人服务、回报社会的欲望。

11. 击败缺点常常意味着让自己安静下来。只有让自己安静下来，让自我的声音不再喧扰，你才能看清周围的世界。只有让自己安静下来，你才能敞开心胸，从外界得到所需要的力量。当斗争出现起伏时，只有让自己安静下来，你才能保持心境的平和。在与缺点做斗争时，需要养成不出风头的习惯（内敛、谦虚、顺从于更大的目标），还要学会尊敬他人、崇拜他人。

12. 智慧始于谦虚。世界异常复杂，而个人的理性犹如沧海一粟。通常，我们都无法理解事件错综复杂的来龙去脉，甚至连我们自己无意识的思想也无法彻底掌握。对于抽象推理以及试图在所有条件下应用普适性规则的行为，我们理应表示怀疑。但是多年以来，我们的祖先已经储备了大量全面而且有实际意义的智慧、传统、习惯、礼仪、道德情操和惯常做法。谦虚的人有非常敏锐的历史意识，他满怀感激地默默汲取适合自己的智慧、行为规则和大量无法言传的感受，并在紧急情况下加以运用。这些经验可以根据不同的情况给他切实有效的提示，鼓励他养成习惯和美德。谦虚的人知道，经验是比理性更优秀的老师。他还知道智慧不同于知识，智慧是一群人理性的汇聚，在缺少可用的知识时可以指导我们的行为。

13. 只有以职业为中心，才有可能拥有美好的生活。如果你试图通过工作来满足自己的需要，就会发现你的抱负和期望永远无法实现，你也永远不能得到满足。如果你服务的对象是社会，就会不停地考虑人们是否感激你。但是，如果你把工作视为一种基本需要，全神贯注于工作的质量，最终你会发现，你正在间接地为你自己和整个社会服务。在寻找合适的职业时，不能只考虑自己内心的激情，还要考虑外在的需要，考虑人生对我们提出了什么样的要求。想一想，你发自内心喜欢的活动，能帮你解决任何问题吗？

14. 高明的领导者总是顺应人性的要求，而不会忤逆它的意愿。他知道，同他领导的那些人一样，自己有时候也会自私自利、心胸狭隘、自欺欺人。对于那些怀有雄心壮志的人，他宁愿做出一些要求不多但是不轻易变化的安排。只要机构的基础保持稳定，他宁愿选择持续不断、细水长流、日积月累式的变革，而不愿意采取突如其来、大刀阔斧式的手段。他知道，公共生活就是半真半假的“真相”之间、合理性与利益之间的对抗，领导艺术的目标是在彼此矛盾的价值观和目标之间取得合情合理的平衡。他就像一个平舱工，为了让脚下的这条船平稳地行进，他会根据情况的变化，不停地调整压舱石的位置。他知道，在政治与商业领域，天堂与地狱之间的界限更加泾渭分明。高明决策产生的积极效果并不足以抵消糟糕决策产生的消极影响。因此，明智的领导者就像一位忠心耿耿的管家，希望能把一个更好的机构交给继任者。

15. 与缺点、罪做斗争并且进展顺利的人，不一定会变成富人或名人，但他肯定会成熟起来。成熟与才干无关，与那些帮助你在智商测试中取得优秀成绩、跑得飞快或者举止高雅的心理或身体方面的天赋也没有关系。成熟与否，不在于你在某个方面是否出类拔萃，而在于你是否取得了进步，在面临考验时是否值得信赖，面对诱惑时是否岿然不动。成熟不会发出耀眼的光芒，促使人成熟的也不是有助于你出人头地的那些特点。成熟的人找到了人生目标，他的心境稳定和谐，烦躁不安已经成为过去，对人生意义与目标的困惑也烟消云散。成熟的人有稳定的是非标准，因此他在做决策时不会考虑崇拜者是否会支持，以及贬损者是否会反对。他无数次拒绝，为的就是抓住为数不多、让他无法拒绝的机会。

在通往美丽人生的道路上蹒跚前行

本书中的人物各有各的人生方向，也各有各的特点。奥古斯丁、约翰逊等人习惯内省，而艾森豪威尔、伦道夫等人则没有这个特点。为了实现理想，帕金斯等人忍辱负重，接受了政界的龌龊行径，而戴伊等人不仅行善举，而且有善心，希望自己的人生如白玉般无瑕。约翰逊、戴伊等人对待自己非常苛刻，认为必须严格克服自身的缺点，而蒙田等人乐于接受自己，以轻松愉快的心态面对人生，相信人生的基本问题都会迎刃而解。艾达 · 艾森豪威尔、菲利普 · 伦道夫和帕金斯等人的性格略显孤僻，不喜欢与人交往，不善于表达自己的情感，而奥古斯丁、拉斯廷等人从不掩饰自己的情感。戴伊等人因宗教而获得新生，艾略特等人因宗教而受到伤害，而马歇尔等人不信教。奥古斯丁等人放弃了能动性，听任命运的恩典降临在自己头上，而约翰逊等人牢牢把握住自己的人生方向，通过努力锻造了自己的灵魂。

即使同样是信奉道德现实主义传统的人，也会在气质、技术、策略和品味等方面存在诸多不同。赞同“人性曲木”说的两个人，在处理具体问题时也有可能方法各异。在遭遇痛苦时，我们应该甘之如饴还是尽快摆脱呢？写日记会帮助我们实现最大程度的自我认知，还是会导致令人心神麻痹的自我放纵呢？我们应该内敛还是应该表现自己呢？我们应该自己掌控人生还是寄希望于上帝的恩典呢？

即使生活在相同的道德生态环境中，人们也可以开辟出独特的人生道路。但是，本书讨论的所有人都是从面对自己内心深处的脆弱性开启自己的人生之旅的，他们耗费了毕生精力，希望能克服内心的脆弱。约翰逊心乱如麻，在暴风雨中飘摇不定。拉斯廷空虚无聊，沉湎于乱交。马歇尔小时候是一个令人担忧的小男孩。艾略特因为缺少爱而不顾一切。然而，每个人又因为自身的缺点而获得救赎。他们与缺点做斗争，并借此机会培养出美德。为了在宁静平和与自尊自重的天空中翱翔，他们先放下身段，沉入谦虚的谷底。

我在这里告诉大家一个好消息，即使性格有缺陷，也无关紧要，因为所有人都不是完人。罪与缺陷会伴随我们一生。我们都在跌跌撞撞地蹒跚前行，而生命的美与价值就在这个的过程中产生。我们承认自己步履蹒跚，随着时间的流逝，我们的步伐会渐趋稳重。

走在人生的道路上，步履蹒跚者不时失去平衡，或者是一个趔趄，或者是双膝跪地。但是，步履蹒跚者敢于诚实面对自己不完善的天性、错误和缺点，从不掩饰，也没有任何顾忌。

谦虚可以帮助我们了解自己。如果我们敢于承认自己搞砸了，或者认识到自己有严重的缺点，就等于为自己找到了一名强劲的对手，我们必须全神贯注，竭尽全力才能打败他、超越他。

正是通过这样的斗争，步履蹒跚者才日趋成熟。每个缺点都为我们发起战斗提供了一个机会，它让我们的人生变得有条理、有意义，让我们变成一个更好的人。在与罪搏斗时，我们相互倚重。步履蹒跚者伸出胳膊，随时帮助他人，也随时准备接受他人的帮助。他充分地展现出自己脆弱的一面，需要得到他人的关爱，同时他也十分慷慨，愿意毫无保留地付出自己的爱。如果我们没有罪，我们就可能成为孤独的阿特拉斯。但是，步履蹒跚者需要的是群体：他的朋友陪着他，同他聊天，为他提供建议；他的祖先为他留下各种各样的榜样，供他模仿或借鉴。

步履蹒跚者以自己微不足道的人生为起点，全身心地追求任何个人都无法企及的高尚理想与信念。有时他会无法坚持自己的信仰或决心，但他随后会忏悔，并采取补救措施，从头再来。因此，即便遭遇失败，他也不失尊严。胜利总是沿着相同的轨迹不期而至：从落败，到承认失败，再到救赎；先来到异象谷的谷底，然后一飞冲天，登上心仪已久的高地。这是一条通向美丽人生的谦卑之路。

每次搏斗都会让人更加结实、深刻，并神奇地把缺点变成快乐。步履蹒跚者追求的不是快乐，快乐是他们在追求其他目标时意外收获的副产品。不过，它也是一个必然结果。

在生活中与他人相互倚重，并充满感激、尊敬和崇拜时，就会感受到快乐。在按照自己的意愿追随比自己重要的人、思想和承诺时，就会感受到快乐。在感受到自己被人认可和接纳时，就会感受到快乐。在道德高尚的行为中，我们可以感受到雅致的快乐，它让其他所有快乐都相形见绌。

只要愿意放下身段，不断学习，人生就会越来越美好。随着时间的推移，他们的步伐越来越稳定。最终，当外在的抱负与内心的愿望实现平衡，当亚当一号与亚当二号形成合力，当终极宁静朝他们袭来，当道德本性与外部技能在一个重要任务中携起手来，这时，他们的心灵就会得到净化。

欢乐不是他人赞誉之词的产物。欢乐源源而来，无须你为之努力，也不受你左右。在你意想不到的时候，欢乐会不期而至。在那一瞬间，你会明白你的使命和你所追求的真理是什么。此时，你可能不会激动得不能自已，也不会有如奏纶音、天花乱坠的感觉，但是你会产生一种满足、平和的感受，感觉一切都归于寂静。这种欢乐时刻就是美丽人生给我们的祝福和留下的印记。

从我动笔写作本书之日起，安妮 · C · 斯奈德就开始与我合作，并在我写作本书的头三年时间里，和我一起品尝了创作的酸甜苦辣。我本打算写一本关于认知与决策的书，但是在安妮的影响下，我最终决定探讨道德与精神生活这个主题。安妮多次与我讨论写作素材，凭借自己深厚的知识储备为我筛选参考书目，对我在阅读每一本回忆录时的肤浅思考提出质疑，从而使整个创作过程有了质的飞跃。她热情奔放的散文写作能力和敏锐的观察力是我无法企及的，但我成功地借鉴了她的许多观点。同时，她那高贵典雅、道德严谨的生活方式令我仰慕不已。如果本书中的某些观点比较重要，那么这些观点很可能来自安妮的建议。

阿普丽尔 · 劳森陪我走完了后面 18 个月的创作历程。阿普丽尔是我的报纸专栏编辑，在我写作本书的过程中，她一如既往地提供了大量中肯的建议。生活中的很多难题我都能理解，但是，她那么年轻，却拥有如此丰富的真知灼见，对他人生活理解得如此透彻，给出的建议如此大胆而有价值，我可能永远也无法理解她是怎么做到的。

我在耶鲁大学的学生坎贝尔 · 施内布利–斯旺森帮助我完成了资料收集、资料核实和思路整理工作。她有惊人的洞察力、判断力和工作热情，她不仅改善了本书的文字质量，还充实了本书的内容。我迫不及待地想看到她功成名就。

三年来，我在耶鲁大学授课时，多多少少介绍了本书的一些观点。上课的学生也同我一起认真思考了本书的主题，并在课堂上和“The Study”酒店的酒吧里给我提出了深刻的意见和建议。因为有他们，我每周的头两天都充满了欢声笑语。我在耶鲁大学的同事吉姆 · 莱文森、约翰 · 加迪斯、查尔斯 · 希尔和保罗 · 肯尼迪欢迎我加入他们的小圈子，我要特别感谢他们。耶鲁大学的一位老师布莱恩 · 加尔斯滕，认真阅读了我的大部分书稿，并帮我厘清和拓展了思路。耶鲁大学和惠顿学院的很多老师都聆听了我对本书的介绍，为我提供了大量反馈意见和建议。

我和威尔 · 墨菲已经在兰登书屋合作出版了两本书。作为一名编辑，威尔为我提供了难以想象的帮助，而作为作者，我却是绝无仅有的特例，对他的出版社赞不绝口。我很庆幸自己遇到了一个优秀的图书出版团队，他们热情、专业，并大力支持我的工作，尤其是本书的宣传主管伦敦 · 金，她是我合作过的最优秀的宣传人员。谢丽尔 · 米勒与我一起构思本书的写作大纲，选择书中应该讨论的人物。凯瑟琳 · 凯茨与劳伦 · 戴维斯帮我收集了很多重要资料，并提出了宝贵的建议。

很多朋友的热心帮助令我无比感激。布莱尔 · 米勒通读了本书的书稿，在我有需要的时候鼓励我，为我提供了大大小小的建议。她具有惊人的判断力，善于在人物与思想之间建立联系，她尽最大努力把人们在现实世界中遇到的日常问题归类整理到对应的道德问题中。布莱尔以注重实效同时不失理想化的方式为贫困人群提供服务，她鼓励我写出了一本对人有价值的书，不仅介绍一些哲学或者社会学的大道理，还要能指导社会服务工作。

我的父母迈克尔·布鲁克斯和洛伊斯·布鲁克斯，仍然是我最好、最严厉的编辑。皮特·维纳尔不停地为我提供意见和建议。尤瓦尔·莱文的年龄比我小很多，却成为我的良师益友。科尔斯顿·鲍尔斯阅读了本书关键章节，并始终在道德与感情方面给予我支持。戴维森学院的院长卡罗尔·奎林在应该如何理解奥古斯丁以及其他人物方面提供了大量有益的帮助。一些神职人员和信徒在我人生的关键时刻帮我渡过难关，他们是斯图尔特·麦卡尔平与西莉亚·麦卡尔平夫妇，戴维·沃尔普、梅厄·索洛维奇克、蒂姆·凯乐和杰瑞·鲁特。从上大学开始，我的经纪人格伦·哈特利和林恩·楚就一直与我保持着深厚的友谊。

世事变迁，常常会发生我们意想不到的转折。我的前妻萨拉一直在悉心地照料我们的三个孩子。现在，这三个孩子，乔舒亚、娜奥米和阿龙，已经远离父母，去游历世界。从他们身上我可以看到任何父母都希望自己的孩子能够拥有的品格：勇气、创造力、诚实、刚毅、仁慈和爱心。